U0937248

中国青少年网络素养绿皮书（2020）

方增泉　祁雪晶　著

人民日报出版社
北京

图书在版编目（CIP）数据

中国青少年网络素养绿皮书.2020 / 方增泉，祁雪晶著.—北京：人民日报出版社，2021.5

ISBN 978-7-5115-7038-3

Ⅰ.①中… Ⅱ.①方… ②祁… Ⅲ.①青少年—计算机网络—素质教育—研究报告—中国—2020 Ⅳ.①TP393

中国版本图书馆 CIP 数据核字（2021）第 085882 号

书　　名：中国青少年网络素养绿皮书.2020
ZHONGGUO QINGSHAONIAN WANGLUO SUYANG LÜPISHU .2020
著　　者：方增泉　祁雪晶

出 版 人：刘华新
责任编辑：梁雪云
封面设计：中联华文

出版发行：人民日报出版社
社　　址：北京金台西路 2 号
邮政编码：100733
发行热线：（010）65369509　65369512　65363531　65363528
邮购热线：（010）65369530　65363527
编辑热线：（010）65369526
网　　址：www. peopledailypress. com
经　　销：新华书店
印　　刷：三河市华东印刷有限公司
法律顾问：北京科宇律师事务所　010－83622312

开　　本：710mm×1000mm　1/16
字　　数：332 千字
印　　张：18. 5
版次印次：2021 年 5 月第 1 版　　2021 年 5 月第 1 次印刷

书　　号：ISBN 978-7-5115-7038-3
定　　价：75. 00 元

目　录
CONTENTS

导　言 ………………………………………………………… 1

文献综述 ……………………………………………………… 3

一、媒介素养　3

二、信息素养　4

三、网络素养　6

四、青少年网络素养的六个测量维度　8

五、青少年网络素养影响因素　35

第一章　研究方法及信效度检验 ……………………………… 40

一、研究框架　40

二、研究方法和指标体系　40

三、信效度检验　42

第二章　青少年网络素养现状 ………………………………… 47

一、总体状况　47

二、个人、家庭、学校属性对六个维度的影响分析　55

三、个人、家庭、社会属性对六个维度各项指标的影响分析　64

第三章　青少年网络素养提升建议 …………………………… 237

一、“赋权”“赋能”“赋义”是青少年网络素养的核心理念　237

二、实施青少年网络素养个人能力提升行动计划　238

三、实施青少年家庭网络素养教育计划　239

四、构建青少年网络素养教育生态系统 241
五、政府完善法制、监管与社会保障 242
六、传媒企业形成行业自律与行业规范 243
七、集结社会各界力量共同促进青少年网络素养提升 244

附录1 发达国家青少年网络素养教育的实践探索 …… 246
一、学校中的青少年网络素养教育 246
二、家庭教育中的青少年网络素养教育 250
三、社会组织的青少年网络素养教育 252
四、政府主导的青少年网络素养教育 256
五、联合国教科文组织的青少年网络素养教育 258
六、经验和启示 260

附录2 中国青少年网络素养教育发展现状 …… 264
一、学校教育的实践探索和成效 264
二、家庭教育的实践探索和成效 267
三、社会教育的实践探索和成效 269
四、政府方面的实践探索和成效 271
五、中国青少年网络素养教育现状评价 273

附录3 青少年网络素养调查问卷(2019) …… 276

后 记 …… 287

导　言

中国互联网络信息中心(CNNIC)最新发布的第46次《中国互联网络发展状况统计报告》显示,截至2020年6月,我国网民规模达9.40亿,互联网普及率达67.0%。其中,我国网民以10—49岁群体为主,10—19岁群体占比为14.8%,在整个网民年龄阶段占比中为第四位(见图1)。系列数据表明,青少年已经是我国网民的重要组成部分。

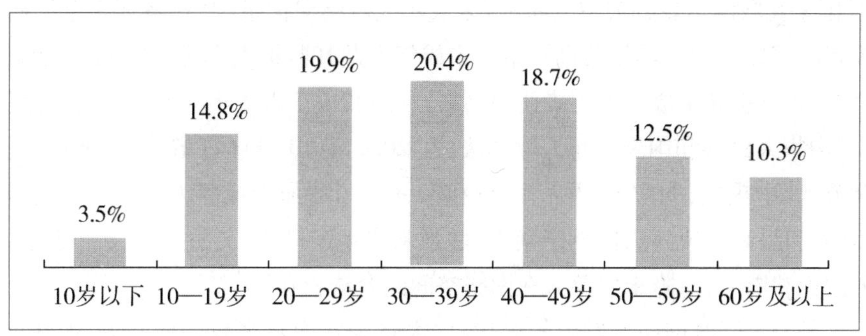

图1　网民年龄结构

来源:CNNIC中国互联网络发展状况统计报告,2020.6.

青少年是互联网时代一个独特的群体,出生于2000年后的青少年是地地道道的"数字原住民"。一出生,他们就"浸泡"在信息海洋中,对于各种技术应用习以为常,认知模式和学习行为等也都带有明显的网络化特性。如今,网络存在于青少年一代的生活、娱乐、教育、自我表达、社交等方方面面,成为当前我国青少年不可或缺的学习、信息交流和娱乐工具,对青少年的发展有着极大的推动作用。

然而,值得注意的是,青少年的认知和行为正处于发展、成熟阶段,对于各种复杂的互联网信息的辨别能力不够,在接触、使用媒介的同时也面临注意力缺失、信息焦虑、数字压力、网络成瘾、隐私安全等诸多潜在风险。认识青少年的网络素养水平,重视和加强青少年的网络素养培育,逐渐被政府、社会和学校等提上日程。

青少年是祖国的未来、民族的希望,以习近平同志为核心的党中央时刻心系他们的健康成长。2015 年以来,习近平总书记在多个场合都曾强调,要培育积极健康、向上向善的网络文化,用社会主义核心价值观和人类优秀文明成果滋养人心、滋养社会,做到正能量充沛、主旋律高昂,为广大网民特别是青少年营造一个风清气正的网络空间。中国共产党第十九次全国代表大会报告中多次提到加强互联网建设的问题,提出建设"网络强国",并特别提出"要加强互联网内容建设,建立网络综合治理体系,营造清朗的网络空间";"推动城乡义务教育一体化发展,高度重视农村义务教育,办好学前教育、特殊教育和网络教育"。

《中共中央关于制定国民经济和社会发展第十四个五年规划和二〇三五年远景目标的建议》中提出,"坚定不移建设制造强国、质量强国、网络强国、数字中国";"加强网络文明建设,发展积极健康的网络文化"。

我国相关法律法规也表现出对青少年网络使用和网络素养的重视。2016 年 10 月国家互联网信息办公室发布的《未成年人网络保护条例(草案征求意见稿)》中提到,"国家、社会、学校帮助和指导未成年人及其监护人学习网络知识、提高网络素养,教育引导未成年人正确使用网络,预防和矫正未成年人不当网络行为"。

《中华人民共和国未成年人保护法》在 2020 年 10 月修订增设了"网络保护"的章节,其中提出,"国家、社会、学校和家庭应当加强未成年人网络素养宣传教育,培养和提高未成年人的网络素养,增强未成年人科学、文明、安全、合理使用网络的意识和能力,保障未成年人在网络空间的合法权益"。

这是一个互联网高速发展的时代,广大青少年面对来自四面八方、泥沙俱下的各类资讯,必须增强包括上网注意力管理、网络搜索与利用、网络信息分析与评价、网络印象管理、网络安全、网络道德在内的网络素养和网络使用能力。因此,针对青少年开展系统的网络素养教育显得尤为重要。

目前就我国而言,还没有形成青少年个人、家庭、学校、社区、社会相协调的网络素养教育生态系统。青少年网络成瘾、网络诈骗受害、网络暴力、网络犯罪、网络失范等问题也已成为政府、社会、学校和每个家庭关注的社会问题。提高青少年网络素养对于青少年的成长和发展,构建未来健康、文明的网络生态十分重要。

文献综述

一、媒介素养

“媒介素养”一词源于20世纪30年代，英国学者F.R.列维斯和汤普生在《文化与环境:培养批判的意识》一书中首次提出将媒介素养教育引入学校课堂的建议，被认为是英国乃至世界关于媒介素养研究的开始。自此，“媒介素养”这一概念登上学术舞台，逐渐受到学界的重视。

目前，虽然媒介素养研究有了长足发展，但尚未形成统一的概念。1992年，美国媒介素养研究中心对此的定义是“人们面对各种媒介信息时的选择能力、理解能力、质疑能力、评估能力、创造和生产能力以及思辨的反应能力”。2005年，英国通信管理局(OFCOM)对媒介素养的定义是“在复杂社会情景下人们接触媒介、理解媒介和积极使用媒介进行创造性交流的能力”。加拿大安大略教育部定义媒介素养是“学生理解和运用大众媒介方法，对大众媒介本质、媒介常用的技巧和手段以及这些技巧和手段所产生的效应的认知力和判断力”。

进入21世纪，随着新媒介技术的发展，传统的“媒介素养”内涵已经不能适应新的社会变化，“新媒介素养”概念应运而生。美国新媒介联合会在2005年发布的《全球性趋势:21世纪素养峰会报告》中将新媒介素养定义为:“由听觉、视觉以及数字素养相互重叠、共同构成的一整套能力与技巧，包括对视觉、听觉力量的理解能力，对这种力量的识别与使用能力，对数字媒介的控制与转换能力，对数字内容的普遍性传播能力，以及对数字内容进行再加工的能力。”①

媒介素养向新媒介素养转变的同时，西方媒介素养研究也经历了从保护主义、培养辨别力、批判性解读到参与式文化的四种范式变迁，每一次范式的转换都与西方社会的变化、媒介技术的进步、文化研究和受众研究的转向密切相关。

---

① New Media Consortium(2005), A Global Imperative :The Report of the 21st Century Literacy Summit[DB/ OL].

在媒介素养研究过程中,出现了“数字素养”“信息素养”“图像素养”“多媒体素养”等一系列关系紧密的词语。

在数字素养研究领域,最具有权威地位的是以色列学者 Yoram Eshet Alkalai 提出的“数字素养概念框架”。该框架的前四类素养,即“图片—图像素养”(photo-visual literacy)、“再生产素养”(re-production literacy)、“分支素养”(branching literacy)、“信息素养”(information literacy),都涉及个体对数字多媒体信息的认知、理解和再生产方面的能力,而第五类“社会—情感素养”(social-emotional literacy)指在数字媒介构成的虚拟环境下人与人之间的情感交流能力。他认为:“‘社会—情感素养’是所有技能中最高级、最复杂的素养。‘社会—情感素养’的培养要求个体有高度的批判性能力和分析能力、成熟的心理素质以及良好的信息、分支和视觉技能。”①

在信息素养研究中,学者 Lee 和 AYL 以 Web of Science 数据库中 1956 年到 2012 年的相关文献为数据来源,实证探究了媒介素养和信息素养之间的区别和联系:两者分别来自图书馆管理学和媒介研究等不同领域,信息素养更多地涉及信息的存储、处理和使用,媒介素养更关注媒介内容、媒体产业和社会效应等。② 我国学者韩永青持同样观点,首先,认为两者在历史起源和学科背景方面存在差异,其次,两者在概念、内涵、研究范围方面又存在着相似性。媒介素养与信息素养均强调对信息的获取、评估、判断和使用等能力,这使得二者具有某种天然的一致性,随着网络媒介与数字技术发展并广泛渗透人类社会生活,信息传输的速度与比率呈指数级增长,媒介素养和信息素养出现了不断融合的趋势。③

二、信息素养

1974 年,美国信息产业协会主席 Paul Zurkowski 最早提出了信息素养的概念,他指出信息素养就是利用大量的信息工具及主要信息资源使问题得到解答的技术和技能。在这一阶段,信息素养研究还止步于研究对信息的搜集检索和利用能力。

随着互联网的发展,信息成为一种重要的社会资源,信息素养也作为一种必

① Yoram Eshet-Alkalai (2014). Towards a Theory of Digital Literacy: Three Scenarios for the Next Steps[EB/ OL]. http: / / www. eurodl. org / materials/ contrib / 2006 / Aharon_ Aviram. htm.

② SO C, LEE A. Media literacy and information literacy: similarities and differences[J]. Comunicar, 2014, 21(42): 137 - 146.

③ 韩永青. 试论媒介素养与信息素养的融合[J]. 新闻爱好者, 2016(2):60 - 63.

备能力,被应用于教育学、计算机科学等多个领域。1989 年,美国图书馆学会信息素养教育委员会出版了《信息素养主席委员会总报告》,提出了信息素养的重要性,说明了信息时代学校的任务和对学校的建议,以及被普遍认同的信息素养的定义:"作为具有信息素养能力的人,必须能够充分地认识到何时需要信息,并有能力去有效地发现、检索、评价和利用所需要的信息。"这一概念包含了信息意识和信息能力两个维度。同年,美国成立国家信息素养论坛,并制定了信息教育评估大纲。

1994 年,来自澳大利亚格里菲斯大学的布鲁斯,他在信息服务处工作中总结了信息素养的七个关键特征:具有独立学习能力;具有完成信息过程的能力;能利用不同信息技术和系统;有促进信息利用的内在化价值;拥有关于信息世界的充分知识;能批判性地处理信息;具有个人信息风格。1994 年至 1995 年,美国对 3236 所大学的信息素养教育进行了调查,同时美国高等教育学会还成立了信息素养行动委员会。随后的 1998 年,美国图书馆学会发表了《信息素养教育进展报告》,提出了被普遍认同的信息素养定义:"作为具有信息素养能力的人,必须能够充分地认识到何时需要信息,并有能力去有效地发现、检索、评价和利用所需要的信息。"①从这个阶段开始,信息素养的判别逐渐形成明确的标准。

1998 年,全美美国学校图书协会(AASL)和美国教育传播与技术协会(AECT)出版了"K-12 学生信息素养标准",制定了针对中学生的九大信息素养标准:能有效地和高效地获取信息;能熟练地、批判性地评价信息;能精确地、创造性地使用信息;能探求与个人兴趣有关的信息;能欣赏作品和其他对信息进行创造性表达的内容;能在信息查询和知识创新中做得最好;能认识信息对民主化社会的重要性;能履行与信息和信息技术相关的符合伦理道德的行为规范;能积极参与活动来探求和创建信息。这些标准主要涉及获取和利用信息的能力和信息行为规范两个方面。

2000 年,美国大学与研究图书馆协会(ACRL)发布了高等教育信息素养能力标准,这一标准得到了广泛采用,成为实际上的信息素养标准框架。该框架分为 5 个标准和 22 个表现指标,这些标准侧重于针对高等教育各个水平的学生,且列出一系列的成果来评估学生在培养信息素养上取得的进展。2011 年,英国国立和大学图书馆协会提出了"信息素养七要素",即识别、审视、规划、搜集、评估、管理、发

① American Library Association. A Progress Report on Information Literacy: An Update on the American Library Association Presidential Committee on Information Literacy Final Report[R]. Association of College and Research Libraries, 1998.

布,每个指标都由应知和应会两个部分组成,这些指标被广泛借鉴,成为判断网络信息利用能力的标准。

从上述有关于信息素养的定义,以及信息素养的特征和标准,可以看到信息素养是一个含义广泛的综合性概念。它不仅包括利用信息工具和信息资源的能力,还涉及获取识别信息、加工处理信息、传递创造信息的能力,除此之外,还要运用独立自主学习的态度、批判精神以及强烈的社会责任感和参与意识,在实际问题的解决和创新性方法的提出方面有综合的信息素养相关能力。

如今,Web2.0 甚至 Web3.0 时代的到来,带来了全新的互联网传播环境、复杂的传受关系、海量信息数据的产生和发展,对于广大青少年来说,信息素养不再仅指单纯的信息技术技能和基本图书馆技能,还包含信息搜索、信息筛选、信息处理、信息运用、信息管理等多个部分。

三、网络素养

随着网络技术的飞速发展,人们使用各种网络媒介的频率日益增加,网络媒介对人们的影响日益加深,与此同时,学界对于媒介素养、信息素养的研究方向和结果也呈现出新的变化,对网络素养的研究由此开始。

1994 年,美国学者 Mc Clure 首先用“网络素养”(network literacy)的概念来描述个人“识别、访问并使用网络中的电子信息的能力”,并以图 1 所示的关系框架来定义网络素养。他认为信息素养是网络素养、媒介素养、计算机素养以及传统素养的结合。知识与技能是大众网络素养最重要的两个方面,也就是说,网络素养自诞生起就和信息素养关系紧密。

随着社会实践的进一步展开,网络素养的内涵被进一步廓清,学者 SelfeC. 将网络素养的概念进一步精细化,区分了“计算机素养”(computer literacy)和“技术素养”(technological literacy),计算机素养是人们使用计算机、软件或网络的机械技能;技术素养是电子环境背景下的一系列包含社会和文化因素的价值观、实践和技巧的复杂的操作语言。学者 Savolainen 则从社会认知理论出发,对网络素养进行了系统梳理,提出了“网络能力”(network competence)的概念,认为网络能力包含互联网信息资源中的知识、使用工具获取信息的能力、判断信息的相关性的能力、沟通能力四个方面。

今天,随着移动互联网和数字技术的迅猛发展,信息传播环境早已发生了巨大的变化,网络的承载能力也不可同日而语。正如传播学者麦克卢汉所说的“媒介即讯息”,人类只有在拥有了某种媒介之后才有可能从事与之相适应的传播和其他社会活动,网络影响社会生活各方面的同时,也承载了包含数字技术、资源整

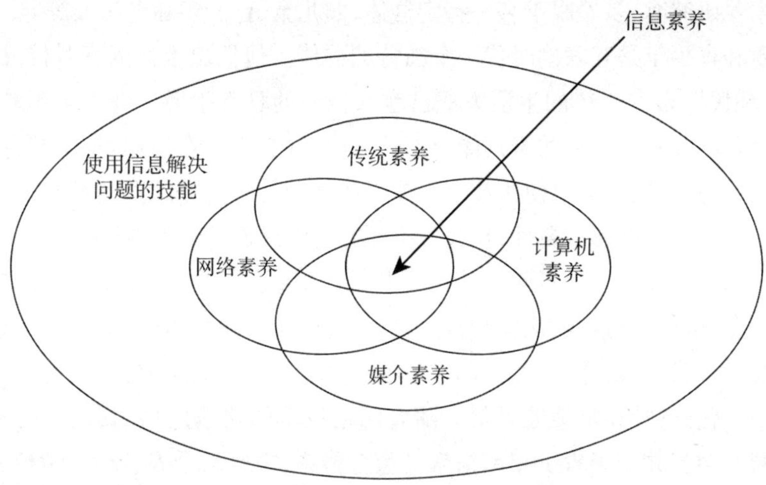

图1 Mc Clure 所提出的关于"网络素养"的图式

合、信息传播等多个维度的通路。在此背景下,国内学者喻国明提出:"网络素养应是一种基于媒介素养、数字素养、信息素养,再叠加社会性、交互性、开放性等网络特质,最终构成的一个相对独立的概念范畴。①"(见图2)

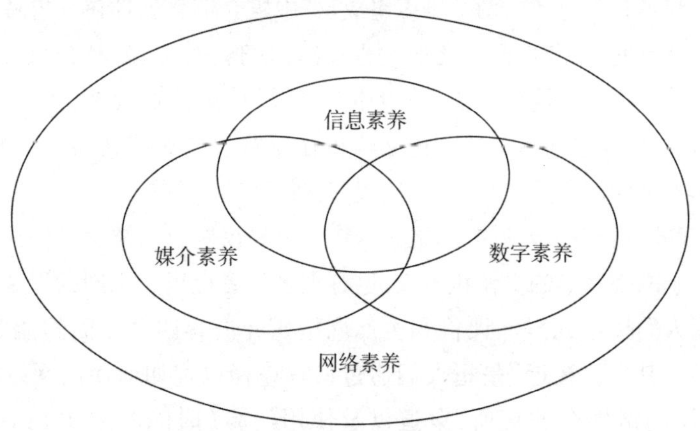

图2 喻国明提出关于"网络素养"的新图式

新的传播技术和不断发展的新媒体不断更新着传播环境,信息的传播和接收处于一种动态变化中,对不同群体的媒介素养产生不同的挑战。国内外学者在进

① 喻国明,赵睿.网络素养:概念演进、基本内涵及养成的操作性逻辑[J].新闻战线,2017(2):43-46.

行媒介素养研究时,多着眼于某一特定群体,如儿童、青少年和老年人等。

儿童和青少年是互联网时代一个独特的群体。他们出生在网络时代,被称为“数字原住民”,数字媒体的生活方式已融入他们的日常生活。青少年年龄小,对于各种复杂的互联网信息的辨别能力不够,这导致青少年在使用媒介的时候面临诸多风险。与此同时,娴熟使用数字媒体也让他们能够更好地参与社会活动和发声。正是这些特殊性和重要性,让我们将研究的重点投射到青少年身上。

结合相关研究与青少年网络使用现状,课题组认为,网络素养是人们对网络世界的信息、事件和情境的认知和行为能力,具体包括注意力管理能力、信息搜索与利用能力、信息分析评价能力、印象管理能力、网络安全保护能力、道德认知和行动能力、情感体验和审美能力等。随着网络技术的快速发展,其内涵会不断丰富和完善。构建并完善青少年网络素养教育体系,需要从个人、家庭、学校和社会等方面努力,共同形成育人合力。

四、青少年网络素养的六个测量维度

2008 年,学者周葆华和陆晔在《从媒介使用到媒介参与:中国公众媒介素养的基本现状》一文中,澄清了关于媒介素养的操作化定义。他们认为,媒介素养由媒介信息处理和媒介参与意向两个维度组成,其中媒介信息处理包含思考、质疑、拒绝和核实四个维度。2013 年,学者彭兰也指出,对于公众来说,社会化媒体时代的媒介素养应该包括媒介使用素养、信息生产素养、信息消费素养、社会交往素养、社会协作素养、社会参与素养等。芮必峰也在新技术“呼喊”新媒介素养中提出,新媒介素养涉及使用者的媒介认知、使用和交往理性三个方面。

随着互联网的进一步发展,网络素养作为重要议题成为被学界探讨的新的媒介素养。关于网络素养的操作化定义,也有很多学者提出了不同的看法。网络素养主要是指人们接近、分析、评价和生产网络媒介内容四个方面的能力(Livingstone,2008)。其中,“接近”是指人们通过何种途径以及如何使用网络媒介的能力,包括使用网络媒介的场所、渠道以及使用经验(时间和频次)(Hobbs, R., 1998)。“分析”是指人们收集、处理和理解网络媒介信息的能力(Tibor Koltay, 2011)。“评价”是指人们根据已有知识背景,鉴别网络媒介信息真实性的能力,在某种程度上,这一能力是对网络使用者的“赋权”(empowerment),使他们可以能动地处理媒介信息(Livingstone,2008)。“生产网络媒介内容”是指人们分享、制造、传播网络媒介信息的能力(Livingstone & Helsper,2007;Van Dijk,2006)。网络素养四个方面的能力不是此消彼长的,而是相辅相成的(Potter,2010)。

2010 年,学者 Roman Brandtweiner、Elisabeth Donat、Jonann Kerschbaum 把网络

素养划分为两个层面、四个方面的能力，分别是网络技能层面（接近网络和分析自我网络技能的能力）和网络媒介知识层面（评估和生产网络媒介内容的能力）。网络技能作为接触和使用网络的基本能力，影响着人们能否平等地参与网络信息交往；网络媒介知识是人们认知和判断网络环境的能力，作为更高层次的能力，深刻地影响着人们的网络社会行为（Hargittai，2002）。

近年来，伴随在线交往的深入，人们对隐私性和亲密性的标准进行了重新调整，对网络素养和自身风险的管理提出了新的要求（Sonia Living Stone，2008）。网络隐私作为人们保护和控制自我网络信息的权利，是一种信息自决权；其内涵从消极的“私生活不受干扰”发展为能动的“自我信息控制”（刘德良，2007）。网络素养被认为具有支持、鼓励和赋权人们控制和管理个人信息的能力，这种能力的差异直接影响人们认知网络风险环境的方式以及他们的隐私信息控制行为（Ball & Webster，2003；Yong Jin Park，2013）。所以，网络信息素养和信息安全是网络素养的天然性组成部分。伴随着互联网的持续发展和我国对于互联网环境治理的探索，信息安全（隐私）仅仅是网络中存在的诸多问题之一，网络暴力、群体极化、网络谣言危害程度持续增加等网生问题，使得青少年在网络上面对的风险不只信息安全这一个方面。“如何看待网络规范”“了解我国关于互联网的法律吗”等一系列关乎网络伦理道德和法律的知识也应该和信息安全一样被看作网络素养的一个维度。

尚靖君和杨兆山在 2012 年的研究中提出了对网络媒介素养概念的界定，他们认为，网络媒介素养是面对网络时应具备的基本素养，包括四个方面，分别是：网络媒介意识、网络媒介知识、网络媒介能力和网络媒介道德。

我们的调查同样把网络媒介知识、网络能力、非意识因素作为青少年网络素养的重要组成部分，非意识因素包含意识和道德两个方面。对于网络媒介知识的考察，我们借由媒介素养的操作化定义到网络素养定义的发展，一方面，把对网络内容的效果评价作为衡量维度之一；另一方面，网络媒介知识作为认知和判断网络环境的能力，是人们对上网环境和自身上网行为的认知基础。所以，我们在调查中引入媒介效果评估这一维度，以测量青少年网络媒介知识。在网络技能方面，我们侧重于对网络信息能力的测量。网络信息安全、网络道德作为两个维度，既对青少年认知网络环境、相关认知水平、伦理道德进行考察，又对他们的网络行为进行研究，例如网络隐私保护行为等。

另外，荣姗珊于 2007 年的《安徽高校学生网络素养现状及其教育实践探究》中指出，对上网行为的自我管理能力，即对自身上网行为的自律，包括上网时间的自我管理、信息选择的自我管理、网络表现的自我管理，将有助于约束上网行为、减少行为偏差、培养正确的网络使用习惯。学者肖立新、陈新亮、张晓星在针对大学生网络素养的研究中也认为,网络自我管理能力是网络素养的组成部分。结合我们这次调查的对象及多个实证研究来看,在使用网络的过程中,部分学生缺乏网络自我管理能力,很多人没意识到网络自控力的重要性,网络行为自我管理能力普遍较差。据此我们引入网上自我管理能力作为青少年网络素养的组成部分之一,主要测量被试者的网上认知、情感和行为的自我管理和控制能力,这部分也是我们量表的第一部分。

随着社交网络的兴起,网上交友和在网上开展社交活动逐渐成为青少年主要的上网目的。根据共青团中央维护青少年权益部、中国互联网络信息中心(CNNIC)联合发布的《2019年全国未成年人互联网使用情况研究报告》显示,利用即时通信工具在网上聊天是未成年网民主要的网上社交活动,由各学历段对比发现,未成年人的网上社交活动主要形成于初中阶段。结合有关学者的研究结果——印象管理是辨别青少年网络社交成迷的重要变量,我们可以在广义上把印象管理能力纳入网络素养的范畴。因此,我们可以假设,适度的网络印象管理能力是高水平的网络素养的体现,印象管理与自我控制、信息素养及道德认知等共同作用于青少年的网络素养水平。

综上所述,基于认知行为理论和调查研究,课题组首创了青少年 Sea - ism 网络素养框架,将青少年网络素养分为六大模块进行调研:上网注意力管理能力与目标定位(Online attention management),网络信息搜索与利用能力(Ability to search and utilize network information),网络信息分析与评价能力(Ability to evaluate network information),网络印象管理能力(Ability of network Impression management),网络信息安全素养(Ability of network security),网络道德素养(Ability of Internet morality)。该模型共16个指标,29个观测点,通过66个操作化定义进行测量。

(一)“上网注意力管理”

1. 注意力

神经认知学家让 - 菲利普 · 拉夏(Jean - Philippe Lachaux)在《注意力:专注的科学与训练》一书中指出:“注意,首先是一种心理现象。”①心理学家詹姆斯认为“注意”是“意识以清晰而迅速的形式,在多种可能性中选取一个物体或一系列

① Jean - Philippe Lachaux,刘彦. 注意力:专注的科学与训练. 北京:人民邮电出版社,2016. Print.

想法的过程"①。在《注意力管理》一书中,韦伯斯特把注意力简单定义为:"对某条特定信息的精神集中,当各种信息进入我们的意识范围时,我们往往关注其中特定的一条,然后决定是否采取行动。"②与此类似,詹姆斯认为定焦、集中和意识是注意的关键因素。这种"集中"出现在人们潜意识中的搜索和决策阶段之间。在搜索阶段,我们会对从周围环境中摄入的大量知觉进行筛选。在决策阶段,我们决定是否对吸引我们注意力的信息采取行动。但与"知觉"不同的是,注意力是有目标的,具体的。

在注意力的分类上,韦伯斯特将注意力分为六种类型,两两一组互为对应(有意的/无意的;厌恶引起的/喜爱引起的;被动的/主动的)。但对个体来说,代表注意力的不同类型互不排斥。让-菲利普·拉夏则将注意分为"选择性注意","执行性注意"和"持续性注意"。这种分类凸显了注意的先后有别,因此,扬·劳威因斯认为"注意"是一种有偏差的现象③。与注意力密切相关的还有"正念"这一概念,乔·卡巴金创造了这一概念用以指代对注意和觉察能力的培养。有关"正念"的研究显示,对成年人来说,正念训练显示出对与执行功能相关的大脑重要区域产生积极影响,包括冲动控制和决策、理解他人、学习和记忆、情绪调节以及与自己身体的连接感。而对儿童来说,正念的效果更为明显。因此,教育领域研究工作者们正在将正念技能的培养引入国内外的K-12教育体系之中。④

2. 注意力管理

在数字时代,人们无时无刻不浸润在信息海洋之中。媒介信息卷帙浩繁,切割、侵占了人们的注意力。正如尤查·本科勒所言:"网络环境中仅存的首要稀缺资源是用户的时间和注意力。"⑤因此,注意力管理显得尤为重要。早在20世纪70年代,诺贝尔经济学奖得主赫伯特·亚历山大·西蒙(Herbert Alexander Simon)就指出:"信息的富裕造成注意力的匮乏,因此我们需要在丰富的信息源中

---

① James W. ,The Principle of Psychology,NewYork,Holt,1980.

② 韦伯斯特,郭石磊译. 注意力市场 如何吸引数字时代的受众 How Audiences Take Shape in a Digital Age. 北京:中国人民大学出版社,2017. Print.

③ Lauwereyns Jan. The Anatomy of Bias:How Neural Circuits Weigh the Options[M]. The MIT Press:2018-08-31.

④ 正念养育——提升孩子专注力和情绪控制力的训练法. 北京:化学工业出版社,2017. Web.

⑤ Turow Joseph. The Daily You:How the New Advertising Industry Is Defining Your Identity and Your Worth. 2012.

有效配置注意力。"①韦伯斯特在《注意力管理》一书中也提到:"注意是一种稀少而珍贵的资源,不可能在同一时刻面面俱到,我们必须学会合理地分配注意,成为注意的主人。"注意力管理在心理学、认知神经科学、商业管理、市场营销领域成为热门的议题。来自不同领域的学者探索了注意力形成的内在生理机制,注意力管理的科学方法与训练手段,为注意力研究和注意力管理提供了理论支撑与方法论。

目前,注意力研究总体上分为两类:一类研究者在微观层面上,透过个体媒体用户的视角观察世界,关注个体如何应对信息轰炸;另一类研究者则将注意力视为宏观现象,研究因媒体而聚集或分化的群体,关注公众注意力本身产生的经济或社会意义。除此之外,注意力的建构也基于不同层次。韦伯斯特在《注意力市场:如何吸引数字时代受众》一书中指出,注意力构建的一个普遍模式是"效果层级"。从认知层次(意识或习惯),到情感层次(喜欢或者需求),再到行为层次。本课题所研究的"上网注意力"是微观层面上的注意力,指个体在网络使用过程中的注意力分配与管理,并从认知、情感、行为三个层次设置了相关测量题项。

3. 网络使用与自我管理

美国的爱德华·吉·奥基夫(Edward. J. ockofe)教授在其《自我管理与 ABC 方法》一书中认为:"自我管理不是我们创造出来的使我们自己适合进入一个模子。它是我们创造出来的一个选择,是我们创造出来的关于我们将如何管理我们的动机、我们的时间、我们的学习习惯、我们的人际关系以及我们生活的其他方面的一种选择。"也是"关于我们将如何引导我们的情绪、行为和认识处在我们所希望状态的一种决策"。加拿大的爱德华·哈洛韦尔(Edward M. Hallowell)在《赢回专注力》中提出,注意缺陷只是一种特质,而不是障碍,并从生理、心理、人际联结、情绪、规划五个方面提高专注力。我国学者方卫渤和肖培在其《管理自己》一书中认为:"自我管理是指处在一定社会关系中的人,为实现个人目标,有效地调动自身能动性,规划和控制自己的行动,训练和发展自己的思维,完善和调解自己的心理活动的自我认识、自我评价、自我开发、自我教育和自我控制的完整活动的过程。"

对上网行为的自我管理能力,即对自身上网行为的自律,包括上网时间的自我管理、信息选择的自我管理、网络表现的自我管理。它将有助于约束上网行为,减少行为偏差,培养正确的网络使用习惯。② 学者们普遍认为,网络自我管理能力是网络素养的重要组成部分。荣姗姗认为,坚持客观上规范、约束上网行为,用

---

① Mel Elteren. Digital Disconnect: How Capitalism is Turning the Internet Against Democracy Robert W. McChesney . New York : The New Press , 2013—2014 , 37(2):221 - 223.

② 荣姗姗. 安徽高校学生网络素养现状及其教育实践探究[D]. 安徽师范大学,2007.

“自我管理”的方法来增加行为自律能力,是培养良好上网习惯、减少网络沉迷的一条有效途径,也是必须具备的网络素养①。

国内学者从学校、家庭、社会三个方面对青少年的网络使用及自我管理进行了研究。在网络使用与自我管理研究中,国内学者唐静在《移动社交网络与青少年自我控制的关系研究》中论述了网络对自觉性、坚持性、计划性、冲动抑制和自我延迟满足这五个维度对青少年产生的积极和消极影响。② 王传芬在《学生网络使用行为及对策分析》中通过问卷调查法分析了学生的网络行为现状,总结出了青少年在网络使用过程中存在的一系列问题,如目的不明确、依赖严重、缺乏网络诚信等。③ 在家庭方面,蒋敏慧等通过问卷调查,论述了家庭教育方式对青少年网络行为的关系。④ 关于学生社会网络生活管理研究,主要是立法方面(比如网络游戏、网络欺凌和网络犯罪)以及青少年网络素养培养的研究。

多个实证研究表明,青少年在使用网络的过程中,部分学生缺乏网络自我管理能力。一项针对大学生的网络素养现状调查指出,大学生处于离开父母监管而尚待找到有效自我管理方法的过渡期,很多人甚至还没意识到网络自控力的重要性,网络行为自我管理能力普遍较差。⑤ 在具体的操作过程中,刘树琪在《大学生网络素养现状及其培育途径探讨》中通过测量“上网时间”来考量大学生对网络接触行为的自我管理。⑥ 李彦、宋爱芬在《新疆少数民族大学生网络素养调查分析》通过调查学生“玩电脑游戏的频率”“时长”“目的”以及“对‘反沉迷网络’控制系统的评价”,来测量学生的网络自我管理能力。⑦

2014 年,胡敏霞提出“网络的快速发展使得各种舆论出现在公众的视野里,对人们的注意力已经产生了重要影响”,之后,她又对注意力的四大机制的工作原理进行了解释,认为应该从集中、持久、转换和共享这四个维度对注意力进行管

① 荣姗珊. 安徽高校学生网络素养现状及其教育实践探究[D]. 安徽师范大学,2007.

② 唐静. 移动社交网络与青少年自我控制的关系研究[J]. 华中师范大学研究生学报,2017,24(01):125-129.

③ 王传芬. 学生网络使用行为及对策分析——以德州市为例[J]. 教学与管理,2013(24):56-58.

④ 蒋敏慧,万燕,程灶火. 家庭教养方式对网络成瘾的影响及人格的中介效应[J]. 中国临床心理学杂志,2017,25(05):907-910.

⑤ 焦晓云. 移动互联网时代提升大学生网络素养的对策[J]. 学校党建与思想教育,2015(15):83-85.

⑥ 刘树琪. 大学生网络素养现状分析及培育途径探讨[J]. 学校党建与思想教育,2016(01):57-58+72.

⑦ 李彦,宋爱芬. 新疆少数民族大学生网络素养调查分析[J]. 中国出版,2013(14):10-15.

理。① 姜英杰、王玉、严燕选择"元认知理论"作为量表维度建构的理论基础,将网络行为自我调控首先分为网络行为元认知知识、元认知体验和元认知调控三维度。元认知知识分为个人变量(对自己作为网络使用者的优缺点的了解)、任务变量(正常和不良网络行为的标准)和策略变量;网络行为元认知体验分为上网前、中、后的情绪体验和感受;网络行为元认知调控主要分为计划(上网时间、活动等方面的计划)、监督(对上网时间、内容等的监督)、控制、调节和评估(对上网行为的效果等方面的评估)等维度。② 以此为基础,姜英杰等编制了"网络行为自我调控量表",量表分为六个维度:网瘾认知、卷入性情绪控制、网络认知、下网自省、上网自控和网络依恋自控。该量表具备良好的信度和结构效度。

欧阳益、张大均、吴明霞参考王红姣的情绪、思维、行为自控的三维结构,同时加入内隐效应的研究,在三个维度下分别从意识、无意识和心理过程进一步细化网络使用自我控制量表的结构,最终建立起"大学生网络使用自我控制量表"。该量表由网络使用认知控制(计划性、觉察性、理性倾向)、网络使用情感控制(情绪激发、情绪调节、情绪控制习惯)和网络使用行为控制(控制执行、结果影响、冲动习惯)三个分量表构成,各分量表均有三个因素。该量表具有较好的信效度,能够用于大学生网络使用自我控制力测量。③

本次调查中,本课题借鉴欧阳益等人设立的"大学生网络使用自我控制量表",构建起本课题测量"上网注意力管理能力"的题目。

- 我知道在网上什么该做,什么不该做 (理性倾向)
- 在网上明知有些行为不应该做,但我还是做了(冲动习惯)
- 上网前,我知道自己上网要做什么(计划性)
- 我在网上情绪变幻无常(情绪激发)
- 网上的我小心谨慎(控制执行)
- 我知道如何不让网络信息干扰我的生活(理性倾向)
- 我喜欢浏览网上新奇刺激的内容(情绪控制习惯)
- 上网时,我会沉浸在网络中,忘记周围的环境(觉察性)
- 上网时,要是有他人打扰我会很生气(情绪调节)

---

① 胡敏霞. 加强网络时代的公众注意力管理[N]. 人民日报,2014-06-05(007).

② 姜英杰,王玉,严燕. 青少年网络行为自我调控量表的编制及效度验证[J]. 心理与行为研究,2014(03):345-350.

③ 欧阳益,张大均,吴明霞. 大学生网络使用自我控制量表的编制[J]. 中国心理卫生杂志,2013(01):54-58.

· 我常会因为上网而不按时吃饭或推迟睡觉时间(结果影响)

· 我上网时间长了,再做其他事情总有些不适应(情绪调节)

· 网络与现实中的自己像是两个人(觉察性)

· 一旦要学习或工作,我就会停止上网(控制执行)

· 我会主动控制自己的上网时间(控制执行)

· 我上网时常想玩一小会儿,但实际却玩了很久(结果影响)

· 我觉得经常上网使我的学习成绩有所下降(觉察性)

(二)网络信息搜索与利用

网络信息搜索与利用已经成为人们日常工作生活中不可或缺的行为。网络信息搜索是为信息利用服务的,中外研究者们对其进行了大量研究,尽管侧重点不同,但大家都认为,网络信息搜索是用户利用网络进行的信息搜索行为,它是受需求驱动的,包括浏览信息、筛选信息、利用信息等环节。

1. 信息的搜索与利用

英国情报学家汤姆 · 威尔逊(Wilson)将信息行为相关概念总结为基于一个联系在一起的嵌套模型(见图 3 所示),他认为:"信息搜索是介于信息行为和信息检索两个概念之间的有意识进行的一种没有特定检索策略的信息活动。"①也就是说,信息搜索是受某种需求驱使的,其目的在于利用信息、解决问题。对此,Dervin 也认为,信息搜索活动是一连串互动的、解决问题的行为过程。② 人们通过信息搜索进行主观知识的构建,通过一系列的沟通实践找到自己所需要的信息并加以利用。

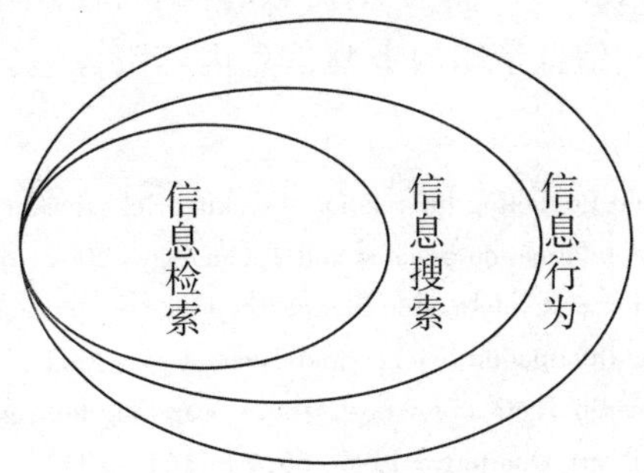

图 3 信息行为模型

① Wilson T. D. Human Information Behavior [J]. Information Science, 2000, 3 (2):49 –56.

② Dervin B. An Overview of Sense – making Research: Concepts, Methods and Results [C]. Annual Meeting of the International Communication Association, TX, Dallas, 1983.

既然信息搜索是一种有目的的活动,人们在进行信息搜索时自然也是带着任务的。Kim 从智力类型角度将任务分为事实型、解释型和探索型。事实型任务重在对客观存在的事实信息的搜索,任务结果是客观的,呈封闭性;解释型任务重在对信息的理解和归纳,其搜索结果具有一定的开放性;探索型任务重在通过搜索来作出高智能决策,其搜索结果完全开放。执行三种搜索任务对智力要求依次升高。① Bystrom 也对信息搜索与利用的任务进行了划分,分别是低难度、高难度与中等难度。其划分依据则是用户完成搜索任务的主观感受。② 任务的难易程度是影响信息搜索与利用成功与否的关键性因素。Ingrid 等认为搜索任务的智力类型对搜索结果和检索词输入次数产生影响。③ 此外,行为主体的相关因素也对信息搜索与利用产生着影响。Kuhlthau 等认为用户的认知、情感等是网络信息搜索行为的核心因素,信息搜索的每个阶段都与用户的认知和情感密切相关。④

国内学者在继承和发展国外关于信息搜索与利用的相关概念的基础上,对如何更好地进行信息搜索与利用进行了探讨。孙晓宁等从搜索用户和搜索系统两方面提出了建议,他们认为:“对于搜索用户,应强调对学习目标内容的辨识和思考,明确检索主题,提升信息筛选与甄别能力;对于搜索系统,宜考虑便于用户在浏览页面过程中对搜索内容进行标记的相关功能设计。”⑤陆溯则对大学生信息搜索行为进行了实证研究,认为大学生在对信息进行搜索和利用时存在不主动选择搜索引擎、对结果的来源和可靠性不加分辨、不重视信息线索等方面问题,并提出了改进措施:“高校信息素质教育需要结合大学生的信息行为,调整信息素质教育的培训内容,达到最佳的教学效果。”⑥此外,还有不少学者对图书馆的信息搜索进行了研究。杨倩为提高图书馆学术信息的精准利用率而提出:“将信息服务分为信息源与工具服务、信息策略服务与信息内容服务三方面,图书馆员可以判

---

① Kim J. Describing and Predicting Information - seeking Behavior on the Web [J]. Journal of the American Society for Information Science and Technology, 2009, 60 (4): 679 - 693.

② Bystrom K. Information and Information Sources in Tasks of Varying Complexity [J]. Journal of American Society for Information Science and Technology, 2002, 53 (7): 581 - 591.

③ Ingrid Hsieh Yee. Search Tactics of Web Users in Searching for Texts, Graphics, Known Items and Subjects [J]. Library Quarterly, 1996, 66(2): 161 - 193.

④ Kuhlthau C. C. Inside the Search Process: Information Seeking from the User' s perspective [J]. Journal of the American Society for Information Science and Technology, 1991, 42 (5): 361 - 371.

⑤ 孙晓宁,姚青. 信息搜索用户学习行为投入影响研究:基于认知风格与自我效能[J]. 情报理论与实践,2020,43(10):99 - 107.

⑥ 陆溯. 大学生网络信息搜索行为实证研究——基于搜索引擎的利用[J]. 图书馆理论与实践,2008(1):79 - 82.

断用户所处的探索式搜索行为认知阶段,明确现存信息不确定性种类,对优化图书馆信息咨询服务具有现实参考价值。"①

2. 网络时代信息的搜索与利用

随着网络时代的到来,互联网以其强大的资源整合能力,为用户的信息搜集与利用带来了极大的便利,互联网业成为信息搜集的主要平台。Choo 将认知、情感、情境以及环境作为影响网络信息搜索的四个因素,并从信息需求、信息搜索和信息利用三个阶段对这些影响因素进行考量,指出:"信息需求阶段会受到压力、认知等情感因素的影响,而信息源的质量、用户动机和信息源的可访问性则会影响到信息搜索阶段的行为。"②作为一种目的驱动的行为活动,网络信息搜索行为适合以解决信息问题为目的的模型来解释。Brand Gruwel 认为任务定义、信息查询策略、定位和获取、信息使用、信息整合以及评估成功地描述了信息搜索过程,具有广泛的应用性。他还引入了思维控制的概念,指出"思维控制参与整个信息搜索过程,对具体行为有不同作用,且有四种不同功能:定位、检测和转向、评估"③。可见,国外学者对网络信息搜索与利用的影响因素进行了深入研究,为在互联网时代更好地进行信息的搜索与利用起到了积极作用。

国内学者一方面对网络信息搜索与利用的风险进行了研究。李祎惟等采用结构方程模型的分析方法,从社会认知理论出发考察社交媒体环境中信息的质量对受众反应的作用过程,认为:"信息质量可以通过影响用户的风险认知、风险知识水平和自我效能三个变量影响其风险信息搜索行为。"④从而证明了网络所构建的信息环境会显著作用于人们对于风险的认知和行为反应,因此,要做好风险传播中的有效公众沟通以及线上风险信息管理。白净则从"人肉搜索"出发,提到了网络信息搜索与利用的风险,"网络暴力使受害人自尊心受挫,产生各种负面情绪,包括害怕、沮丧、愤怒、压抑等,严重者甚至导致自杀。"⑤另外,也为更好地进行网络信息的搜索和利用进行了深入研究。刘博通过提取用户搜索路径的统计

---

① 杨倩.探索式搜索行为的认知过程与图书馆信息服务策略研究[J].情报杂志,2020,39(10):176-180.

② Choo C. W. Closing and Cognitive Gaps: How People Process Information [M]. London: Financial Times of London, 1993: 3, 22.

③ Brand Gruwel S, Wopereis I, Vermetten Y. Information Problem Solving by Experts and Novices: Analysis of A Complex Cognitive Skill [J]. Computers in Human Behavior, 2005, 21(3):487-508.

④ 李祎惟,郭羽.网络传播与认知风险:社交媒体环境下的风险信息搜索行为研究[J].国际新闻界,2020(04):156-175.

⑤ 白净.织密预防网络暴力的法治防护网[J].人民论坛,2020(11):98-100.

特征量,在动态网络环境下进行用户信息搜索行为追踪,“采用大数据信息融合方法与用空间分布式融合模型,减少了节点检测的开销时间,使用户信息搜索行为的跟踪能力得到提高”①。李强等分析了网络空间物联网信息搜索相关研究工作,也提出了加强和改善网络空间信息搜索与利用的策略:“通过布置探测器,采取主动或被动的探测技术,结合探测策略,收集网络空间中的相关数据,基于物联网信息的指纹技术,识别网络空间中的物联网信息。”②

能够有效地利用互联网完成信息检索、使用,并使其成为自己的学习工具是我们认为的信息搜索和整合能力的理想水平。以下是本课题组关于这部分的调查题目:

- 上网搜索信息时,我知道哪些信息是我需要的(分辨能力)
- 为熟悉某个话题,我会上网浏览大量的信息(目标性)
- 我能区分原创信息和转载信息(分辨能力)
- 上网搜索信息时,我能确定需要搜索信息的关键词是什么(搜索程度)
- 我能选择合适的信息检索方法或途径来查找所需要的信息(搜索程度)
- 上网搜索信息时,我掌握扩大搜索范围的方法(搜索程度)
- 当我没有在网上找到准确的信息时,会觉得焦虑或烦躁(信息效果)
- 我能利用网络搜索解决现实中的某个问题的方法(信息效果)
- 我能把新信息整合到已有的知识中(信息保存)

(三)网络信息分析与评价

网络信息的分析与评价是网络素养的重要组成部分,是网民面对纷繁复杂的信息海洋,获取符合自己需求的信息的必备能力。网络素养的概念最初由麦克库劳(Charles R. McClure)在 1994 年提出,并概括出知识和技能两个层面的内容,而网络信息的分析与评价正是技能的范畴。③ 2002 年卜卫在《媒介教育与网络素养教育》中将网络素养的内涵更清晰化了,她提出网络素养的成分包括能够从信息

① 刘博. 动态网络环境下用户信息搜索行为追踪方法[J]. 内蒙古民族大学学报(自然科学版),2020,35(4):304-309.

② 李强,李红等. 网络空间物联网信息搜索[J]. 信息安全学报,2018,3(5):38-53.

③ McClure C R. Network Literacy: A Role For Libraries? [J]. Information Technology and Libraries,1994,13(2):115-125.

网络中识别、获取和有效使用电子信息的能力;还包括信息判断能力,即对信息质量进行评估,过滤不相关的信息,对信息有辨别、批判和免疫的能力①。对网络信息的分析和评价成为网络素养研究的重要课题。2012 年 Lee Sook - Jung 和 Chae Young - Gil 在一项针对儿童的网络素养调查中认为网络素养是访问、分析、评估并创建在线内容的能力,使得加强未成年人的网络素养问题受到学界重视,并成为网络素养教育的重要组成部分。②

如何进行网络信息的分析与评价,国内外学者均在进行不懈的努力。2013 年 11 月,联合国教科文组织发布了"全球媒体和信息素养评估框架"。该框架从国家、社会、个人层面上测量媒介素养水平。个人层面的测量分为媒介接触、媒介评价和参与创造三个维度,并从能力的角度对每个维度进行进一步的细分。媒介评价维度包含四种能力:对信息和媒体的理解、评估、评价和组织。③ 而国内网络素养教育和服务相对比较滞后,政府引导有待加强。教育部 2018 年印发了《关于做好预防未成年人沉迷网络教育引导工作的紧急通知》,但并未出台相关政策。信息素养作为《中国学生发展核心素养》的一部分得到了重视,各级各类中小学开设信息技术课程或计算机课程,但对网络素养的教育体系和内容资源建设还处于分散且零碎的状态。

如何提高人们网络信息分析与评价能力,促进网络素养的提升,已成为国内外学者研究的重要课题。日本学者 YES 等在 2018 年所做的研究采用了包含操作能力、社交技能和批判思维三维度的网络素养评价框架,建立了网络使用、网络素养和社交技能的闭环模型,认为网络的使用能够加强网络信息的评价能力,促进网络素养的提高。④ 同年,Gul 等针对家庭环境对青少年网络素养的影响做了研究,认为父母的网络使用特性与习惯和父母对青少年网络使用的态度等来自家庭环境的因素都会直接影响青少年的网络素养,影响青少年对网络信息的分析和评

---

① 卜卫. 媒介教育与网络素养教育[J]. 家庭教育,2002(4):16 - 17.

② Lee S, Chae Y. Balancing Participation and Risks in Children's Internet Use: The Role of Internet Literacy and Parental Mediation [J]. Cyberpsychology, Behavior and Social Networking, 2012, 15 (5): 257 - 262.

③ UNESCO. Global Media and Information Literacy Assessment Framework: Country Readiness and Competencies[EB/OL]. (2013 - 12 - 11)[2016 - 09 - 07]. http://www.unesco.org/new/en/communication - and - information/resources/publications - and - communication - materials/publications/full - list/global - media - and - information - literacy - assessment - framework/.

④ YES. Causal Relationships between Media/ Social Media Use and Internet Literacy among College Students: Ad - dressing the Effects of Social Skills and Gender Differences[J]. Educational technology research, 2018, 40(1): 61 - 70.

价能力,因此,要给青少年营造良好的家庭环境,特别是家庭信息环境。①

2018 年 10 月,华中师范大学和腾讯公司联合成立了“网络素养与行为研究中心”,探索了新时代中国儿童青少年网络素养的内涵及评价标准,提出了网络素养评价指标体系与测评工具,指出要从个人、学校、家庭、社会等方面提升青少年网络素养②。这也是国内学者研究的主要方面:注重未成年人个人能力提升,实现“赋权”与“赋能”的有机结合;重点强化学校的教育主体作用,建设体系连贯的网络素养教育融入式课程;有效发挥家庭教育的重要辅助功能,家长要以身作则,做合格的“导师”;汇聚政府和社会各界力量,形成全员育人的良好社会文化氛围。③此外,杜季宪也曾指出,提升人们的网络信息分析与评价能力,还有赖于每一个人对网络信息环境的维护,做正能量的传播者,要“培养文明自律网络行为,文明上网,理性表达,使自己所传播的内容富有品质和温情,兼具亲和力和感召力,既有‘外在颜值’也有‘内在气质’”。④ 只有在良好的信息氛围中才更有利于锻炼网络信息的分析与评价能力。

本课题确定考量“网络信息分析与评价”的问题量表如下:

· 我反感网上的虚假新闻和不实消息(媒介内容思考)
· 我会对影视剧里的某个角色恨之入骨,甚至忘了是由演员扮演的(媒介效果认知)
· 我会怀疑网络广告的真实性(媒介内容质疑)
· 我认为一篇新闻或文章只是信息的一部分(媒介内容思考)
· 我喜欢在看新闻时,了解新闻发生的背景(主动认知)
· 我认为名人在网上和现实中的言行一致(媒介效果认知)
· 我会对网上的一些新闻报道提出质疑(媒介内容质疑)
· 有时我会拒绝接受新闻报道里的某些观点(媒介内容质疑)
· 我认为网上的大部分报道是可信的(媒介效果认知)
· 当怀疑网上信息是否真实时,我经常搜集信息以证明真伪(主动行动)

---

① Gul H, Yurumez Solmaz E, Gul A, et al. Facebook Overuse and Addiction among Turkish Adolescents: Are ADHD and AD - HD - Related Problems Risk Factors? [J]. Psychiatry and Clinical Psychopharmacology, 2018, 28(1): 80 - 90.

② 王伟军,王玮等. 网络时代的核心素养:从信息素养到网络素养[J]. 图书与情报,2020(04):045 - 055.

③ 方增泉. 健全未成年人网络素养教育体系——《2019 年全国未成年人互联网使用情况研究报告》专家系列解读(五)[N]. 中国青年报,2020 - 06 - 01(3).

④ 杜季宪. 努力提高网络素养[N]. 解放军报,2020 - 11 - 19(6).

· 我会针对同一主题的信息,搜索不同媒体的报道(主动行动)

· 网上的大部分信息是符合实际的(媒介效果认知)

· 网上媒体的负面信息,让我觉得整个世界很不安全(媒介内容思考)

(四)网络印象管理

印象管理的理论基础最早可以追溯到美国实用主义的符号互动理论。符号互动理论认为人们在社会交往中的"角色扮演"是根据他人(社会)的期待来限定的,需要通过推断他人对各种行为的反应来选择自己的行动,最终目的在于形成或改变他人对自己的看法。一般来说,学界公认的印象管理相关研究缘起于美国社会学家欧文·戈夫曼(Erving Goffman,1989),他在《日常生活中的自我表现》一书中提出每个人都或有意或无意地使用某些技巧来控制自己给他人的印象,希望在有其他人存在的舞台上展现自己最为光彩优秀的一面,同时也指出自我呈现对于确定个人在社会秩序中的位置、确定互动的基调和方向以及促进角色控制行为表现的重要性,这一理论被称为"拟剧论"或"印象管理"①。

国外对印象管理理论的初期研究主要集中在印象管理的定义概念上,学者根据自己的研究,提出个人对印象管理的理解,印象管理指采取策略、行动来塑造维系个人理想形象,尽量不展示个人形象中的不足方面达成共识。如 Baumeister(1982)认为印象管理是指个体通过具体的行为向外界传达个人信息,印象管理动机主要包括两个,一个是取悦大众,另一个是建立、维持或完善个体在他人心目中的理想形象。②

国内对于印象管理概念的研究更多从过程和目的出发,不同的学者根据个人研究,提出了自己对印象管理的认知,对印象管理给出了更为细致明确的界定。有学者认为印象管理主要是指个体通过一定的方式和策略,比如有意识地选择言辞、表情、动作等,来影响他人对自己印象的形成,目的在于美化自己,不给他人留下不好的印象。③④ 同时强调印象管理中的社会互动及人际交往,个体并不是被动地对外界环境做出反应,而是根据交往对象的特质和不同,有意识地选择个体

---

① 欧文·戈夫曼. 日常生活中的自我呈现[M]. 黄爱华,冯钢,译. 浙江:浙江人民出版社,1989.

② Baumeister, Roy F. A self-presentational view of social phenomena. [J]. Psychological Bulletin, 1982, 91(1):3-26.

③ 房玲. 印象管理综述[J]. 社会心理科学,2005(03):114-117.

④ 刘娟娟. 印象管理及其相关研究述评[J]. 心理科学进展,2006(02):309-314.

呈现方式,使得个人的呈现方式能与他人保持一致,借此尽量给他人留下良好印象。① 印象管理较为公认的定义可总结为个体为给他人留下良好印象,有意识有选择地采取主动行为,来塑造、维持、完善个体在他人心目中的理想形象。也有学者认为印象管理研究不仅仅是一个理论,更是一个元理论框架,在这个框架内,人们可以对人类社会行为的原因和后果的问题进行阐述并寻求答案(Tetlock 等,1985)。②

印象管理理论的研究在探讨定义概念外,学者也开始关注、研究印象管理的策略和动机,采取观察、问卷等不同方式进行测量。在网络普及前,这一领域的研究集中于现实生活中的印象管理。在印象管理策略研究中,Tetlock 等(1985)提出了防御性(defensive)印象管理和肯定性(assertive)印象管理两种方式,防御性印象管理是为了保护个人既定的社会形象,肯定性印象管理是为了改善个人的社会形象。③ 在印象管理的施行动机上,Leary 和 Kowalski(1990)在他们的研究中描述了 Rosenberg 在 1979 年提出的三种印象管理动机:在社会交往中获取回报,包括社会关系维系和物质回报等;增强个人自尊,主要通过展示自我形象获取称赞和肯定等方式来提升;塑造个人理想身份。④ Leary 和 Kowalski 还在研究中提出印象管理的双成分模型,两位学者在研究中将印象管理概念化为两个独立的过程:第一个过程涉及印象动机;第二个过程主要指印象建构,即如何"改变自己的行为以影响他人对自己的印象"。⑤ 这也成为目前国内外学者研究、进行印象管理测量的基础。在印象管理测量的相关方面,M. Snyder 提出自我监控量表(Self - Monitoring Scale),考察个体对于社会线索的留意和回应程度;⑥Paulhus 运用社会称许行为均衡量表(BIDR)测量印象管理中的印象管理与自我欺骗增强,即个体对自身和他人的欺骗。

国内目前对印象管理的研究主要集中在对某些群体的使用策略、动机、相关

---

① 陈思清.《高中生自我呈现量表》的编制及其与自我分化、社会支持之间的关系[D]. 河北师范大学,2018.

② Tetlock P E , Manstead A S . Impression management versus intrapsychic explanations in social psychology: A useful dichotomy? [J]. Psychological Review, 1985, 92(1):59 - 77.

③ Tetlock P E , Manstead A S . Impression management versus intrapsychic explanations in social psychology: A useful dichotomy? [J]. Psychological Review, 1985, 92(1):59 - 77.

④ Leary M R. , Kowalski R M. Impression management: A literature review and two - component model[J]. Psychological Bulletin, 1990, 107: 34 - 47.

⑤ Leary M R. , Kowalski R M. Impression management: A literature review and two - component model[J]. Psychological Bulletin, 1990, 107: 34 - 47.

⑥ Snyder M . Self - Monitoring of Expressive Behavior[J]. Journal of Personality and Social Psychology, 1974, 30(4):526 - 537.

测量量表的编制,以及个体印象管理与其幸福感、自尊、自我监控之间的关系等方面。朱蓉(2010)研究总结大学生日常用的印象管理策略,包括自我抬高、讨好、威慑、恳求、合理化理由、自我设障、道歉、事先申明以及非言语型印象管理九个方面,并编制测量问卷,将理论模型归纳为迎奉讨好、非言语行为、自我展现、示弱恳求、解释道歉、合理化理由六个维度。①

1. 网络印象管理

随着网络普及,关注现实生活的印象管理研究也开始着眼于虚拟网络空间中的个人印象管理,并开始对网络空间中的印象管理策略进行研究。在线下面对面的交流中,面部表情、手势等身体语言,言谈举止、外界环境等都会限制个体的印象管理。而移动互联网的出现则为个体社交提供舞台,网络社交,即 CMC(Computer Mediated Communication)与面对面的交流在形式和功能上有很大的不同。Walther(2007)指出身体特征,比如一个人的外貌和声音,提供了人们第一印象所依据的大部分信息,而这些特征在 CMC 中通常是不存在的,但 CMC 用户可以有选择地呈现自我,由于网络的异步性,用户在发布个人内容时,可以进行编辑、更改,以及删除已发布的内容,在网络空间个体以一种受控制的和社会期待的方式展现自我的态度和个人相关信息,从而管理个人的网络形象。②

面对线上线下不同的交流环境,学者也对个体在现实生活和网络空间中的印象管理策略进行对比,然而,尽管互联网常常被视为一个个人再创造的空间,摆脱了线下互动和身份规范的约束,但研究发现,这些规范延续到线上环境中,并塑造了自我呈现(Kapidzic & Herring,2011)。③ 当下的社交网络多基于线下真实的人际关系而发展,线上线下的人际关系联系密切,江爱栋(2013)认为目前的网络平台多为"通过熟人认识熟人",个体在网络空间的自我呈现也更为真实,所采取的印象管理策略也与现实交往中的印象管理策略越来越接近。④ 线上的印象管理策略也多由线下策略发展而来,不过在策略使用偏好上有所差异。Pittman(1982)研究总结了人们在现实生活中印象管理的五种策略:迎合讨好、威逼强迫、自我宣

---

① 朱蓉.大学生印象管理策略量表的编制及应用研究[D].电子科技大学,2010.

② Walther J B. Selective self - presentation in computer - mediated communication: Hyperpersonal dimensions of technology, language, and cognition [J]. Computers in Human Behavior, 2007, 23(5):2538 - 2557.

③ Kapidzic S, Herring S C. Gender, Communication, and Self - Presentation in Teen Chatrooms Revisited: Have Patterns Changed? [J]. Journal of Computer Mediated Communication, 2011, 17(1):39 - 59.

④ 江爱栋.社交网络中的自我呈现及其策略的影响因素[D].南京大学,2013.

传、榜样示范和示弱求助,①基于此,Dominick(1999)对线上个人主页进行研究时发现,讨好逢迎、示弱求助和自我能力提升三种策略在线上的印象管理策略中比较常用。②

社交媒体平台作为用户在网络空间展示自我、进行个人印象管理的重要场域,研究者也常以网络社交媒体平台用户的印象管理为研究对象,集中于对用户自我呈现的方式、特点及印象管理策略的研究。在网络社交媒体平台中,用户可以发布文本、图片、音乐、分享链接等,并在这个过程中努力以自己感觉良好的方式展示自己和维持社会关系,对被别人看到和评判的可能性做出反应(Marwick,2012)③。Kim 和 Lee(2011)在研究脸书(Facebook)平台上自我呈现的策略与主观幸福感之间的关系时,将用户在 Facebook 平台上自我呈现的策略分为两种,一种是积极的自我呈现,另外一种是真实的自我呈现。积极的自我呈现是指个体将自己好的一面呈现在社交平台上,在他人面前塑造良好形象;真实的自我呈现是指个体并非有选择性地只展现好的方面,而是坦诚地进行自我表露。④

随着网络的普及应用,网络平台所特有的异步性及缺少面对面交流的身体线索,也为用户的网络印象塑造和维系提供新的舞台。用户在网络平台的印象管理特点、形式和策略也成为学者研究的重要方向。鉴于目前网络生活与现实生活的交叠程度不断加深,在网络空间呈现真实自我、塑造符合真实世界中社会角色的要求和规范的形象成为常态,而在印象管理策略的使用上,个体更偏好主动积极的管理策略。

2. 青少年群体的网络印象管理及影响因素

在个人网络形象的塑造维系过程中,不同群体间也有独特特点,Papacharissi(2012)总结指出那些与性别、种族和阶级有关的社会角色,以及涉及职业、家庭和社交圈的社会角色,都是通过重复的行为表现出来的。⑤ 部分学者将目光对准青

---

① Jones E E, Pittman T S and Jones E E. Toward a General Theory of Strategic Self - Presentation [J]. Suls J, Ed., Psychological Perspectives on the Self, 1982,1 (1): 231 - 262.

② Dominick, J. R. Who Do You Think You Are? Personal Home Pages and Self - Presentation on the World Wide Web[J]. Journalism & Mass Communication Quarterly, 1999, 76(4):646 - 658.

③ Marwick A. The Public Domain: Surveillance in Everyday Life[J]. Surveillance & Society, 2012, 9(4):378 - 393.

④ Kim J, Lee J E R. The Facebook Paths to Happiness: Effects of the Number of Facebook Friends and Self - Presentation on Subjective Well - Being[J]. Cyberpsychology, Behavior, and Social Networking, 2011, 14(6):359 - 364.

⑤ Papacharissi Z. Without you, I'm nothing: performances of the self on Twitter[J]. International Journal of Communication, 2012, 6(1).

少年群体的网络印象管理研究。青春期是青少年身份认同形成和确认的关键时期(Steinberg,2014),①在这一生理与心理发育阶段,青少年开始更关注自己的心理层面,并更加关注自身积极和消极的性格特征,因此,他们的自我形象变得越来越不同,越来越复杂。② 当网络上的他人,也就是"观众"处于匿名、虚体化的状态下,对于那些自我认知尚不成熟的青少年来说,他人或"观众"成为构建自我的一面独特的镜子,青少年在网络上的自我呈现是构建自我过程中不可或缺的一部分,因此,网络世界中的"亲密陌生人"和"匿名朋友"在青少年自我构建中承担着重要角色。③ 青少年了解到其他人对自我有不同的印象,并且可以通过自我表现的方式影响别人对他们的看法,当青少年关心他们给同龄人留下的印象以及他们感觉被同龄人接受的程度时,他们会仔细考虑在社会交往中所要做或不做的事情。基于此,青少年会更自觉地进行印象管理。④ 有学者对青少年在网络平台发布的内容进行分析,Elizabeth Mazur 与 Lauri Kozarian(2010)认为博客为用户提供了一个通过写作和管理个人信息来控制自己公众形象的绝佳机会,并对 15—19 岁青少年的博客内容进行分析,发现其发布的内容大多为自己的日常生活、朋友和恋爱关系,常常发布自己的照片等,好友数量很多但大多数内容下面并没有评论或评论很少,并提出青少年发布博客并不是为了与他人直接互动,而是谨慎地呈现自我,大多数采取迎合的策略和乐观的方式向他人展示自己。⑤

国内面向青少年群体的网络印象管理的研究相对较少,主要针对青少年群体具体的印象管理策略及其与幸福感、羞怯等的关系。晏碧华(2008)依据印象管理的两维模型来测量青少年印象管理倾向,认为青少年的印象管理存在人际倾向和自我倾向两个方面。人际倾向则表现为社会适应和环境顺应,自我倾向即主动呈现自我特点,相信自己是能动的;行为表现对人际关系互动有利。研究结果发现,

---

① Steinberg, L. Adolescence: Puberty, cognitive transition, emotional transition, social transition [EB/OL]. (2014) [2020-02-10]. https://psychology.jrank.org/pages/14/Adolescence.html

② Steinberg L, Morris A S. Adolescent Development[J]. Journal of Cognitive Education and Psychology, 2001, 2(1):55-87.

③ Zhao S. The Digital Self: Through the Looking Glass of Telecopresent Others[J]. Symbolic Interaction, 2005, 28(3):387-405.

④ Gaëlle, Ouvrein, Karen V. Sharenting: Parental adoration or public humiliation? A focus group study on adolescents´experiences with sharenting against the background of their own impression management[J]. Children and Youth Services Review, 2019, 99(2).

⑤ Elizabeth, M, Lauri, K. Self-presentation and interaction in blogs of adolescents and young emerging adults[J]. Journal of Adolescent Research, 2010, 25(1):124-144.

青少年印象管理中自我倾向和人际倾向两个维度呈现分离态势。① 黄含韵(2015)在探究我国青少年的社交媒体沉迷及网络印象管理情况时给出了具体的分类,将青少年常用的网络印象管理策略分为四类:迎合、伤害控制、操控和自我宣传。② 马瑶(2018)则对中学生网络平台自我呈现方式对其主观幸福感的影响进行研究,结果表明,中学生积极的社交网络自我呈现方式与主观幸福感呈显著负相关,而真实的社交网络自我呈现方式则与其主观幸福感呈显著正相关。③ 刘寅伯(2012)则对初中生的羞怯与印象管理的关系进行研究,发现初中生羞怯水平越高印象管理水平越低;反之,羞怯水平越低,印象管理水平越高。④

本课题组把青少年的网络印象管理作为媒介素养测量的一个重要维度。由于印象管理的本质就在于社会交往和互动,而社交也是青少年上网行为的一个主要方面,所以在对青少年印象管理的测量中主要采用黄含韵所使用的量表。其量表是修改后的自我呈现策略量表,适用于测量中国青少年在社交媒体上的印象管理策略和能力,并且具有一定的科学性和实践基础。以下是本课题组关于这部分的调查题目:

· 我会在网络上贬低我不喜欢的人(操控倾向)

· 我在网络上夸赞朋友们的言论或经历,让他们觉得我很友好(迎合他人)

· 我在网络上关注朋友们,让他们觉得我关心他们(迎合他人)

· 我在网络上给朋友们点赞,让他们愿意和我分享(迎合他人)

· 当我被责怪做错事时,我会在网络上为自己辩解(操控倾向)

· 我会在网上澄清负面事件(伤害控制)

· 我在网上与朋友分享我所获得的好成绩或奖励(自我宣传)

· 如果我伤害了朋友,我会在网上跟他道歉(伤害控制)

· 我在网上和朋友分享自己的生活(旅行、美食等)经历(自我宣传)

· 我发朋友圈/QQ 空间时会分组(自我宣传)

· 我在社交媒体上发布消息时会提前美化图片(自我宣传)

---

① 晏碧华. 青少年印象管理的外显与内隐加工模式研究[D]. 陕西师范大学,2008.

② 黄含韵. 中国青少年社交媒体使用与沉迷现状:亲和动机、印象管理与社会资本[J]. 新闻与传播研究,2015,22(10):28 - 49 + 126 - 127.

③ 马瑶. 中学生社交网络自我呈现与主观幸福感的关系研究[D]. 重庆师范大学,2018.

④ 刘寅伯. 初中生羞怯与印象管理、同伴关系的关系研究[D]. 山东师范大学,2012.

(五)网络安全认知和行为

网络安全,通常指通过采取必要措施,防范对网络的攻击、侵入、干扰、破坏和非法使用以及意外事故,使网络处于稳定可靠运行的状态,以及保障网络数据的完整性、保密性、可用性的能力。目前,国内外学者在各个学科或研究方向上对其都有符合自身学术或研究需求的定义,但是很难形成完全统一的认识。

在国家层面,2014 年两会期间,网络安全被正式列入《政府工作报告》,维护网络安全是关乎国家安全和发展的重大战略问题;2016 年 4 月,习近平总书记在网络安全和信息化工作座谈会上的讲话中指出,“网络安全和信息化是相辅相成的。安全是发展的前提,发展是安全的保障,安全和发展要同步推进”。2017 年 6 月,《中华人民共和国网络安全法》施行。从世界范围看,网络安全威胁和风险日益突出,并日益向政治、经济、文化、社会、生态、国防等领域传导渗透。在企业层面,现有研究多聚焦于信息网络技术领域,信息网络安全主要指信息网络系统的安全策略、安全功能,以及系统安全开发、管理、检测、维护及安全测评等方面的一个综合体,具有完整性、可靠性、机密性、可控性、可用性五个基本特征。① 在个人层面,根据《计算机通信网络安全》,计算机网络安全是指在一个网络环境中,计算机网络信息传输及保存的保密性、完整性,信源可信性及对信息发送者的监督性(信息发送者对发送过的信息或完成的某种操作是承认的)。② 彭永峥(2019)认为,网络安全所涉及的不应仅是软、硬件的可用性和系统的完整性这些技术方面的内容,还应该包括个人在利用网络这一工具的过程中,用户的一切权益都受到保护不被威胁和伤害,强调个人在利用网络的过程中因为个人行为带来的网络风险,以及对相应的网络风险的认知和判断能力。③

从技术与系统角度出发,邱仲潘、洪镇宇(2016)认为:“网络安全是指网络系统的硬件、软件及其系统中的数据受到保护,不因偶然的或者恶意的原因而遭到破坏、更改和泄露,系统连续、可靠、正常地运行,网络服务不中断。”④从网络信息安全角度出发,网络安全包括系统信息安全,如计算机病毒防治、数据加密等;信息传播安全,侧重防止和控制由非法、有害的信息进行传播所产生的后果,如信息过滤等;信息内容安全,侧重保护信息的保密性、真实性和完整性。⑤ 从信息素养

---

① 王东. 企业网络安全方案的设计与实现的研究[D]. 天津大学,2014.

② 王国才,施荣华. 计算机通信网络安全[M]. 北京:中国铁道出版社,2016:6.

③ 彭永峥. 国内大学生网络安全认知现状与提升[D]. 郑州大学,2019.

④ 邱仲潘,洪镇宇著. 网络安全[M]. 北京:清华大学出版社,2016:22 - 23.

⑤ 张万民,王振友主编;李永光,李磊,金发起,陈振军,孙俊国,王志岐,刘建华,崔守良副主编. 计算机导论:北京理工大学出版社,2016. 08:77.

的角度出发,鲁亚华(2011)将信息安全素养定义为在信息化条件下,人们对信息安全的认识,以及对信息安全表现的各种综合能力,包括信息安全意识、信息安全知识、信息安全能力、信息伦理道德等具体内容。①

综合而言,网络安全是一个相对宽泛的概念,在宏观、中观与微观三个层面各有其指涉,包含网络信息安全、网络系统安全、网络文化安全、网络环境安全与网络使用安全等多个维度,具备保密性、完整性、可用性、可控性和不可抵赖性等安全的一般特点。就本研究而言,课题组将青少年的网络安全认知和行为作为媒介素养测量的一个重要维度,定义上更近似于个人层面的定义,重点关注个人对网络与信息风险的认知、判断及相关行为。

对于青少年这一群体而言,他们出生于网络时代,数字媒体的生活方式早已融入他们的日常生活中,但因其年龄小,对复杂的互联网信息的辨别能力还不够,至使其在使用网络时面临着诸多风险。因此,网络安全这一内容,也更多地被纳入青少年网络素养以及安全教育规范之中。

2000 年美国大学与研究图书馆协会发布的高等教育信息素养能力标准的第五条,便主要涉及学生是否具备基本的信息安全知识结构,是否熟悉与信息使用相关的经济、法律和社会问题,能否合理合法地获取信息。这是在如今网络环境日益复杂的情况下,网络使用者最需要具备的基本素质。我国《中小学公共安全教育指导纲要》指出,初中生的网络安全教育要"自觉遵守与信息活动相关的各种法律法规,抵制网络上各种不良信息的诱惑,提高自我保护和预防违法犯罪的意识。合理利用网络,学会判断和有效拒绝的技能,避免迷恋网络带来的危害"。

1. 网络安全认知

国内外的相关研究普遍认为网络安全认知对于个人网络安全保护与风险防范意义重大。Ryan W(2008)研究发现,防范网络安全风险的关键因素是用户行为而不是科技,如果用户倾向于使用较差的安全参数配置、选择忽略警告信息、网络行为故意违反信息安全政策,那么安全界面的设计无论对用户多么友好都是无用的,用户的行为取决于用户的相关认知和判断。② Kruger H A、Kearney W D(2006)表示,信息安全意识的作用是确保用户了解到使用信息技术带来的风险,遵从操作行为规范,承担起保护信息安全的角色和责任。③ 卢家银(2018)认为,

① 鲁亚华.中学生网络信息安全素养形成的课程化实践[J].新课程研究(下旬刊),2011(04):155.

② Ryan W. The Psychology of Security [J]. Communications of the ACM, 2008(04): 34 – 40.

③ Kruger H A, Kearney W D. A Prototype for Assessing Information Security Awareness[J]. Computers & Security, 2006 (4): 289 – 296.

网络安全感直接反映了公众对网络空间安全与否的心理感受和内心判断,是公众对网络空间中已经或尚未出现的显性或潜在风险的心理感受,包含信息泄露、权利侵害、人身威胁与伤害等风险,体现为面对网络威胁与安全风险时的一种信息不确定的心理状态。① Mohd Jasmy Abd Rahman 和 Mohd Isa Hamzah 等(2019)通过访谈的方式调查了30位受访者关于网络安全的感知,发现相当一部分受访者(40%左右)对网络安全有较强认知,并且表示需要安全的网络空间,也担心网络安全风险对自身的伤害。②

研究表明,我国青少年的网络安全认知状况有待提升。《公众网络安全意识调查报告(2015)》显示,当前我国公众网络安全意识不强,网络安全知识和技能急需提升,特别是青少年网络安全基础技能、网络应用安全等意识亟待加强;急需加大力度普及推广网络安全意识教育,普及网络安全知识和技能,提升全民网络安全意识。③

在影响因素与内容上,Babar Bhatti(2011)通过研究社交媒体的发展,得出社交媒体的规模和传播速度都会影响公民在网络中的安全性。④ Kevin F McCrohan 和 Kathryn Engel 等(2010)认为通过网络威胁教育和意识干预的方式对公民进行培训,有利于提高公民在网络空间中的安全感。⑤ R Deepalakshmi(2019)通过采访不同类型的大学生以评估社交网络对安全的影响,对社交网络的使用主要源于信息共享,信息共享会影响学生对网络安全的认知。⑥ 任丽平(2004)指出,网络安全教育课程内容应包含:网络伦理道德和责任意识教育;计算机法律、法规基本知识教育;网络安全知识和安全意识教育;国家安全意识和保密观念教育;身心健康教育。⑦

---

① 卢家银. 新时代中国青年的网络安全感研究[J]. 中国青年研究,2018(5):60-67.

② Mohd Jasmy Abd Rahman, Mohd Isa Hamzah, Mohd Hanafi Mohd Yasin, et al. The UKM Students Perception towards Cyber Security[J]. Creative Education,2019(10):2850-2858.

③ 本刊编辑部. 我国发布首个《公众网络安全意识调查报告(2015)》[J]. 中国信息安全,2015(06):77.

④ Babar Bhatti. Cyber Security and Privacy in the Age of Social Networks [J]. Research Gate,2011(1):57-59.

⑤ Kevin F McCrohan, Kathryn Engel, James W. Harvey, et al. Influence of Awareness and Training on Cyber Security [J]. Journal of Internet Commerce,2010(6): 23-41.

⑥ R Deepalakshmi. Usage of social networks sites and level of awareness in cyber security: A study of college students [J]. ZENITH International Journal of Multidisciplinary Research,2019(2)

⑦ 任丽平. 加强大学生网络安全教育[J]. 内江师范学院学报,2004,19(5):97-100.

2. 自我隐私和安全保护

青少年在使用媒介的过程中会面临诸多的风险,作为数字原住民,青少年擅长在网络中接触和寻找各种信息,但是在避开网络风险方面能力不足。当下,由于网络环境的复杂性与信息技术的飞速发展,青少年所面临的网络安全风险也在不断变化。

对比欧盟国家的网络安全教育,赵冬臣(2010)认为,中小学生网络安全风险重点包括在线安全行为、个人隐私、下载和版权问题、网友现实会面、网络欺侮、安全使用手机等方面;①田言笑、施青松(2016)认为,在大数据时代,网络安全风险主要包括网络系统漏洞风险、信息内容风险、人为操作风险、网络黑客攻击风险、网络病毒感染风险、网络管理风险;②在《2018 年中国青少年互联网使用及网络安全情况调查》与《2019 年全国未成年人互联网使用情况研究报告》中,青少年网络安全防护意识被概括为网上隐私保护意识和对网络安全规定认知意识两方面,青少年面临的网络安全问题主要包括网络违法、网购诈骗、不良信息传播、娱乐沉迷等内容。旷晖(2020)结合 5G 通信时代特点,将计算机网络信息安全风险划分为通信安全风险、数据安全风险、隐私安全风险与终端安全风险四个部分③。

在大数据时代,网络数据包含用户身份信息、属性信息和行为信息,各渠道数据存在交叉检验的可能,极易造成隐私泄露威胁。④ 根据《中国网民权益保护调查报告(2019)》,因个人信息泄露、垃圾信息、诈骗信息等原因导致网民总体损失约 805 亿元。青少年群体面临更加复杂的网络环境与数据风险,个人信息可能被收集、使用、买卖,造成个人财产利益和精神利益损失,使个人人格尊严受到伤害。

本研究把网络安全认知和行为作为网络素养的重要组成部分,是为了使青少年在使用互联网时,能够正确认识网络信息安全与个人信息保护的相关知识,重视个人信息保护,树立网络安全意识,降低在接触和使用网络过程中可能面临的风险。这是我们把网络信息安全作为测量网络素养高低的一个维度的原因。以下是我们课题组为这部分研究设计的问题:

① 赵冬臣. 欧盟国家的中小学网络安全教育:现状与启示[J]. 外国中小学教育,2010(09):13,14.

② 田言笑,施青松. 试谈大数据时代的计算机网络安全及防范措施[J]. 电脑编程技巧与维护,2016(10):90,91.

③ 旷晖. 5G 通信时代计算机网络信息安全问题探究[J]. 电脑与电信,2020(08):34.

④ 李源粒. 网络数据安全与公民个人信息保护的刑法完善[J]. 中国政法大学学报,2015(04):65.

· 我了解网络信息安全的作用(网络安全认知)
· 我了解网络信息安全相关的法律法规和政策(网络安全认知)
· 我总是下载官方正版软件(网络安全认知)
· 我总是设置安全级别较高的密码(自我隐私和安全保护)
· 我会在不同的网络应用上设置不同的密码(自我隐私和安全保护)
· 我会使用杀毒软件杀毒(自我隐私和安全保护)
· 我能够定时备份重要资料(自我隐私和安全保护)
· 出现网络信息安全问题时,我能找到办法解决(自我隐私和安全保护)
· 上网时,我在非必要情况下也填写过自己的真实信息(自我隐私和安全保护)
· 我会对自己的上网设备进行隐私设置(自我隐私和安全保护)

(六)网络道德认知和行为

2002 年 10 月,出版的《伦理学大辞典》收录了“网络道德”这一新辞条,定义为:网络道德,又称“网络伦理”,是指计算机信息网络的开发、设计与应用中应当具备的道德意识和应当遵守的道德行为准则。国内最早研究网络道德的两部著作是严耕等人的《网络伦理》和张震的《网络时代伦理》,都专门论述了网络伦理并指出了现存的突出问题。从网络参与者角度,刘守旗(2003)将网络道德视为一种制约网络使用者的规范,“网民利用网络进行活动交往时所应遵循的原则和规范,并在此基础上形成的新的伦理道德关系”;①尹翔(2007)则从道德构成要素方面认为网络道德是“以善恶为标准,通过社会舆论、内心信念和传统习惯来评价人们的上网行为,调节网络时空中人与人之间以及个人与社会之间关系的行为规范”。② 综上可知,一方面,网络道德具有道德的一般属性,遵循普遍意义的善恶标准,是现实社会中调节人与人、人与社会关系的准则和规范在网络虚拟空间的延伸和投射;另一方面,它又形成、作用、依附于网络虚拟空间,呈现出不同于传统道德的新的内容、形式和要求。

青少年正处于人生观和价值观的重要形成阶段,也是道德塑造的关键时期,思想不够成熟,容易受到网络负面信息的影响和引导。脑科学的大量研究表明,大脑前额叶是认知控制的最重要神经基础,负责并执行抑制控制功能,影响着我

① 刘守旗. 网络德育:21 世纪的德育革命[J]. 南京师大学报(社会科学版),2003(06):69－75.

② 尹翔. 网络道德初探[J]. 山东社会科学,2007(07):154－155.

们对他人进行对错与否的道德评价以及自己决定是否做出某些行为的道德决策,也影响着共情、内疚等道德情绪的形成。①。由于青少年的大脑前额叶尚未发育成熟,容易有道德判断失常、道德自控失败等表现。心理学家也提出了"抑制"的概念,认为抑制是个体行为受到自我意识约束,维持一定的焦虑水平并且在意他人的评价,从而做出理性行为的现象。与之相反的"去抑制"则是个体更少受自我意识的约束,更不在乎他者的存在。由于互联网的匿名性和虚拟性,青少年在网络社会中更难克制自己,更容易情绪失控和行为不理性,更容易忽视道德准则和社会规范,出现"网络解除抑制效果"。因此很多学者担忧互联网环境会对青少年的道德认知和行为产生影响,认为网络中的信息垃圾会使青少年道德意识弱化,网络的间接交往形式会造成青少年道德情感冷漠,网络内容传播的超地域性导致青少年价值观的冲突与迷失,②甚至表现出一些过激、欺骗的网络偏差行为③。然而在受到网络道德影响的同时,作为网络重要行为主体的青少年,客观上也被要求作为"参与人"积极进入到网络道德的建设中来,在网络道德秩序的维持中扮演着重要的角色。

国外的一些计算机和网络组织为规范网络使用者行为提出了一系列要求和准则。美国计算机伦理协会制定了著名的"计算机伦理十戒",用于规范网络用户的行为:不应用计算机去伤害他人;不应干扰别人的计算机工作;不应窥探别人的文件;不应用计算机进行偷窃;不应用计算机作伪证;不应使用或拷贝没有付钱的软件;不应未经许可而使用别人的计算机资源;不应盗用别人的智力成果;应考虑你所编的程序的社会后果;应该以深思熟虑和慎重的方式来使用计算机。

此外,部分机构还明确规定了哪些行为属于网络不道德行为,如南加利福尼亚大学网络伦理声明明确指出了六种网络不道德行为类型:有意地造成网络交通混乱或擅自闯入网络及其相联的系统;商业性地或欺骗性地利用大学计算机资源;偷窃资料、设备或智力成果;未经许可而接近他人的文件;在公共用户场合做出引起混乱或造成破坏的行动;伪造电子邮件信息。

2000 年,英国谢菲尔德大学信息研究中心的韦伯(Webers S)教授发表在《美国情报科学杂志》上的"信息素养"的概念,在以往 ALA 强调的信息意识、信息能力的基础上特别增加了信息道德维度,强调了在社会中合法使用信息的重要性。

---

① 王云强,郭本禹.大脑是如何建立道德观念的:道德的认知神经机制研究进展与展望[J].科学通报,2017,62(25):2867-2875.

② 楚丽霞.网络社会中青少年德性的创造[J].当代青年研究,2000(03):25-28.

③ 雷雳,马晓辉.青少年网络道德态度与其网络偏差行为的关系[C]//第十二届全国心理学学术,中国心理学会,2009.

根据《高等教育信息素养能力标准》,了解与信息及信息技术有关的伦理、法律问题,有助于学生找出并讨论与免费和收费信息相关的问题;找出并讨论与审查制度和言论自由相关的问题;显示出对知识产权、版权和合理使用受专利权保护资料的认识。了解、遵守和使用与信息资源相关的法律、规定、机构性政策和礼节,有助于学生按照公认的惯例(如网上礼仪)参与网上讨论;使用经核准的密码和其他身份证明来获取信息资源;按规章制度获取信息资源;保持信息资源、设备、系统和设施的完整性;合法地获取、存储和发布文字、数据、图像或声音;了解什么行为构成抄袭,不能把他人的作品作为自己的;了解与人体试验研究有关的规章制度。

龚玄(2009)在《论青少年网络道德失范及其治理》中将青少年网络道德失范行为归纳为沉溺于网络世界、散布不当信息、"攻击"行为威胁、网络剽窃侵权,并指出由于青少年群体的特点,其网络道德失范不仅与其他群体网民不完全相同,还带有总量的不断增多、趋势的低龄化和种类的多样性等特点。① 于航(2019)列举了青少年在使用网络的过程中出现的沉溺网络、道德情感冷漠、疏远人群、盗取隐私信息、非法入侵他人网络、网络诈骗、散播不良信息等道德不良行为②。综上所述,本研究主要从知识产权、网络暴力和网络规范三个方面的认知和行为出发对青少年的网络道德水平进行评估与测量。

1. 知识产权认知与行为

知识产权,也称"知识所属权",是法律所赋予的知识产品所有人对其创造性智力成果的专有权利,包括著作权、专利权、商标专用权、发明权和其他科技成果权等。网络为青少年群体的学习和生活提供了丰富、便捷、易获取的资源,但是由于知识产权保护意识淡薄,很多青少年从网上下载、转载文章、论文和著作不加注释,甚至剽窃为己用,未经付费或授权随意下载音乐、游戏软件,出现了各种侵犯知识产权的不良行为。《国家知识产权战略纲要》中明确要求"制定并实施全国中小学知识产权普及教育计划,将知识产权内容纳入中小学教育课程体系"。加强青少年知识产权宣传教育,是实施国家知识产权战略的重要举措,也是普及知识产权教育的重要途径,有助于青少年树立尊重知识、敬畏知识的价值观,规范网络使用行为。

2. 网络暴力认知与行为

网络暴力,是一种危害严重、影响恶劣的暴力形式。国内的研究者一般把"网

① 龚玄. 论青少年网络道德失范及其治理[D]. 中国青年政治学院,2009.

② 于航. 青少年网络道德问题及对策研究[D]. 沈阳师范大学,2019.

络暴力”视为一种通过电子邮件、聊天室、拍照手机、交友网站等互联网手段,对他人进行侮辱、诽谤、骚扰之类的言语行为,尤其是“人肉搜索”和“网络暴力游戏”。① 姜文炳(2011)将“网络暴力”进一步界定为:网络技术风险与网下社会风险经由网络行为主体的交互行动而发生交叠,继而可能致使当事人的名誉权、隐私权等人格权益受损的一系列网络失范行为,主要以言语攻击、形象恶搞、隐私披露等形式呈现。②

青少年是一个长期接触网络环境的群体,更容易被卷入网络暴力中。Hinduja 和 Patchin 等(2010)调查了 83 所美国中小学学生,发现 27.3% 的人曾经受到过网络暴力的伤害,也有 16.8% 的学生承认曾经对别人实施过网络暴力③。Qing Li (2007)对加拿大两所中学 177 名学生进行的匿名研究显示 24.9% 的学生曾经是网络暴力的受害者,而 14.5% 的学生曾经使用电子通信工具骚扰过别人④。随着新媒体的发展,网络亚文化也深刻影响和塑造着青少年的网络暴力认知与行为。2019 年发布的《“粉丝文化”与青少年网络言论失范行为问题研究报告》显示,随着近年来粉丝文化的兴起,网络空间中青少年通过使用侮辱性语言、捏造事实来侵害名誉权行为纠纷多发,网络言论失范行为亟待规范。

3. 网络规范认知与行为

2001 年,《全国青少年网络文明公约》正式发布,对青少年提出了“要善于网上学习,不浏览不良信息;要诚实友好交流,不侮辱欺诈他人;要增强自护意识,不随意约会网友;要维护网络安全,不破坏网络秩序;要有益身心健康,不沉溺虚拟时空”的上网规范和要求。新加坡政府非常注重培养青少年的自发自觉的网络道德意识,尤其是通过传统道德教育,增强青少年网络使用的自律性,促进儒家“慎独”精神在网络中延伸。⑤ 政府利用各种途径引导青少年认识到网络信息的庞杂性、网络交友和游戏的虚幻性、网络上瘾的危害性,使得青少年具有区分现实与虚拟世界的意识和能力,自觉抵御网络空间的负面影响。面对日益复杂的数字媒介

---

① 江根源. 青少年网络暴力:一种网络社区与个体生活环境的互动建构行为[J]. 新闻大学,2012(01):116-124.

② 姜方炳. “网络暴力”:概念、根源及其应对——基于风险社会的分析视角[J]. 浙江学刊,2011(06):181-187.

③ Sameer Hinduja and Justin W Patchin . Summary of our cyberbullying research from 2004-2010. http://www.cyberbullying.us/research.php. (2010).

④ Li Q . New bottle but old wine: A research of cyberbullying in schools[J]. Computers in Human Behavior, 2007, 23(4):1777-1791.

⑤ 赵翔. 新加坡青少年网络道德教育及其启示[J]. 武汉市教育科学研究院学报,2007(02):115-118.

环境,作为网络重要行为主体的青少年更应该加强培育媒介素养,自觉约束规范言谈和行为,为自己在网络空间的言行负责,推进网络依法规范有序运行,为网络空间的治理与维护尽一份力量。

针对这次青少年网络素养的调查对象可能具有的网络行为,我们从知识产权、网络暴力和网络规范三个方面的认知和行为出发,拟定了 7 个有关网络道德的问题,比如“你认为在网上曝光他人的隐私信息是很正常的事情吗?”“你曾经在论坛或社交媒体上骂过其他人吗?”“在使用网上内容时,你会注明信息来源吗?”,等等。

随着互联网成为最重要的传播媒介和渠道,在互联网环境下成长起来的青少年亲历着网络环境从建立到发展过程中的种种规范情况——人肉搜索、网络暴力、网络谣言、群体极化等,这些互联网生态中的病症使他们面临着各种网络道德风险,影响、塑造着他们的道德观念和行为。

本研究将网络道德作为信息素养的重要组成部分,是为了使青少年在使用互联网时,不仅能娴熟地使用网上资源,还能合法、合规地约束自己的网络行为,正确认识与网络信息有关的道德、伦理等知识。这是我们把网络道德作为测量网络素养高低的一个维度的重要原因。以下是我们课题组为这部分研究设计的问题:

· 我认为网络上抄袭、盗版现象也同样应该被重视(知识产权)
· 在使用网上内容时,我会注明信息来源(知识产权)
· 我认为在网上曝光他人的隐私信息是很正常的事情(网络暴力)
· 我用过别人的个人网络平台账号上网(网络规范)
· 我认为个人在网上的发言也要考虑社会影响(网络规范)
· 我在论坛或社交媒体上攻击过其他人(网络暴力)
· 我认为对自己的网络言行也应当负责(网络规范)

五、青少年网络素养影响因素

通过上述文献回顾发现,国内外学者对于“网络素养”的研究聚焦在网络素养概念与内涵的嬗变、网络素养的测量维度等方面。对于“网络素养”影响因素,目前学界的主流观点认为包含五大因素,即个体因素、家庭因素、学校因素、政府因素和社会因素。

(一)个体因素

诸多学者认为学生在性别、年龄、受教育程度、社会背景等方面的人口统计学差异,会对其网络素养产生一定的影响。黄永宜认为,当代大学生已经把网络媒介当作获取信息的主要来源,每个人的知识储备、社会背景因素以及对不同事物的理解能力上的差异,导致大学生对于不同媒介信息的辨别能力存在一定的差异。① 周葆华、陆晔通过实证调查分析后发现,中国公众的媒介知识水平整体较低且存在差异,具体表现为:男性的媒介知识水平要高于女性;年轻人的媒介知识储备要比老年人高;受教育程度越高,掌握的媒介知识越多。② 杜海钰通过对乌海市第四中学初中生进行调查后发现,初中阶段的女生的整体信息素养要高于男生;学习成绩好的学生信息素养水平整体较高③。

个体所处的社会背景,特别是城乡差异、东西部区域差异,也会对青少年的网络素养水平高低产生影响。如林火灿、邓靖等通过对两所学校的农民工子女进行问卷调查,分析了在农村的儿童媒介素养所面临的问题以及其与城市中的儿童媒介素养水平的差异。④ 路程鹏、骆杲等通过调查分析后发现,城乡青少年媒介素养的最大落差在于客观层面,即媒介接触和媒介使用层面。⑤

(二)家庭因素

家庭因素同样对青少年的媒介素养水平有着深刻的影响,学界的考察集中在父母受教育程度、父母的工作性质、父母与孩子的沟通方式、家庭的经济状况、家庭的网络媒介环境、家庭关系、家庭网络生活规范等方面。

韩璐认为影响青少年媒介素养的家庭环境因素可分为五个维度,分别为:父母受教育程度对青少年的媒介素养水平有显著影响,父母的受教育程度越高,孩子的媒介素养也相应越高;亲子间的沟通方式对青少年媒介素养水平有显著影响,“一致型”和“多元型”家庭沟通模式下的青少年媒介素养得分要高于“保护型”和“放任型”的家庭;建立合理的家庭网络生活规范,会提高青少年的媒介素养水平;家庭氛围越和谐,青少年的媒介素养水平越高;亲子之间的关系越平等,青少年的媒介素养水平越高。⑥

---

① 黄永宜.浅论大学生的网络媒介素养教育[J].新闻界,2007(3):38-39.

② 周葆华,陆晔.中国公众媒介知识水平及其影响因素——对媒介素养一个重要维度的实证分析[J].新闻记者,2009(5):34-37.

③ 杜海钰.初中生信息素养水平现状调查与影响因素分析[D].内蒙古师范大学,2014.

④ 林火灿.留守儿童与流动儿童的媒介素养差异比较——对京皖两所中学农民工子女的实证研究[A].复旦大学信息与传播研究中心,2007:21.

⑤ 路鹏程,骆杲,王敏晨,付三军.我国中部城乡青少年媒介素养比较研究——以湖北省武汉市、红安县两地为例[J].新闻与传播研究,2007(3):80-88.

⑥ 韩璐.自媒体环境下青少年媒介素养家庭影响因素的实证研究[D].南京:南京邮电大学,2016.

王倩课题组则分析了家庭媒介条件差异对子女媒介素养的影响,并提出了影响儿童媒介接触与使用的三个家庭因素:(1)家庭拥有媒介的种类及数量;(2)父母的媒介使用习惯与媒介素养水平;(3)父母对子女媒介行为的指导和参与情况。①

江宇通过调查研究分析指出,家庭社会经济背景和家庭传播环境也会影响青少年的媒介素养水平,而且由家庭社会经济背景、家庭传播环境等结构因素带来的媒介素养水平差距会在代内和代际间"重现"。② 卜卫指出,家庭关系与儿童的媒介素养有一定关系,她通过调查后发现,家庭关系与儿童使用电子游戏机的需求显著相关,家庭关系越不好,儿童越依赖电子游戏机以取得心理上的满足,放松自己。③

刘卫琴认为在家庭因素中,父母对孩子的媒体接触行为的态度直接影响孩子的媒介素养水平,如果父母对孩子的媒介接触行为持粗暴的禁止或限制态度则孩子媒介素养较低,而对孩子的媒体接触行为持开放和引导态度的家庭,孩子的媒介素养相对较高。父母经常了解孩子的媒体行为并与孩子讨论看到的媒介信息的家庭,孩子的媒介素养水平相对较高。④

(三)学校因素

学校教育是媒介素养教育的基础和关键,没有一种教育方式可以与学校系统化、规模化、正规化的教育方式相提并论。

在20世纪70年代,美国的加利福尼亚、夏威夷、纽约等州就将媒介素养教育纳入1—9年级的课程体系之中,或以独立课程的形式开设,或将媒介知识融进相关课程之中。⑤ 刘卫琴认为,学校的媒介条件、教师的媒介素养等均与学生的媒介素养存在显著的正相关关系,学校的媒介条件越好,教师在课堂上使用多媒体课件进行教学越频繁,学生的媒介素养就越高。⑥

一些学者发现,学校开设信息技术课的情况在一定程度上会影响学生的媒介

① 王倩,李昕言.儿童媒介接触与使用中的家庭因素研究[J].当代传播(汉文版),2012(2):111-112.

② 江宇.家庭社会化视角下媒介素养影响因素研究[D].北京:中国传媒大学,2008.

③ 卜卫.关于儿童媒介需要的研究——以电视、书籍、电子游戏机为例[J].新闻与传播研究,1996(3):13-24.

④ 刘卫琴.初中生媒介素养及媒介素养教育研究[D].苏州:苏州大学,2015.

⑤ 陈晓慧,袁磊.美国中小学媒介素养教育的现状及启示[J].中国电化教育,2010(9):26-29.

⑥ 刘卫琴.初中生媒介素养及媒介素养教育研究[D].苏州:苏州大学,2015.

素养。杜海钰通过调查后发现,信息技术课会影响学生的媒介素养,上信息技术课时间越长的学生,信息素养水平越高。① 谢建对农村初中生信息素养现状进行调查后发现,信息技术教师的素质(包括教师的专业化程度和从事教学的时间)和信息技术课程的课时量都会对学生的媒介素养产生一定的影响。②

此外,韩璐认为,学校推行的应试教育政策在一定程度上会影响媒介素养教育在我国的发展。应试教育更注重学生对知识点的记忆,而忽视学生对信息检索和筛选的能力;只注重教授相应的考试内容,而忽视考试以外的知识,从而在一定程度上制约了媒介素养教育的实施③。

(四)政府因素

家庭因素、学校因素深刻影响着学生媒介素养水平,政府的重视和支持也是一个国家媒介素养教育长足发展的保证。2003 年,英国政府设置国家通讯管理局(OFCOM)负责管理英国的传媒业,确保英国范围内播放高质量的电视和广播节目内容;还和英国教育部合作,以确保有效地推动媒介素养教育的开展,提高英国公民的媒介素养④。

然而,Richard Wallis 和 David Buckingham 指出,自 OFCOM 成立以来,媒介素养教育领域已发生了一些显著的变化,但一些关键概念的混乱和不确定性依然存在,例如媒介素养的定义、OFCOM 的职权范围和定位、政策的推行方式等;当前英国的媒介素养教育仍只是保护青少年群体免受不良文化的侵害,没有实现更广泛的教育目的和推动社会民主的愿望;并未以学校课程等形式确定媒介素养教育推行的方式。⑤

相比之下,国内学界对于政府在青少年媒介素养教育中该扮演什么样的角色、发挥何种力量的研究还比较少,这与当前国内普遍忽视青少年媒介素养教育有很大的关系。

(五)社会因素

面对复杂的网络环境,网民特别是青少年网民的媒介素养教育问题亟待解决,然而媒介素养教育绝非靠一家之力就可完成,它需要社会各界力量的共同努

---

① 杜海钰.初中生信息素养水平现状调查与影响因素分析[D].内蒙古师范大学,2014.

② 谢建.农村初中学生信息素养现状调查与影响因素[D].东北师范大学,2007.

③ 韩璐.自媒体环境下青少年媒介素养家庭影响因素的实证研究[D].南京:南京邮电大学,2016.

④ 郭铮.英国青少年媒介素养教育的实践与启示[D].郑州:郑州大学,2014.

⑤ Wallis R,Bukkingham D. Arming the citizen – consumer: The invention of media literacy within UK communications policy[J]. European Journal of Communication,2013,28(5):527 – 540.

力。朱顺慈通过与来自4个不同领域的10位专家进行深度访谈以及参加3个网络安全学术论坛后提出，儿科专家可以通过临床实践观察青少年的心理健康；社会工作者可以关注青少年通过接触风险（被欺负、骚扰、跟踪或和陌生网友见面）和参与风险活动（参与网络欺凌、违反法律、创建色情等有问题的内容、援交、分享毒品信息）而出现的价值观的混乱；IT专家可以思考云技术发展导致的一切信息都可以被检索和追溯所带来的隐私权问题；教师担心网络监测技术的运用催生了社交媒体中沉默螺旋的产生，即学生不敢实名在互联网上发表不同的意见，因而转回匿名网络攻击的形式，最终威胁到言论自由。①

社会教育机构在进行调研、提出切实可行的方案并实施方面发挥着重要作用。媒介素养的教育设计需要媒体学者和青少年专家交流合作，建设"教育性的社交网络"，鼓励年轻人提高道德上的警觉和网络互动中的社会意识。Jon Dornaleteche－Ruiz等学者考察了不同性别、不同年龄段、不同知识水平的西班牙公民在数字工具使用上的媒介素养差异，建议学术机构应设计具体的方案，缩小代际数字鸿沟，从青年时期就通过加强技术水平等方式赋权给女性，在网络上为全体公民提供有建设性的内容。②

① Chu D. Internet risks and expert views: a case study of the insider perspectives of youth workers in Hong Kong[J]. Information Communication & Society, 2016, 11(1): 1－18.

② Dornaleteche－Ruiz Jon, Buitrago－Alonso Alejandro, Moreno－Cardenal. Categorization, Item Selection and Implementation of an Online Digital Literacy Test as Media Literacy Indicator[J]. Comunicar, 2015, Vol. 22 Issue 44: 177－185.

第一章

研究方法及信效度检验

一、研究框架

通过文献梳理和前测考察，我们把影响青少年网络素养的因素（自变量）划分为个人属性、家庭属性和学校属性三种类型。青少年网络素养由上网注意力管理、网络信息搜索与利用、网络信息分析与评价、网络印象管理、网络安全认知和行为、网络道德认知和行为六个维度组成。

二、研究方法和指标体系

（一）研究方法

本次研究主要采用整群抽样调查的方式。以 20 所分布在我国不同省级行政区的中学作为样本框。再根据各学校的实际情况，从每一个学校随机抽取初中和高中不同年级的学生，组成本文的实际调查对象。最终样本覆盖 14 个省、直辖市、自治区，来自初一到高三的六个年级，以确保问卷数据的代表性。本次问卷调查采用纸质版问卷与电子版问卷结合的方式，收回纸质版问卷 286 份，电子版问卷 4343 份，共计收回问卷 4629 份。对收回问卷中有题目未作答及无效样本剔除后，最终确定有效问卷 4464 份，问卷调查研究的有效率为 96.4%。北京师范大学附属学校平台协助完成问卷调查。

（二）样本构成（见表 1－1）

表 1－1 样本构成

变量	变量分类	样本数	有效百分比（%）
性别	男	2434	54.5
	女	2030	45.5

续表

变量	变量分类	样本数	有效百分比(%)
年级	初一	854	19.1
	初二	1238	27.7
	初三	757	17.0
	高一	686	15.4
	高二	479	10.7
	高三	450	10.1
城市等级	一线及以上	864	19.4
	二线	726	16.3
	其他	2873	64.4
户口	城市	2514	56.3
	农村	1950	43.7
成绩	优秀	1040	23.3
	中等	2779	62.3
	下游	645	14.4

(三)指标体系

结合青少年媒介素养和网络素养的相关研究,本课题组把青少年网络素养分为六个维度:“上网注意力管理”“网络信息搜索与利用”“网络信息分析与评价”“网络印象管理”“网络安全认知和行为”“网络道德认知和行为”,以及16个一级指标、29个二级指标、66个操作化定义进行测量(见表1-2)。

表1-2　指标划分体系

维度	一级指标	二级指标	操作化定义(数量)
上网注意力管理	网络使用认知	计划性	1
		觉察性	3
		理性倾向	2
	网络情感控制	情绪激发	1
		情绪调节	2
		情绪控制习惯	1

续表

维度	一级指标	二级指标	操作化定义(数量)
上网注意力管理	网络行为控制	控制执行	3
		结果影响	2
		冲动习惯	1
网络信息搜索与利用	信息搜索与分辨	目标性	1
		搜索程度	3
		分辨能力	2
	信息保存与利用	信息效果	2
		信息保存	1
网络信息分析与评价	对网络的主动认知和行动	主动认知	1
		主动行动	2
	对信息的辨析和批判	媒介效果认知	4
		媒介内容思考	3
		媒介内容质疑	3
网络印象管理	迎合他人	夸赞关注	3
	伤害控制	澄清道歉	2
	自我宣传	社会美化	4
	操控倾向	贬低辩解	2
网络安全认知和行为	网络安全认知	网络安全	3
	自我隐私和安全保护	隐私保护	2
		安全保护	5
网络道德认知和行为	知识产权认知和行为	知识产权	2
	网络暴力认知和行为	网络暴力	2
	网络规范认知和行为	网络公共空间	3

三、信效度检验

在本次调研过程中,共使用上网注意力、网络信息搜索与利用、网络信息分析与评价、网络印象管理、网络安全认知和行为、网络道德认知和行为六大维度来对青少年网络素养进行测量。

(一)上网注意力信效度检验

经过信度和效度检测,上网注意力的克隆巴赫 Alpha 指数为 0.863,信度较好(见表 1-3);巴特利特球度检验相应的概率的显著性为 0.000,小于 0.05,因而可以认为相关系数的矩阵与单位阵有显著性差异;KMO 的值为 0.898,大于 0.6,原有的变量具有较好的研究效度(见表 1-4)。

表 1-3　上网注意力可靠性分析

可靠性分析	
克隆巴赫 Alpha	项数
0.863	16

表 1-4　上网注意力 KMO 和巴特利特检验

KMO 和巴特利特检验		
KMO 取样适切性量数		0.898
巴特利特球形度检验	近似卡方	25430.424
	自由度	120
	显著性	0.000

(二)网络信息搜索与利用信效度检验

经过信度和效度检测,网络信息搜索与利用的克隆巴赫 Alpha 指数为 0.843,信度较好(见表 1-5);巴特利特球度检验相应的概率的显著性为 0.000,小于 0.05,因而可以认为相关系数的矩阵与单位阵有显著性差异;KMO 的值为 0.923,大于 0.6,原有的变量具有较好的研究效度(见表 1-6)。

表 1-5　网络信息搜索与利用可靠性分析

可靠性分析	
克隆巴赫 Alpha	项数
0.843	9

表 1-6　网络信息搜索与利用 KMO 和巴特利特检验

KMO 和巴特利特检验	
KMO 取样适切性量数	0.923

续表

KMO 和巴特利特检验		
巴特利特球形度检验	近似卡方	19898.175
	自由度	36
	显著性	0.000

(三)网络信息分析与评价信效度检验

经过信度和效度检测,网络信息分析与评价的克隆巴赫 Alpha 指数为0.624,信度较好(见表1-7);巴特利特球度检验相应的概率的显著性为0.000,小于0.05,因而可以认为相关系数的矩阵与单位阵有显著性差异;KMO 的值为0.822,大于0.6,原有的变量具有较好的研究效度(见表1-8)。

表1-7 网络信息分析与评价可靠性分析

可靠性分析	
克隆巴赫 Alpha	项数
0.624	13

表1-8 网络信息分析与评价 KMO 和巴特利特检验

KMO 和巴特利特检验		
KMO 取样适切性量数		0.822
巴特利特球形度检验	近似卡方	16628.814
	自由度	78
	显著性	0.000

(四)网络印象管理信效度检验

经过信度和效度检测,网络印象管理的克隆巴赫 Alpha 指数为0.828,信度较好(见表1-9);巴特利特球度检验相应的概率的显著性为0.000,小于0.05,因而可以认为相关系数的矩阵与单位阵有显著性差异;KMO 的值为0.872,大于0.6,原有的变量具有较好的研究效度(见表1-10)。

表1-9 网络印象管理可靠性分析

可靠性分析	
克隆巴赫 Alpha	项数
0.828	11

表1－10　网络印象管理KMO和巴特利特检验

KMO和巴特利特检验		
KMO取样适切性量数		0.872
巴特利特球形度检验	近似卡方	21576.157
	自由度	55
	显著性	0.000

（五）网络安全认知和行为信效度检验

经过信度和效度检测，网络安全认知和行为的克隆巴赫Alpha指数为0.860，信度较好（见表1－11）；巴特利特球度检验相应的概率的显著性为0.000，小于0.05，因而可以认为相关系数的矩阵与单位阵有显著性差异；KMO的值为0.916，大于0.6，原有的变量具有较好的研究效度（见表1－12）。

表1－11　网络安全认知和行为可靠性分析

可靠性分析	
克隆巴赫Alpha	项数
0.860	10

表1－12　网络安全认知和行为KMO和巴特利特检验

KMO和巴特利特检验		
KMO取样适切性量数		0.916
巴特利特球形度检验	近似卡方	22847.133
	自由度	45
	显著性	0.000

（六）网络道德认知和行为信效度检验

经过信度和效度检测，网络道德认知和行为的克隆巴赫Alpha指数为0.709，信度较好（见表1－13）；巴特利特球度检验相应的概率的显著性为0.000，小于0.05，因而可以认为相关系数的矩阵与单位阵有显著性差异；KMO的值为0.749，大于0.6，原有的变量具有较好的研究效度（见表1－14）。

表 1-13 网络道德认知和行为可靠性分析

可靠性分析	
克隆巴赫 Alpha	项数
0.709	7

表 1-14 网络道德认知和行为 KMO 和巴特利特检验

KMO 和巴特利特检验		
KMO 取样适切性量数		0.749
巴特利特球形度检验	近似卡方	9007.114
	自由度	21
	显著性	0.000

第二章

青少年网络素养现状

一、总体状况

（一）总体得分情况

调查显示，青少年网络素养平均得分为3.54分（满分5分），略高于及格线，有待进一步提升。其中，网络道德的平均得分最高（3.94），网络印象管理的平均得分最低（3.02）。（见图2－1）

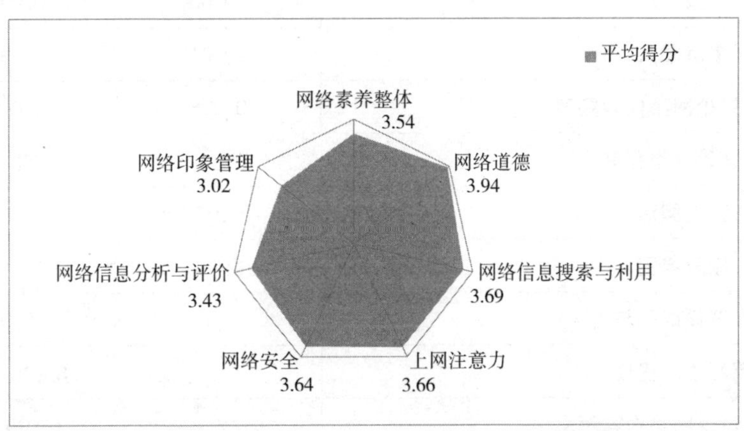

图2－1　总体得分情况

（二）回归模型

回归模型显示，个人属性中的性别、年级、成绩、青少年生活的城市等级、每天的平均上网时长、网络技能使用熟练度和网络使用自我效能感，家庭属性中的青少年与父母的亲密程度、父母对青少年上网活动的干预频率、家庭氛围，学校因素中的青少年在网络技能、素养类课程中的收获、与同学讨论网络内容的频率以及学校是否有管理移动设备的规定，对青少年网络素养有显著影响（见表2－1）。

表 2-1 青少年综合网络素养回归模型

	模型 1	模型 2	模型 3
性别	-0.075***	-0.060***	-0.058***
年级	-0.082***	-0.105***	-0.082***
成绩	0.072***	0.049***	0.045**
户口	-0.020	-0.016	-0.023
地区	-0.026	-0.018	-0.016
城市等级	-0.103***	-0.091***	-0.089***
上网时长	-0.120***	-0.107***	-0.096***
网络技能使用熟练度	0.046**	0.048**	0.043**
网络使用自我效能感	0.433***	0.414***	0.386***
父亲学历		-0.002	-0.005
母亲学历		-0.007	0.006
家庭收入		-0.019	-0.018
与父母讨论网络内容频率		0.026	0.008
与父母亲密程度		0.077***	0.058***
父母干预上网活动频率		-0.043**	-0.053***
家庭氛围		0.114***	0.104***
学校开设课程与否			-0.005
课程收获程度			0.136***
与同学讨论网络内容频率			0.039**
学校设备规定有无			-0.030*
上课玩手机频率			-0.093***
R 方 SIG 值	调整后的 R 方为 25.5% SIG = 0.000	调整后的 R 方为 28.6% SIG = 0.000	调整后的 R 方为 31.4% SIG = 0.000

注:*代表 5% 显著性水平,**代表 1% 显著性水平,***代表 0.1% 显著性水平。

(三)个人属性影响因素分析

回归模型显示:性别、年级、成绩、城市等级、上网时长、技能熟练度、自我效能感对青少年网络素养有显著影响(见图2-2至图2-8)。

1. 女生网络素养相对较好

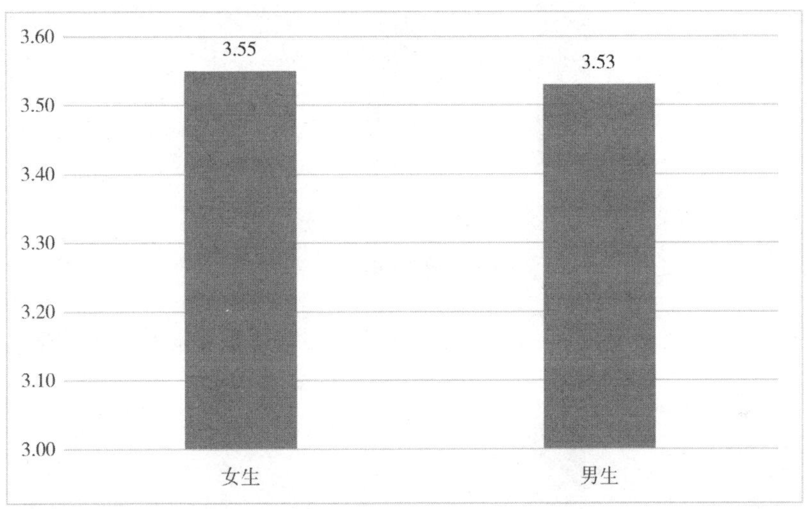

图2-2

2. 初中生网络素养水平优于高中生

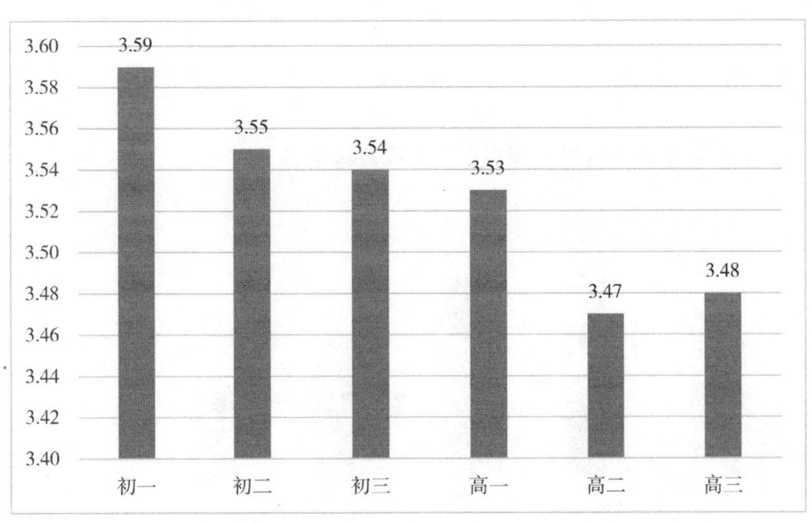

图2-3

3. 成绩较好的青少年网络素养水平相对较高

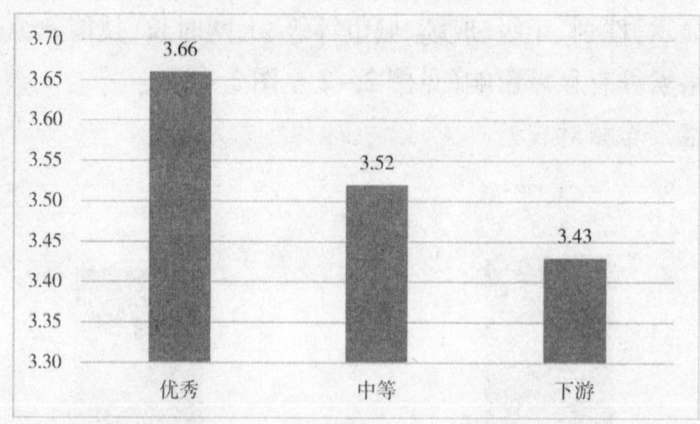

图 2-4

4. 从城市等级来看,在一线城市生活的青少年网络素养水平相对较高

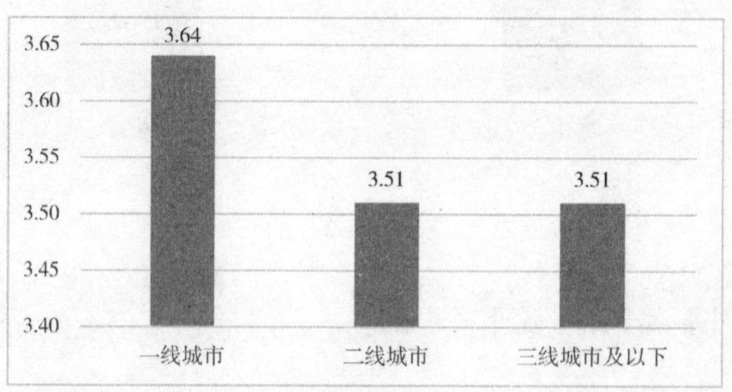

图 2-5

5. 随着每天平均上网时间增长,青少年网络素养水平逐渐下降

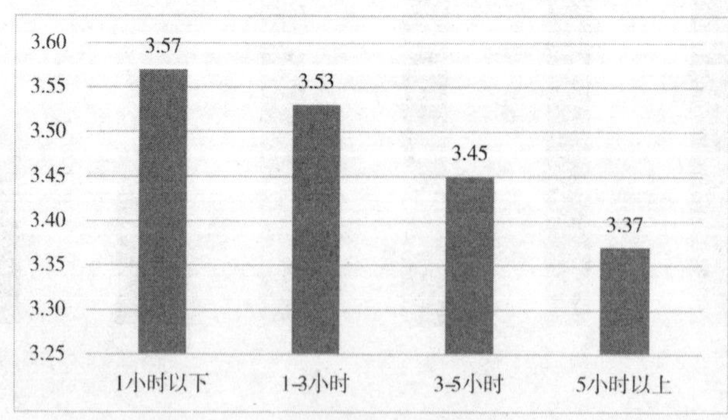

图 2-6

6. 上网技能熟练度越高，青少年网络素养相对越高

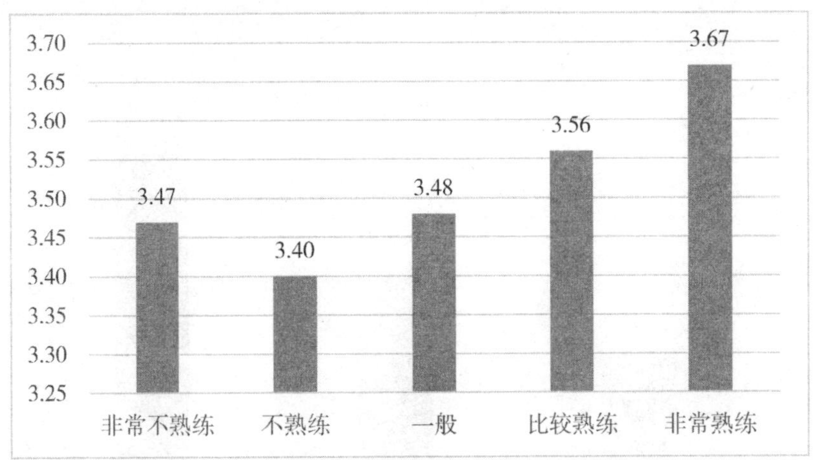

图 2-7

7. 网络使用自我效能感越高，青少年网络素养相对越高

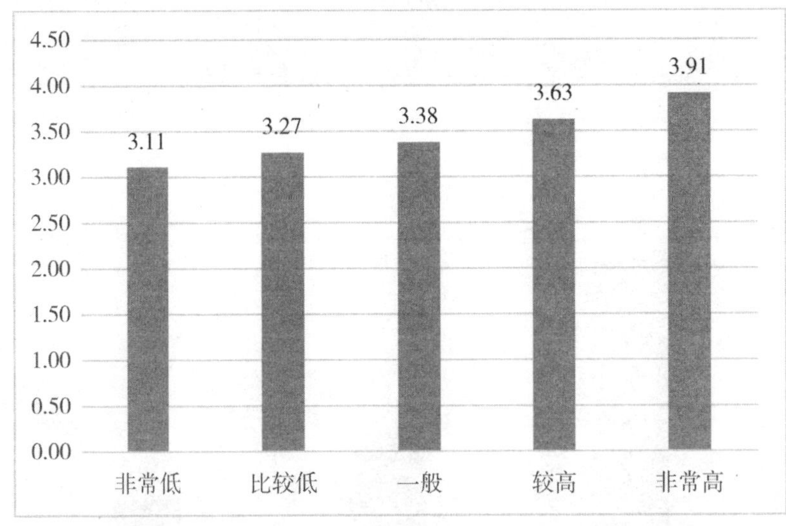

图 2-8

（四）家庭属性影响因素分析

在家庭属性中，青少年与父母的亲密程度、父母干预青少年网络活动的频率以及家庭氛围对青少年的网络素养有影响（见图 2-9 至图 2-11）。

1. 青少年与父母亲密程度越高,网络素养也越高

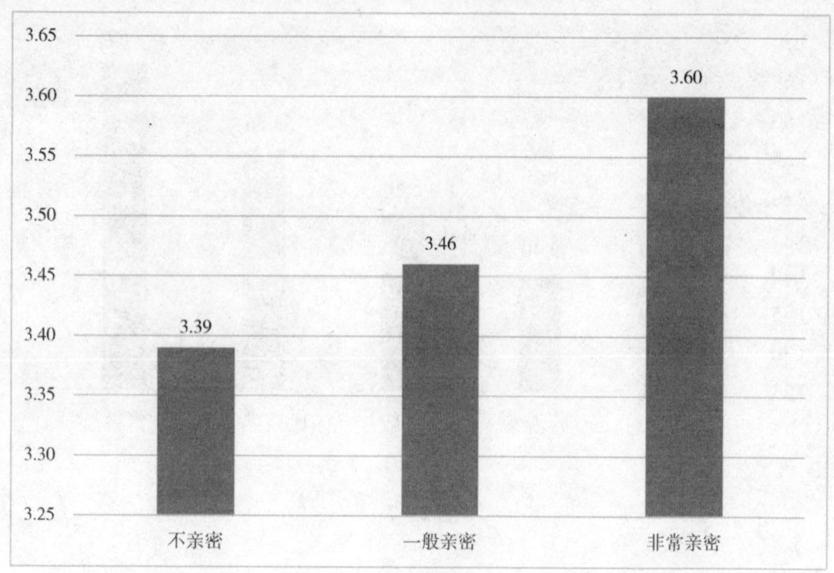

图 2-9

2. 父母干预上网活动的频率越低,青少年网络素养越高

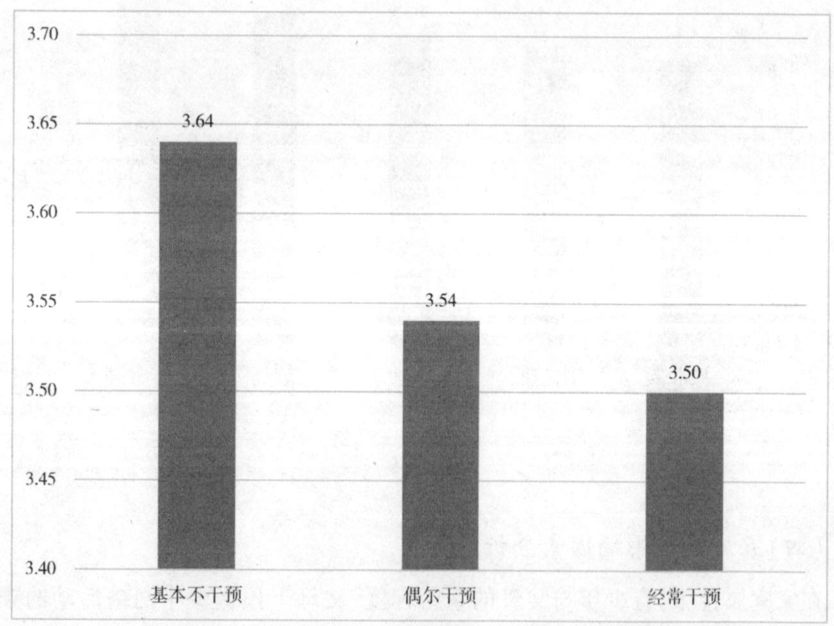

图 2-10

3. 整体呈现家庭氛围越好，青少年网络素养越高的趋势，家庭氛围一般的青少年，网络素养相对最低

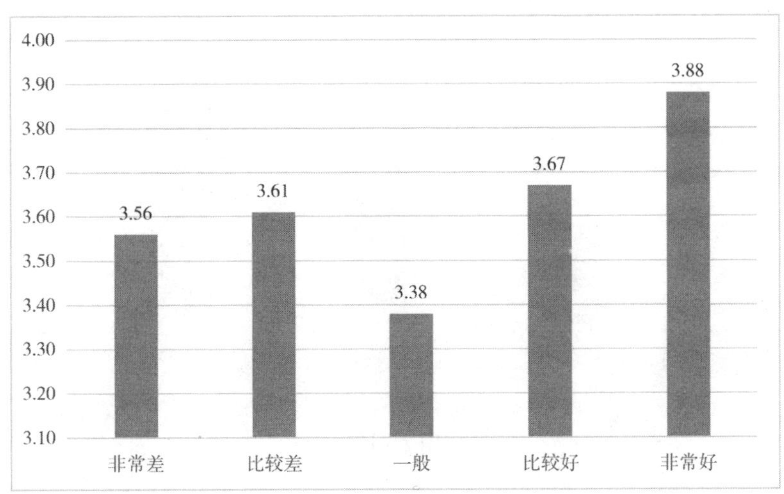

图 2－11

（五）学校属性影响因素分析

学校属性中，青少年在网络技能类、素养类课程中的收获多少、与同学讨论网络内容的频率对其网络素养有显著正面影响，而学校有无移动设备管理规定以及青少年上课玩手机频率则对其网络素养有显著负面影响（见图 2－12 至图 2－15）。

1. 青少年在网络技能类、素养类课程中的收获越大，其网络素养相对越高

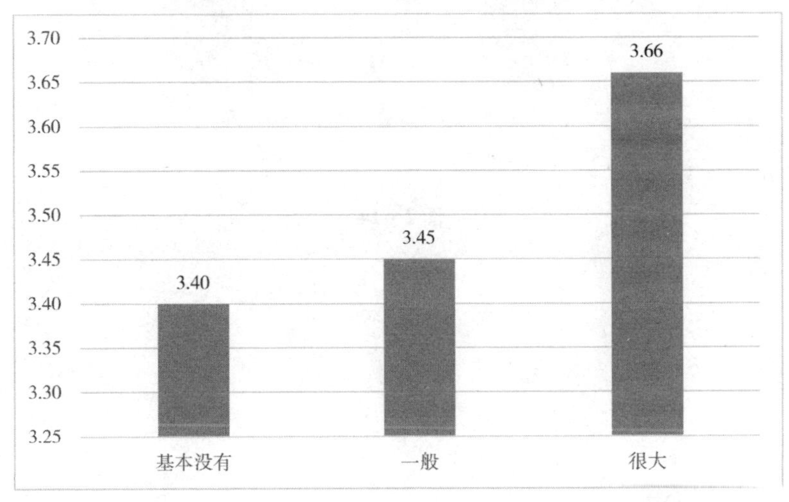

图 2－12

2. 青少年与同学讨论网络内容越频繁，网络素养相对越高

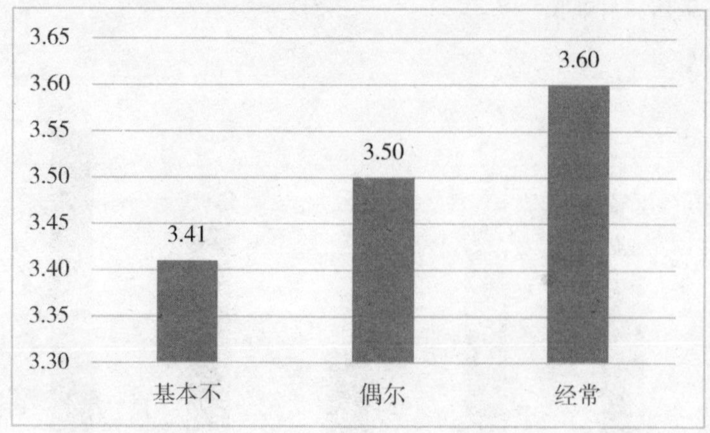

图 2-13

3. 有移动设备管理规定的中学，学生网络素养相对较高

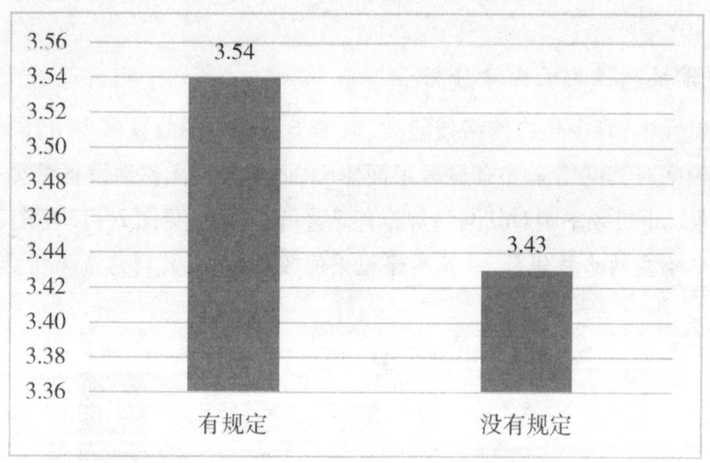

图 2-14

4. 从不上课玩手机的青少年网络素养最高,经常玩的最低

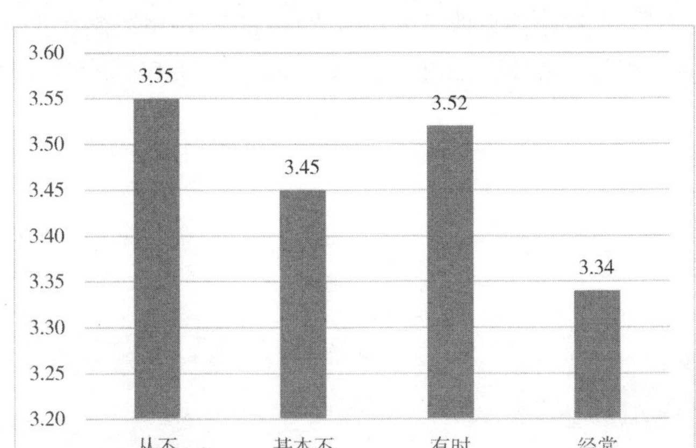

图 2-15

二、个人、家庭、学校属性对六个维度的影响分析

(一)个人属性对六个维度的影响分析

1. 性别对六个维度的影响分析

女生在上网注意力管理、网络信息搜索与利用、网络印象管理、网络道德方面表现相对较好,男生在网络安全方面表现相对较好(见图 2-16)。

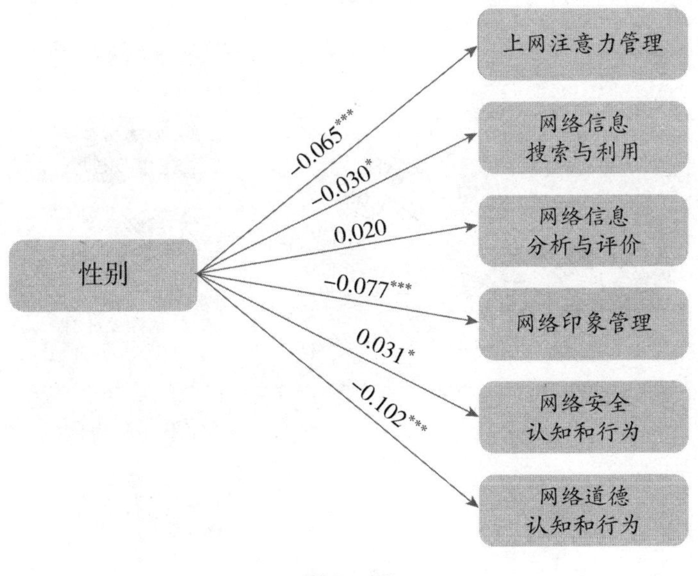

图 2-16

2. 年级对六个维度的影响分析

上网注意力管理、网络信息搜索与利用、网络安全、网络道德素养随年级升高而降低,网络信息分析与评价、网络印象管理能力则表随年级升高而提高(见图2-17)。

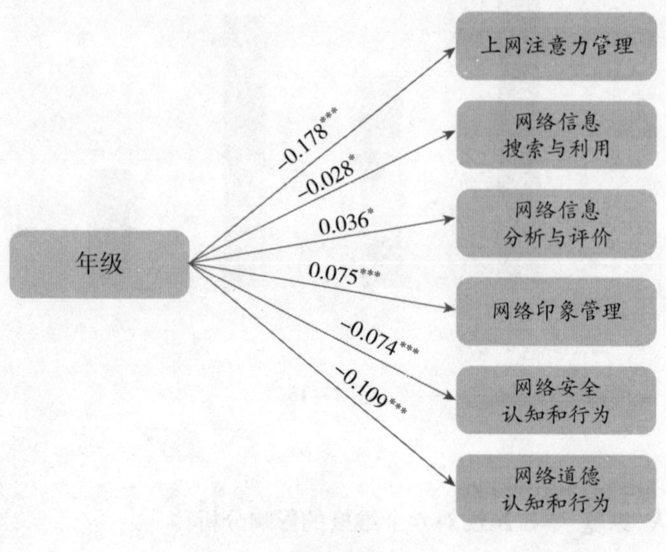

图2-17

3. 成绩对六个维度的影响分析

青少年成绩越好,在上网注意力管理、网络信息搜索与利用、网络信息分析与评价和网络道德方面的素养也越高(见图2-18)。

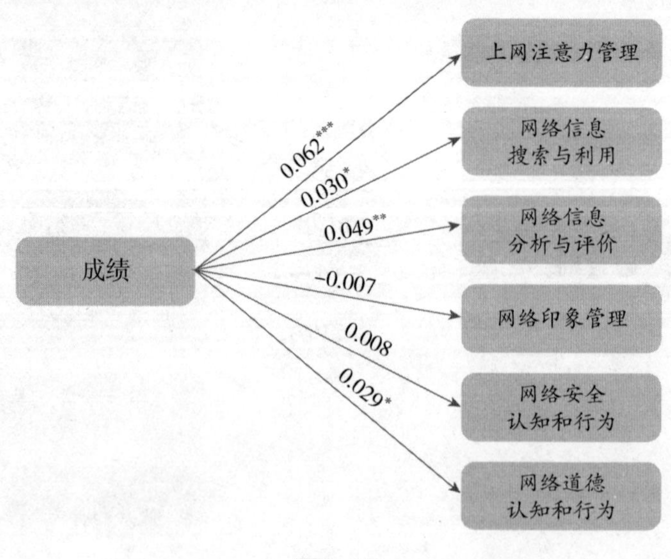

图2-18

4. 户口对六个维度的影响分析

农村户口学生，在网络信息搜索与利用方面相对表现较好（见图 2－19）。

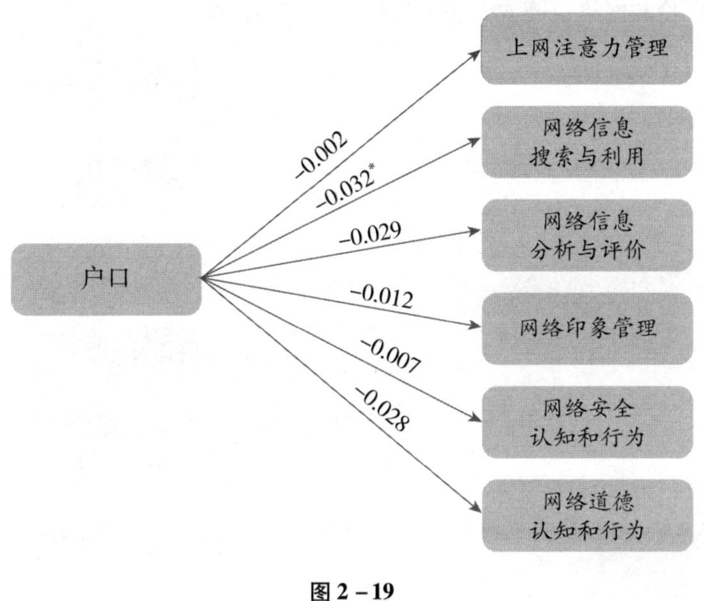

图 2－19

5. 城市等级对六个维度的影响分析

生活在一线城市的青少年，在上网注意力管理、网络信息分析与评价、网络安全、网络道德方面表现较好（见图 2－20）。

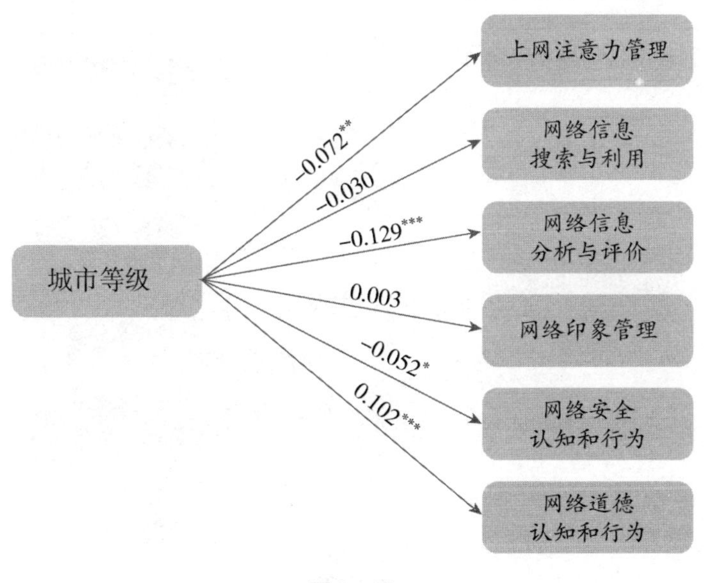

图 2－20

6. 地区对六个维度的影响分析

东部地区青少年在网络印象管理方面表现较好,中西部地区青少年在网络信息分析与评价和网络道德方面表现较好(见图 2－21)。

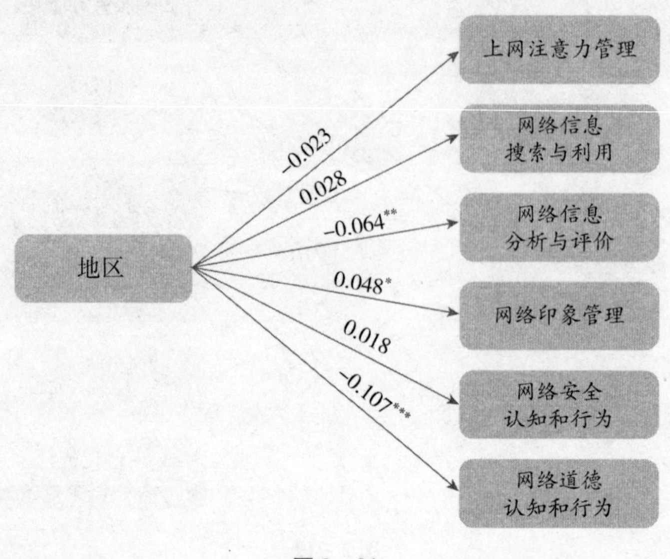

图 2－21

7. 每天上网时长对六个维度的影响分析

每天平均上网时间越长的青少年,在上网注意力管理、网络信息搜索与利用、网络安全、网络道德方面表现相对较差(见图 2－22)。

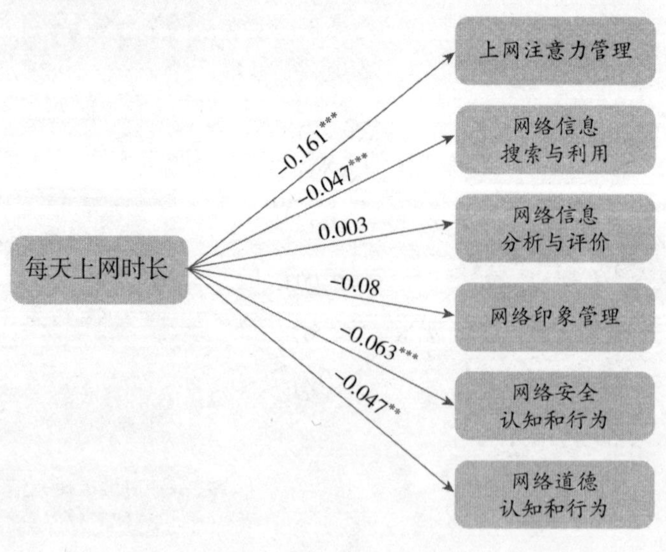

图 2－22

8. 网络技能使用熟练度对六个维度的影响分析

青少年网络技能使用越熟练，其在上网注意力管理和网络道德维度表现越差，但在网络信息搜索与利用、网络印象管理、网络安全方面表现较好(见图2-23)。

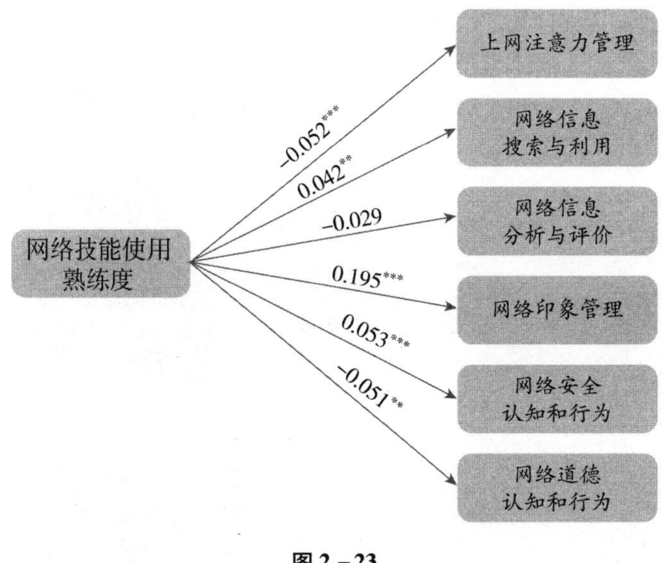

图2-23

9. 网络使用自我效能感对六个维度的影响分析

网络使用自我效能感越高，青少年在上网注意力管理、网络信息搜索与利用、网络信息分析与评价、网络印象管理、网络安全、网络道德六个维度的得分越高(见图2-24)。

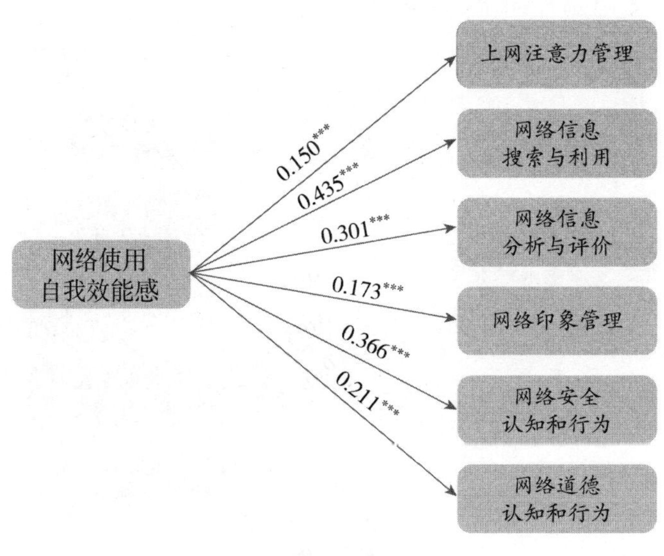

图2-24

(二)家庭属性对六个维度的影响分析

1. 家庭收入对六个维度的影响分析

家庭收入越高,青少年在网络信息搜索与利用、网络信息分析与评价及网络道德三方面表现越差(见图 2-25)。

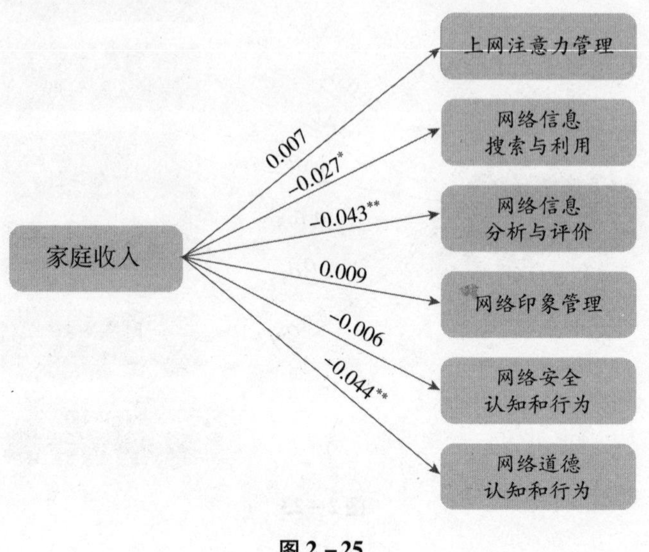

图 2-25

2. 与父母亲密程度对六个维度的影响分析

青少年与父母越亲密,在上网注意力管理、网络信息搜索与利用、网络道德这三方面表现越好(见图 2-26)。

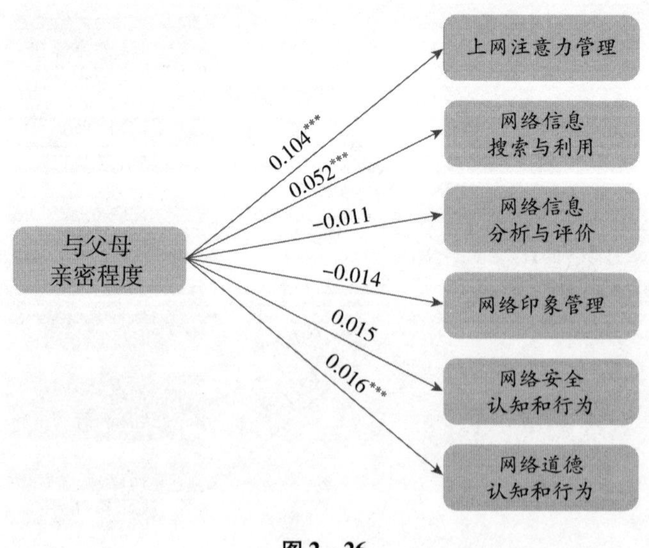

图 2-26

3. 父母干预上网活动频率对六个维度的影响分析

父母越频繁干预青少年上网活动，青少年在上网注意力管理、网络信息搜索与利用、网络信息分析与评价、网络安全四个维度表现越差（见图 2-27）。

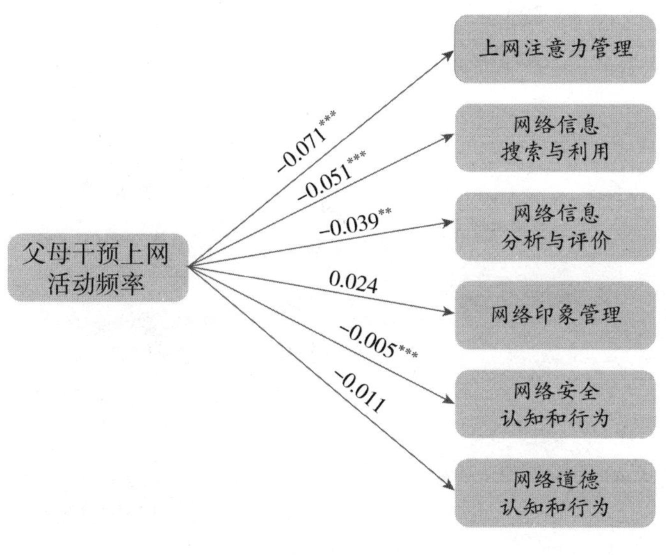

图 2-27

4. 与父母讨论网络内容频率对六个维度的影响分析

与父母讨论网络内容越频繁的青少年，在网络印象管理方面表现更好，在网络道德方面表现较差（见图 2-28）。

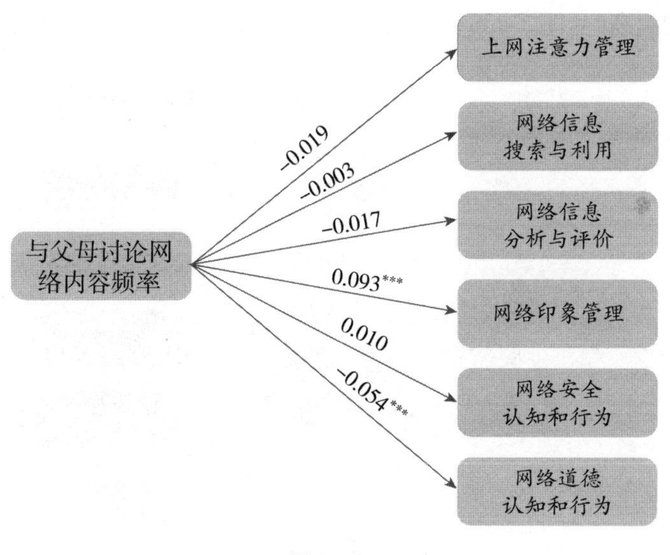

图 2-28

5. 家庭氛围对六个维度的影响分析

青少年所处的家庭氛围越好,其在上网注意力管理、网络信息搜索与利用、网络信息分析与评价、网络安全、网络道德五个维度表现越好,但在网络印象管理维度表现较差(见图2-29)。

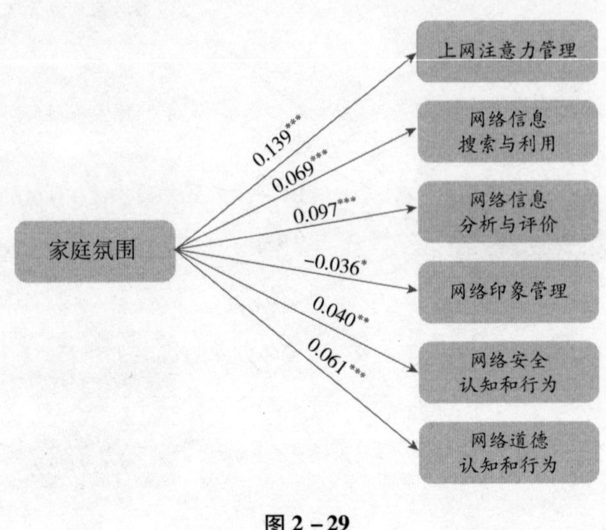

图2-29

(三)学校因素对六个维度的影响分析

1. 网络素养、技能课程收获对六个维度的影响分析

青少年在网络素养、技能课程收获越大,在除网络印象管理之外的其他五个维度得分均越高(见图2-30)。

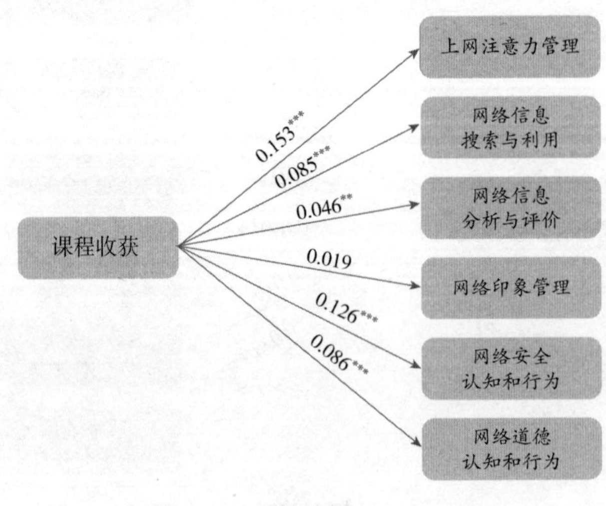

图2-30

2. 与同学讨论网络内容频率对六个维度的影响分析

越经常与同学讨论网络内容的青少年，在网络信息搜索与利用、网络信息分析与评价、网络印象管理、网络安全四个维度表现越好，但在上网注意力管理维度表现越差（见图 2－31）。

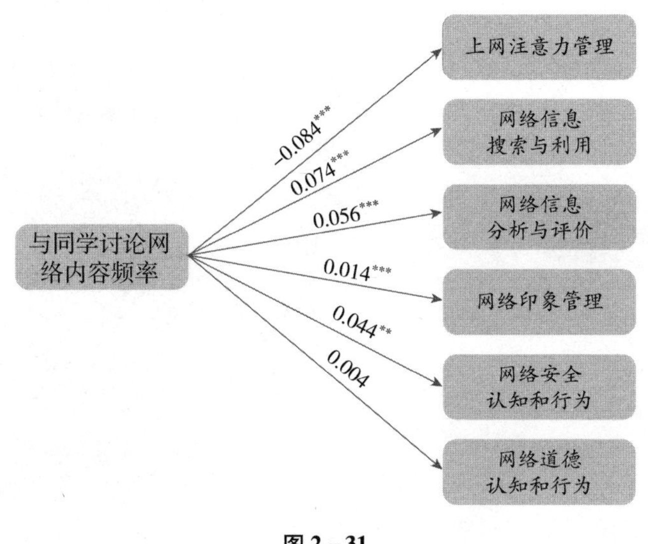

图 2－31

3. 学校有无移动设备管理规定对六个维度的影响分析

有设备规定的学校，青少年在网络安全和网络道德维度的表现就越好（见图 4－32）。

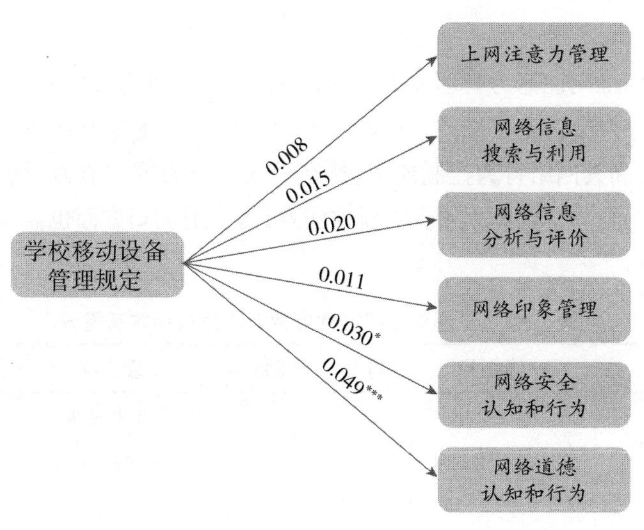

图 2－32

4. 上课玩手机频率对六个维度的影响分析

上课玩手机越频繁,青少年在上网注意力管理、网络信息搜索与利用、网络信息分析与评价、网络安全和网络道德五个维度表现越差(见图2-33)。

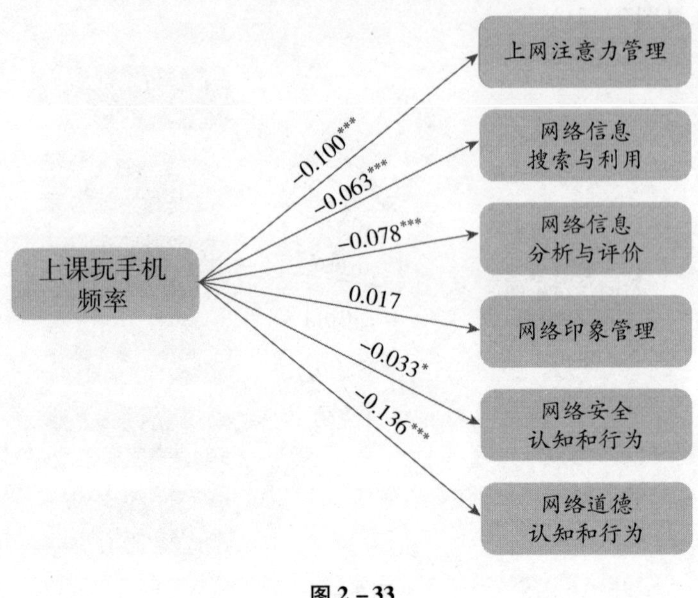

图2-33

三、个人、家庭、社会属性对六个维度各项指标的影响分析

(一)得分情况

1. 上网注意力管理

在青少年上网注意力管理能力方面,网络使用认知能力得分最高,情感控制能力次之 ,行为控制能力最差。这说明青少年在上网注意力管理能力的培养方面,要着重提高其网络行为控制能力,特别是线上行为控制能力,除此之外,网络情感控制作为行为的辅助因素也需要被注意,而使用认知方面也需要被继续关注(见表2-2)。

表2-2　青少年上网注意力管理能力指标体系得分

维度	一级指标	得分(5分制)	二级指标	得分(5分制)
上网注意力管理能力	网络使用认知	3.72	认知计划性	3.87
			认知理性倾向	3.94
			认知觉察性	3.53

续表

维度	一级指标	得分(5分制)	二级指标	得分(5分制)
上网注意力管理能力	网络情感控制	3.65	情绪激发	3.69
			情绪控制习惯	3.58
			情绪调节	3.66
	网络行为控制	3.59	冲动习惯	3.97
			结果影响	3.37
			控制执行	3.62

2. 网络信息搜索与利用能力

在青少年网络信息搜索和利用能力中,青少年的网络信息搜索与分辨能力较好,优于保存信息和利用信息的能力。信息保存方面,青少年分类保存搜索到的信息和利用不同信息保存格式的能力得到提高。信息利用能力亟待提升,它是信息搜索和整合能力的目标所在。提高青少年信息保存与利用的能力,是综合培养信息搜索与利用能力的关键(见表2-3)。

表2-3 青少年网络信息搜索与利用能力指标体系得分

维度	一级指标	得分(5分制)	二级指标	得分(5分制)
网络信息搜索与利用能力	信息搜索与分辨	3.78	目标性	3.69
			搜索程度	3.84
			分辨能力	3.75
	信息保存与利用	3.51	信息效果	3.42
			信息保存	3.69

3. 网络信息分析和评价能力

分析发现,组成青少年网络信息分析与评价能力的两部分,“对网络的主动认知和行动能力”“对信息的辨析和批判能力”得分持平。其中,在主动性方面,相比主动认知来说,青少年更欠缺采取主动行动以认识和分析网络信息的能力。在辨析与批判能力上,青少年认知媒介效果的能力最弱,在一定程度上说明青少年较难厘清和辨别现实世界与拟态环境的差别(见表2-4)。

表2-4　青少年网络信息分析与评价能力指标体系得分

维度	一级指标	得分(5分制)	二级指标	得分(5分制)
网络信息分析与评价能力	对网络的主动认知和行动	3.43	主动认知	3.61
			主动行动	3.33
	对信息的辨析和批判	3.43	媒介内容的质疑能力	3.53
			媒介内容的思考能力	3.61
			媒介效果的认知	3.22

4. 网络印象管理能力

在青少年网络印象管理能力中,操控印象的能力远高于其他,迎合方面的能力则得分最低,但与控制伤害和自我宣传的能力较为接近。这说明,青少年在网络环境中进行印象管理的主动性的大幅提升,会在一定程度上通过分享成就来塑造个人形象,也会通过夸赞、关注等来迎合他人,但面对负面信息的回应倾向和能力依然较弱(见表2-5)。

表2-5　青少年网络印象管理能力指标体系得分

维度	一级指标	得分(5分制)	二级指标	得分(5分制)
网络印象管理能力	伤害控制	2.98	澄清负面	2.80
			道歉	3.16
	自我宣传	2.95	分享生活	3.20
			分享奖励	2.97
			内容美化	2.62
			分组设置	3.00
	迎合他人	2.93	夸赞朋友	2.77
			点赞友好	3.13
			关注关心	2.87
	操控倾向	3.36	不贬低	4.01
			责怪辩解	2.71

5. 网络安全认知和行为

在网络安全认知和行为方面,青少年的认知程度高于行动程度。这说明,青少年在使用网络的过程中,能够意识到互联网环境中存在的信息安全隐患,关注与网络信息安全相关的法律法规,但采取行动进行自我隐私安全保护的素养还有待提升(见表2-6)。

表2-6 青少年网络安全认知和行为得分

维度	一级指标	得分(5分制)
网络安全认知和行为	网络安全认知	3.81
	自我隐私和安全保护	3.56

6. 网络道德认知和行为

在网络道德认知和行为方面,青少年对网络暴力的认知和行为得分最高,网络规范认知和行为次之,而对知识产权的认知和行为得分最低,亟待加强知识产权方面的教育(见表2-7)。

表2-7 青少年网络道德认知和行为得分

维度	一级指标	得分(5分制)
网络道德认知和行为	知识产权认知和行为	3.79
	网络暴力认知和行为	4.08
	网络规范认知和行为	3.94

(二)个人影响因素分析

1. 性别

(1)性别对网络注意力中的使用认知和情感控制有显著影响。

女性青少年的使用认知能力明显高于男性,F = 19.309,SIG = 0.000,差异显著(见图2-34、表2-8)。

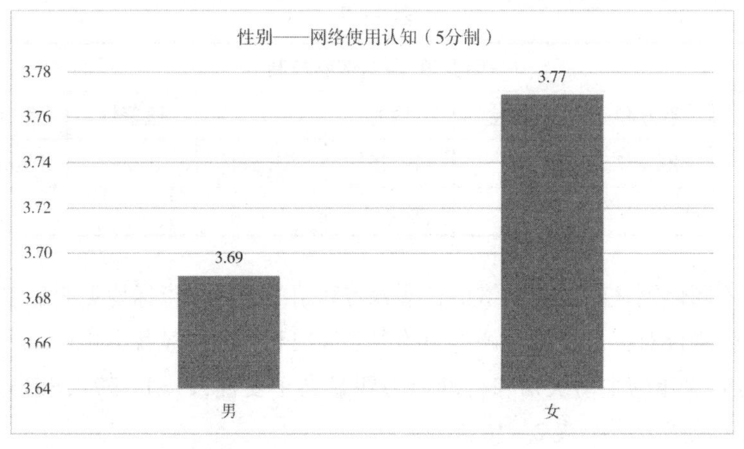

图2-34

表 2-8

因变量:网络使用认知						
	平方和	自由度	均方	F	显著性	偏 Eta 平方
对比	7.092	1	7.092	19.309	0.000	0.004
误差	1638.925	4462	0.367			

女性青少年的情感控制能力明显高于男性,F = 63.511,SIG = 0.000,差异显著(见图 2-35、表 2-9)。

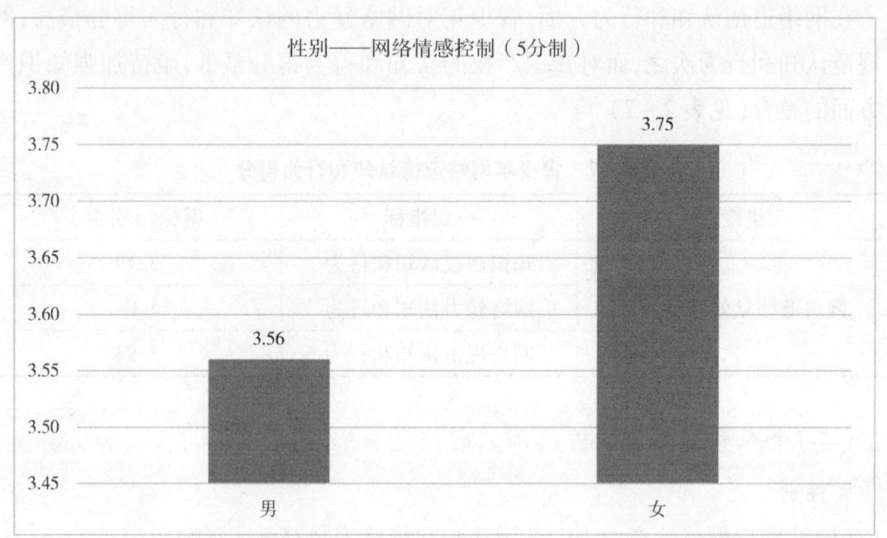

图 2-35

表 2-9

因变量:网络情感控制						
	平方和	自由度	均方	F	显著性	偏 Eta 平方
对比	40.267	1	40.267	63.511	0.000	0.014
误差	2829.022	4462	0.634			

(2)不同性别之间对于网络信息搜索与利用中的两个指标均无明显差异。

(3)性别仅对信息分析与评价中的主动认知和行动有显著影响。

男性青少年的主动认知和行动能力明显高于女性,F = 12.771,SIG = 0.000,差异显著(见图 2-36、表 2-10)。

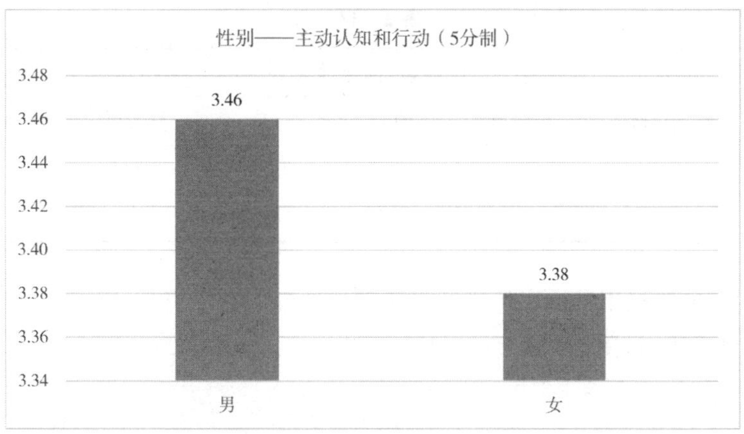

图 2－36

表 2－10

因变量:对网络的主动认知和行动						
	平方和	自由度	均方	F	显著性	偏 Eta 平方
对比	7.661	1	7.661	12.771	0.000	0.003
误差	2676.560	4462	0.600			

（4）不同性别之间的网络印象管理中的迎合他人、操控倾向和自我宣传指标有显著差异，伤害控制差异并不显著，男性青少年的迎合他人倾向高于女性，F = 4.570，SIG = 0.033，差异显著（见图 2－37、表 2－11）。

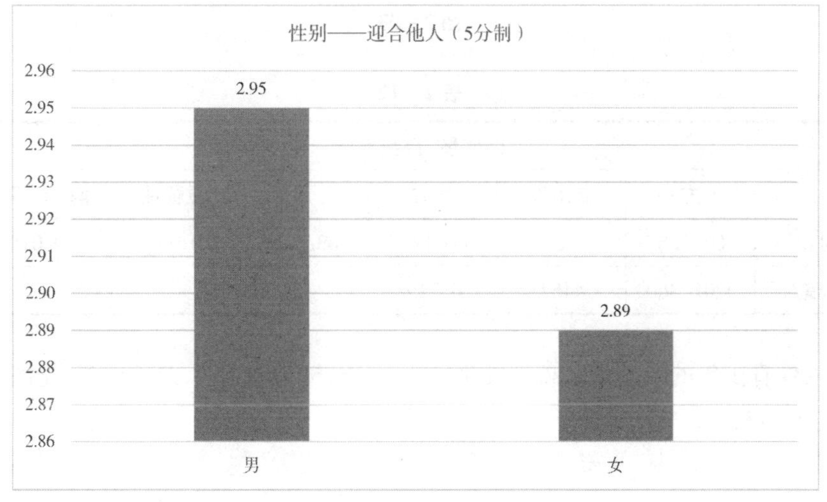

图 2－37

表 2－11

因变量:迎合他人						
	平方和	自由度	均方	F	显著性	偏 Eta 平方
对比	3. 866	1	3. 866	4. 570	0. 033	0. 001
误差	3775. 021	4462	0. 846			

女性青少年利用社交媒体进行自我宣传的倾向高于男性,F＝83. 648,SIG＝0. 000 差异显著(见图 2－38、表 2－12)。

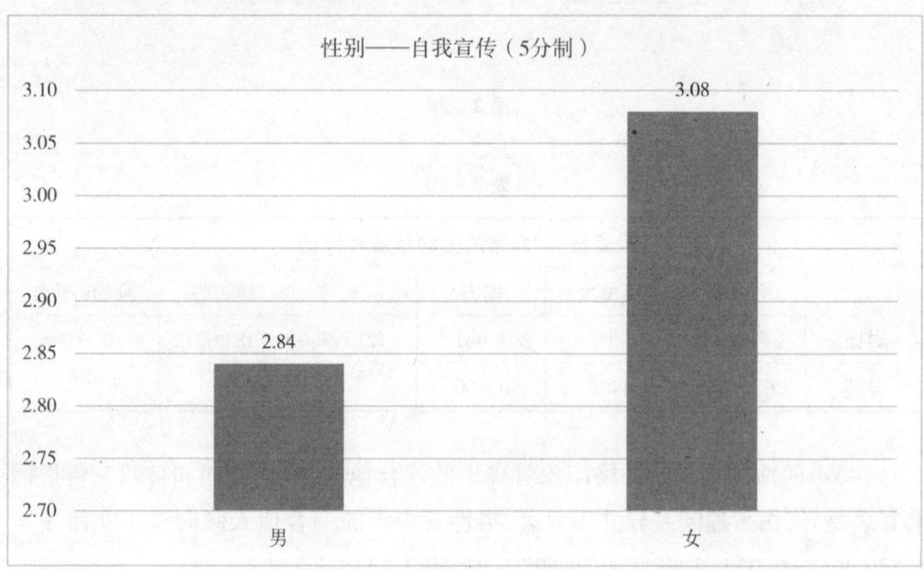

图 2－38

表 2－12

因变量:自我宣传						
	平方和	自由度	均方	F	显著性	偏 Eta 平方
对比	60. 128	1	60. 128	83. 648	0. 000	0. 018
误差	3207. 360	4462	0. 719			

女性青少年的操控倾向高于男性,F＝8. 318,SIG＝0. 004,差异显著(见图 2－39、表 2－13)。

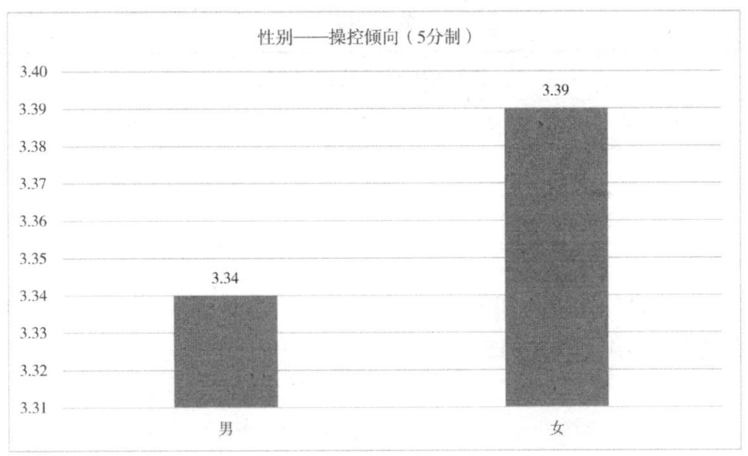

图 2－39

表 2－13

因变量:操控倾向						
	平方和	自由度	均方	F	显著性	偏 Eta 平方
对比	2.603	1	2.603	8.318	0.004	0.002
误差	1396.111	4462	0.313			

（5）不同性别之间的安全认知和行为中的网络安全认知、自我隐私和安全保护指标有显著差异。

男性青少年的网络安全认知水平高于女性，F＝4.835，SIG＝0.028，差异显著（见图 2－40、表 2－14）。

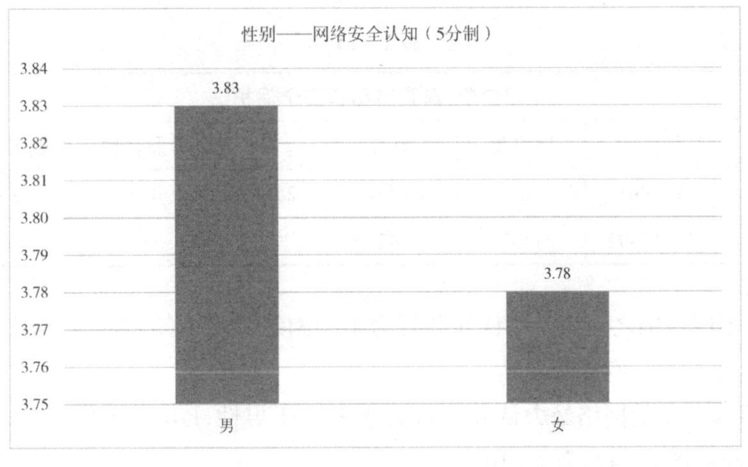

图 2－40

表 2-14

因变量:网络安全认知						
	平方和	自由度	均方	F	显著性	偏 Eta 平方
对比	2.868	1	2.868	4.835	0.028	0.001
误差	2646.962	4462	0.593			

男性青少年的自我隐私和安全保护能力高于女性,F=25.858,SIG=0.000,差异显著(见图2-41、表2-15)。

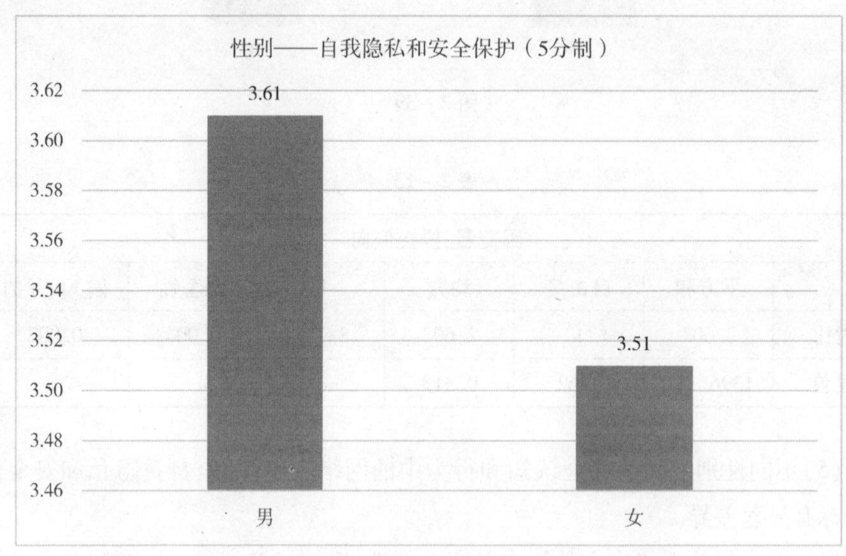

图 2-41

表 2-15

因变量:自我隐私和安全保护						
	平方和	自由度	均方	F	显著性	偏 Eta 平方
对比	10.961	1	10.961	25.858	0.000	0.006
误差	1891.392	4462	0.424			

(6)不同性别之间的道德认知和行为中的网络暴力认知和行为、网络规范认知和行为指标得分有显著差异。

女性青少年的网络暴力认知和行为水平高于男性,F=35.329,SIG=0.000,差异显著(见图2-42、表2-16)。

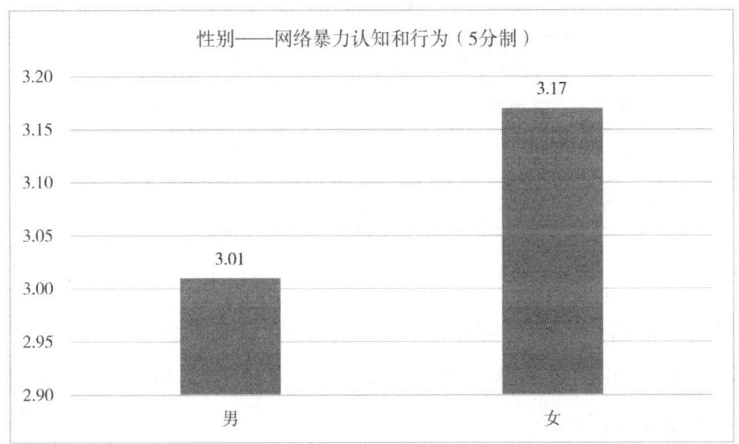

图 2－42

表 2－16

因变量:网络暴力认知和行为						
	平方和	自由度	均方	F	显著性	偏 Eta 平方
对比	29. 247	1	29. 247	35. 329	0. 000	0. 008
误差	3693. 919	4462	0. 828			

女性青少年的网络规范认知和行为水平高于男性，F＝62. 075，SIG＝0. 000，差异显著（见图 2－43、表 2－17）。

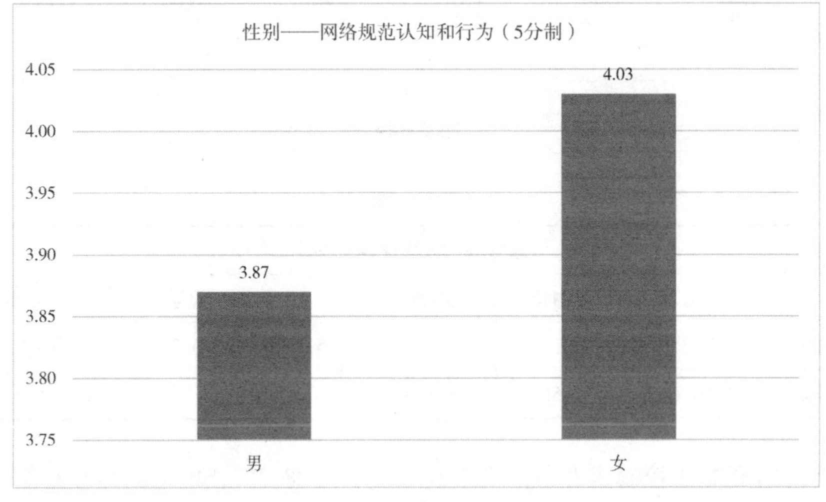

图 2－43

表 2－17

因变量:网络规范认知和行为						
	平方和	自由度	均方	F	显著性	偏 Eta 平方
对比	28.642	1	28.642	62.075	0.000	0.014
误差	2058.856	4462	0.461			

2.年级

(1)年级对网络注意力管理中的三个指标均有显著影响。

初中生的使用认知能力整体高于高中生,F＝15.070,SIG＝0.000,差异显著(见图 2－44、表 2－18)。

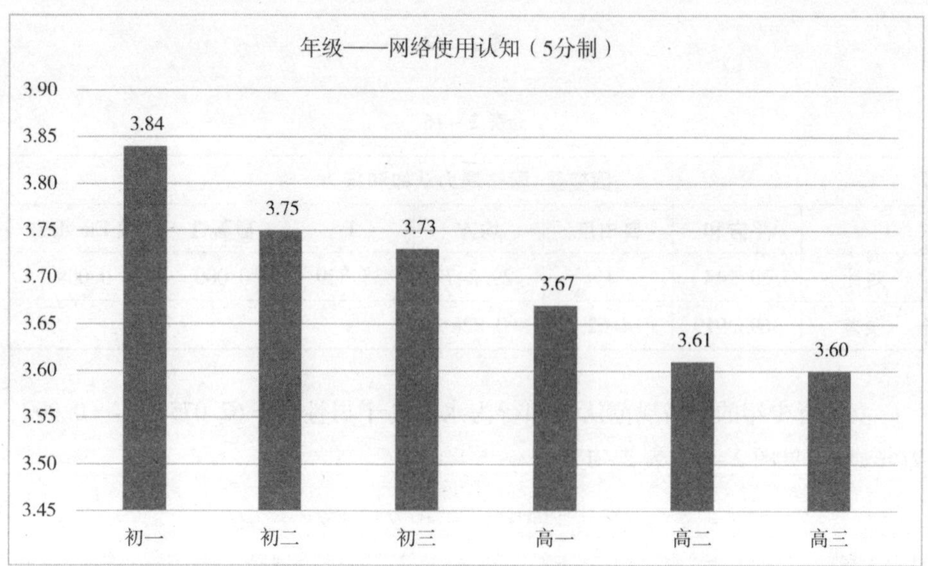

图 2－44

表 2－18

因变量:网络使用认知						
	平方和	自由度	均方	F	显著性	偏 Eta 平方
对比	27.359	5	5.472	15.070	0.000	0.017
误差	1618.657	4458	0.363			

初中生的情感控制能力整体高于高中生,F＝28.757,SIG＝0.000,差异显著(见图 2－45、表 2－19)。

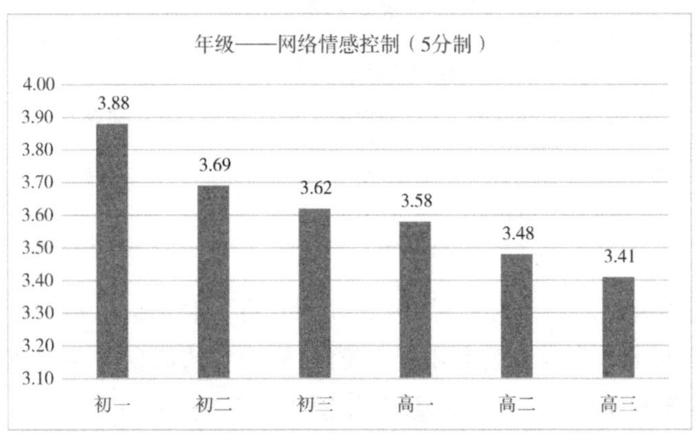

图 2－45

表 2－19

因变量:网络情感控制						
	平方和	**自由度**	**均方**	F	**显著性**	**偏** Eta **平方**
对比	89. 653	5	17. 931	28. 757	0. 000	0. 031
误差	2779. 636	4458	0. 624			

初中生的行为控制能力整体高于高中生，F＝65. 699，SIG＝0. 000，差异显著（见图 2－46、表 2－20）。

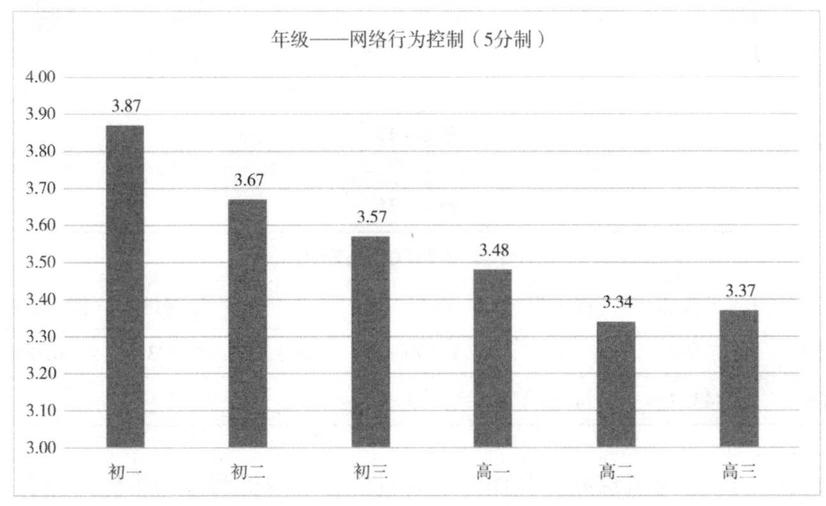

图 2－46

表 2-20

因变量:网络行为控制						
	平方和	自由度	均方	F	显著性	偏 Eta 平方
对比	136.631	5	27.326	65.699	0.000	0.069
误差	1854.231	4458	0.416			

(2)不同年级对信息搜索和利用中的信息保存与利用指标有显著差异。

初一青少年的信息保存与利用能力最好,初中生的信息保存与利用能力整体更高,F = 3.673,SIG = 0.003,差异显著(见图 2-47、表 2-21)。

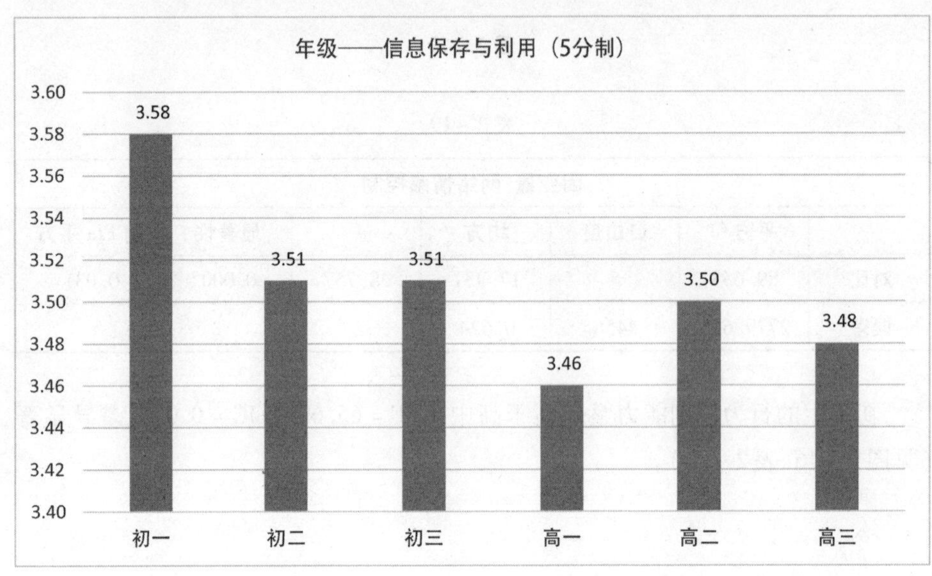

图 2-47

表 2-21

因变量:信息保存与利用						
	平方和	自由度	均方	F	显著性	偏 Eta 平方
对比	5.948	5	1.190	3.673	0.003	0.004
误差	1443.729	4458	0.324			

(3)不同年级对信息分析和评价中的对信息的辨析和批判指标得分有显著差异。

不同年级对信息的辨析和批判水平不同,高二年级青少年的辨析和批判能力最强,高中生对网络信息更具批判思维,F = 14.052,SIG = 0.000,差异显著(见图4-48、表2-22)。

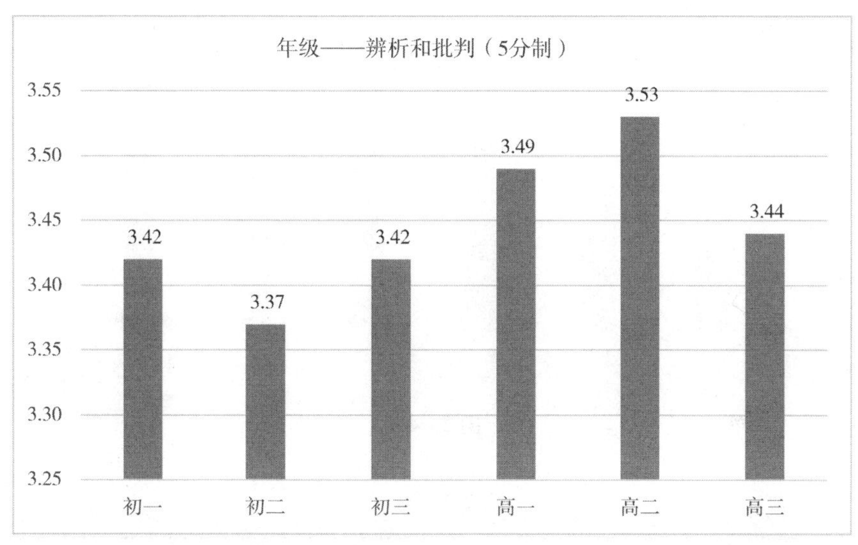

图 2-48

表 2-22

因变量:对信息的辨析和批判						
	平方和	自由度	均方	F	显著性	偏 Eta 平方
对比	11.734	5	2.347	14.052	0.000	0.016
误差	744.537	4458	0.167			

(4)不同年级印象管理中的四个指标——迎合他人、伤害控制、自我宣传、操控倾向得分均有显著差异。

不同年级青少年利用社交网络进行迎合他人的倾向不同,F = 13.806,SIG = 0.000,差异显著(见图2-49、表2-23)。

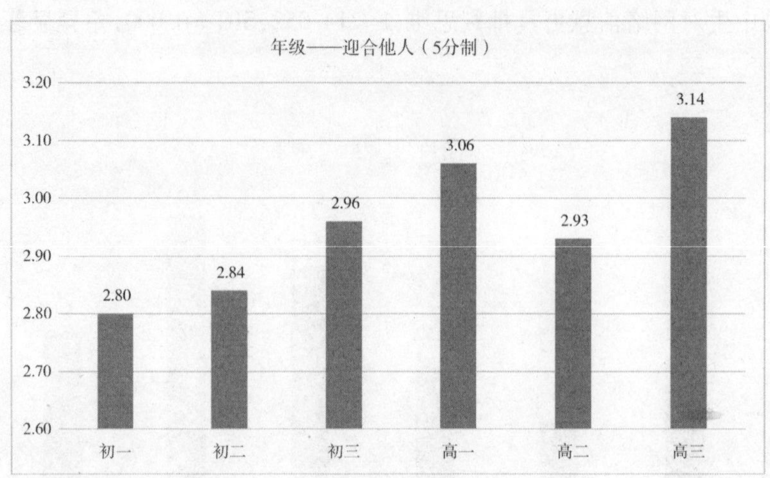

图 2-49

表 2-23

因变量:迎合他人						
	平方和	自由度	均方	F	显著性	偏 Eta 平方
对比	57.623	5	11.525	13.806	0.000	0.015
误差	3721.265	4458	0.835			

不同年级青少年利用社交网络进行伤害控制的倾向不同,F = 8.192,SIG = 0.000,差异显著(见图 2-50、表 2-24)。

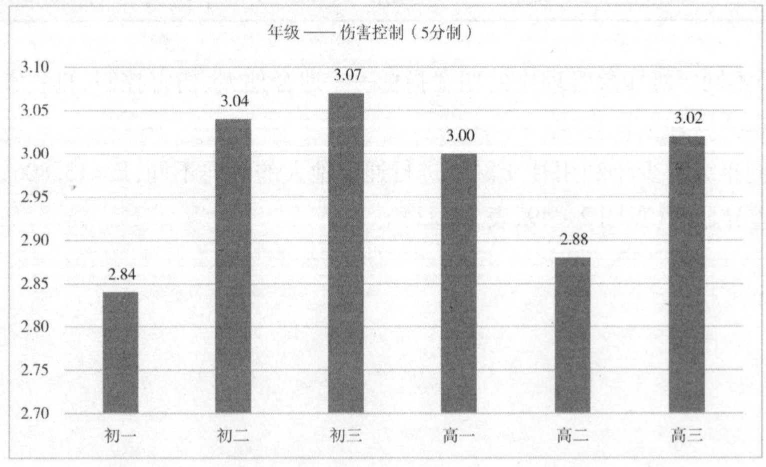

图 2-50

表 2 - 24

因变量:伤害控制						
	平方和	自由度	均方	F	显著性	偏 Eta 平方
对比	34.576	5	6.915	8.192	0.000	0.009
误差	3763.381	4458	0.844			

不同年级青少年利用社交网络进行自我宣传的倾向不同,F = 13.866,SIG = 0.000,差异显著(见图 2 - 51、表 2 - 25)。

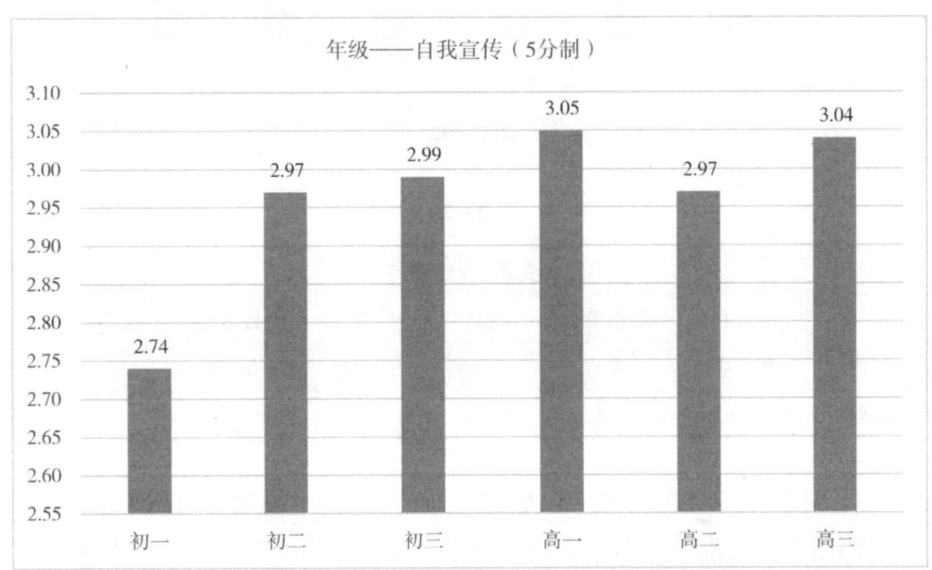

图 2 - 51

表 2 - 25

因变量:自我宣传						
	平方和	自由度	均方	F	显著性	偏 Eta 平方
对比	50.039	5	10.008	13.866	0.000	0.015
误差	3217.449	4458	0.722			

不同年级青少年利用社交网络进行操控倾向的程度不同,F = 6.341,SIG = 0.000,差异显著(见图 2 - 52、表 2 - 26)。

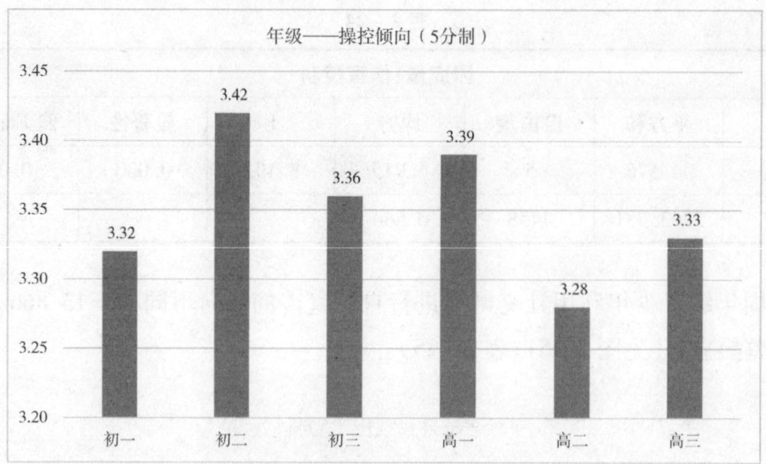

图 2－52

表 2－26

因变量:操控倾向						
	平方和	**自由度**	**均方**	F	**显著性**	**偏 Eta 平方**
对比	9.878	5	1.976	6.341	0.000	0.007
误差	1388.836	4458	0.312			

(4)不同年级学生的网络安全认知和行为中的两个指标得分均有显著差异。

初中生的网络安全认知能力高于高中生,F＝7.223,SIG＝0.000,差异显著(见图 2－53、表 2－27)。

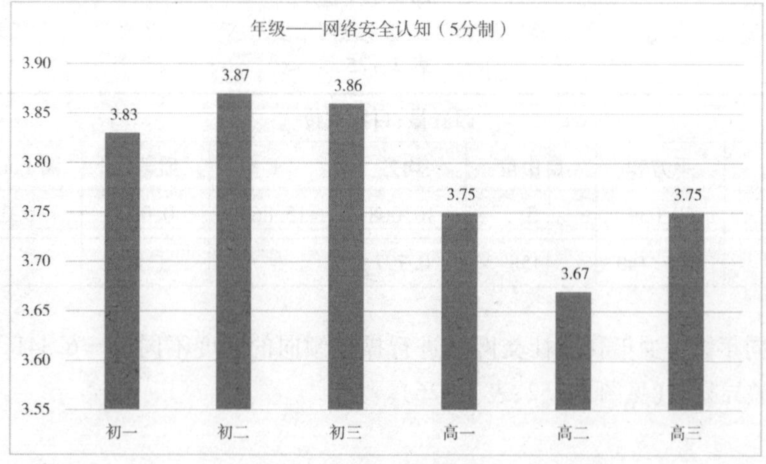

图 2－53

表 2-27

因变量:网络安全认知						
	平方和	自由度	均方	F	显著性	偏 Eta 平方
对比	21.295	5	4.259	7.223	0.000	0.008
误差	2628.536	4458	0.590			

初中生的自我隐私和安全保护能力高于高中生,F=11.889,SIG=0.000,差异显著(见图 2-54、表 2-28)。

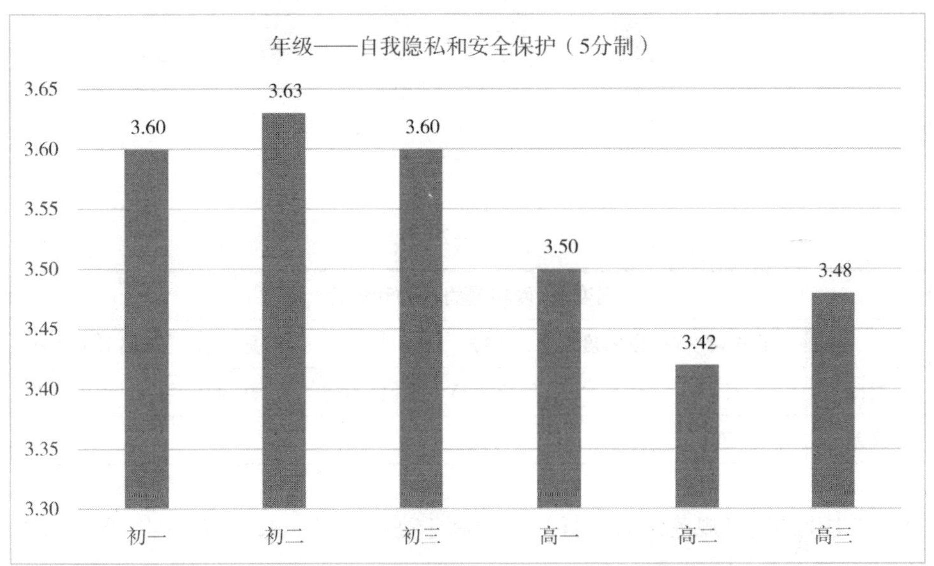

图 2-54

表 2-28

因变量:自我隐私和安全保护						
	平方和	自由度	均方	F	显著性	偏 Eta 平方
对比	25.034	5	5.007	11.889	0.000	0.013
误差	1877.319	4458	0.421			

(5)不同年级学生的道德认知和行为中的网络暴力认知和行为、网络规范认知和行为指标得分有显著差异。

初一学生的网络暴力认知和行为能力最高,不同年级之间差异显著,F=15.935,SIG=0.000(见图 2-55、表 2-29)。

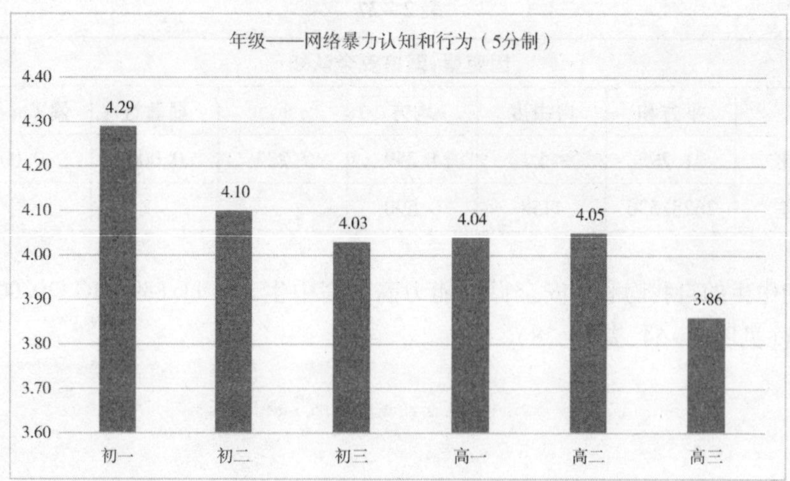

图 2－55

表 2－29

因变量:网络暴力认知和行为						
	平方和	自由度	均方	F	显著性	偏 Eta 平方
对比	65.374	5	13.075	15.935	0.000	0.018
误差	3657.792	4458	0.821			

初中生的网络规范认知和行为能力高于高中生，F = 12.877，SIG = 0.000，差异显著(见图 2－56、表 2－30)。

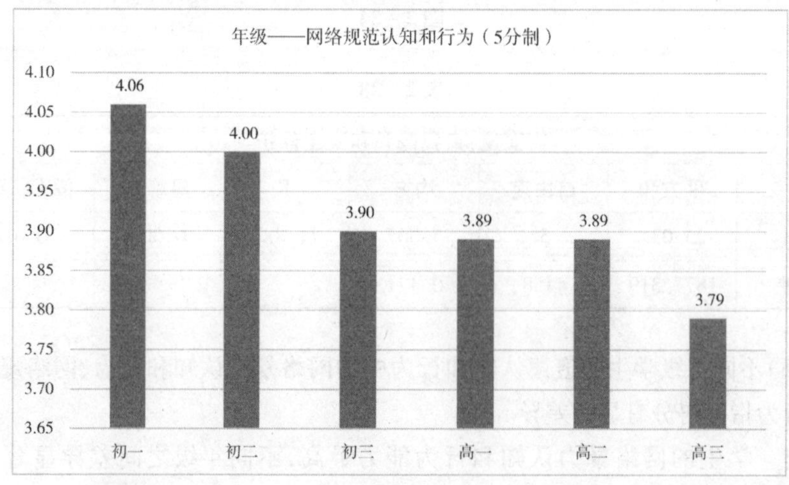

图 2－56

表 2－30

因变量:网络规范认知和行为						
	平方和	自由度	均方	F	显著性	偏 Eta 平方
对比	29.719	5	5.944	12.877	0.000	0.014
误差	2057.779	4458	0.462			

3. 成绩

(1)成绩对网络注意力管理中的三个指标均有显著影响。

随着青少年成绩的提高,网络使用认知能力也随之提高,F = 79.378,SIG = 0.000,差异显著(见图 2－57、表 2－31)。

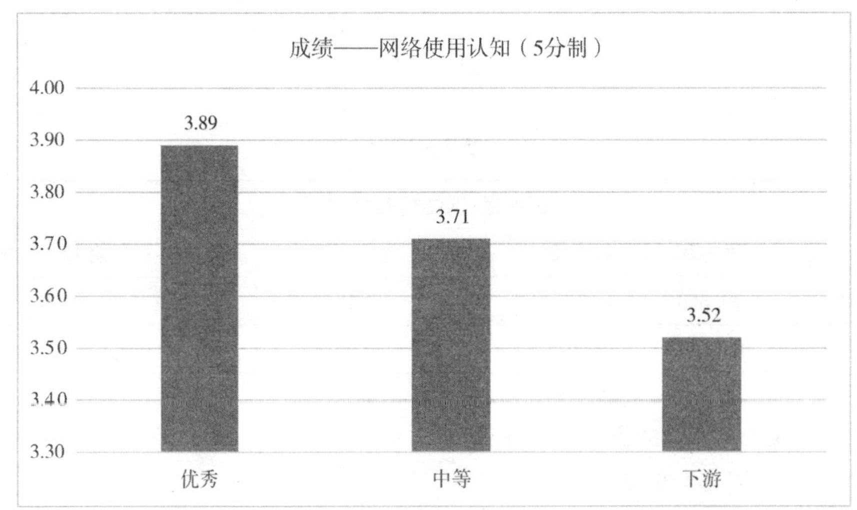

图 2－57

表 2－31

因变量:网络使用认知						
	平方和	自由度	均方	F	显著性	偏 Eta 平方
对比	56.565	2	28.282	79.378	0.000	0.034
误差	1589.452	4461	0.356			

随着青少年成绩的提高,情感控制能力也随之提高,F = 16.337,SIG = 0.000,差异显著(见图 2－58、表 2－32)。

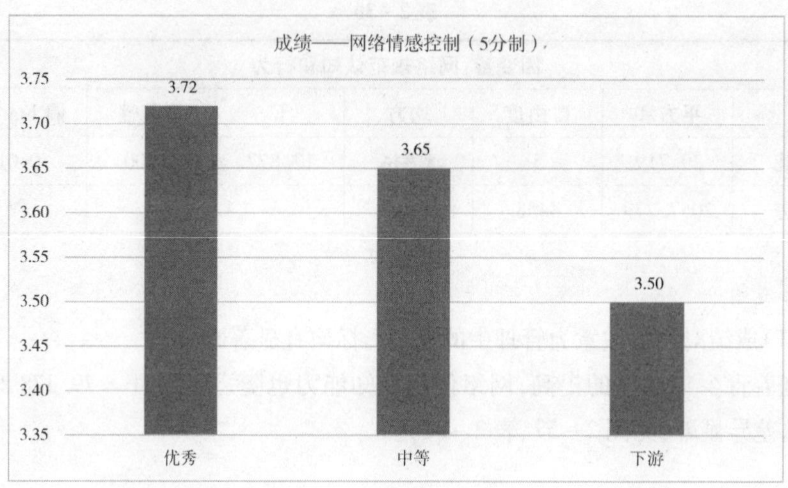

图 2-58

表 2-32

因变量:网络情感控制						
	平方和	自由度	均方	F	显著性	偏 Eta 平方
对比	20.863	2	10.431	16.337	0.000	0.007
误差	2848.426	4461	0.639			

随着青少年成绩的提高,行为控制能力也随之提高,F=53.665,SIG=0.000,差异显著(见图2-59、表2-33)。

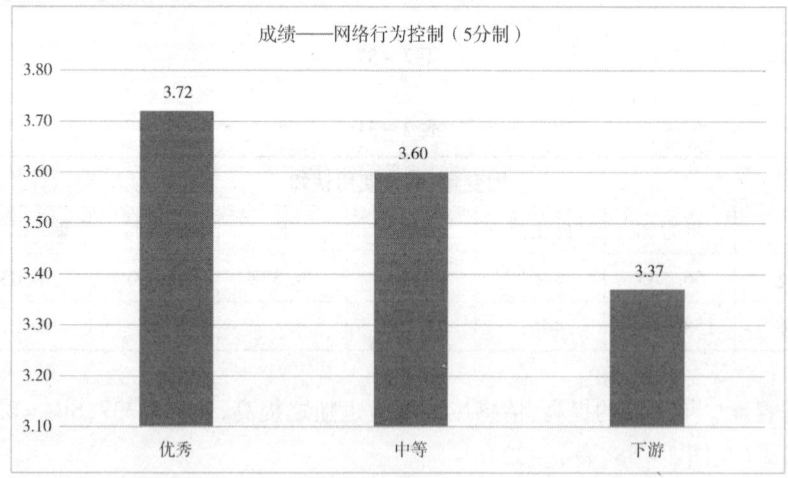

图 2-59

表 2－33

因变量:网络行为控制						
	平方和	自由度	均方	F	显著性	偏 Eta 平方
对比	46.774	2	23.387	53.665	0.000	0.023
误差	1944.088	4461	0.436			

(2)青少年成绩对信息搜索和利用中的两个指标均有显著影响。

青少年信息搜索与分辨能力随成绩提高而升高,F＝54.275,SIG＝0.000,差异显著(见图 2－60、表 2－34)。

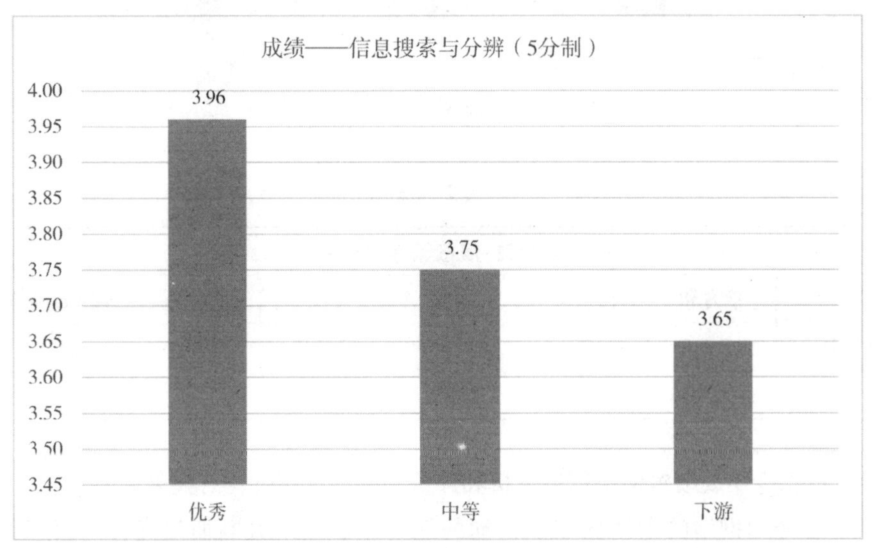

图 2－60

表 2－34

因变量:信息搜索与分辨						
	平方和	自由度	均方	F	显著性	偏 Eta 平方
对比	49.080	2	24.540	54.275	0.000	0.024
误差	2017.001	4461	0.452			

信息保存与利用能力随成绩提高而升高,F＝63.647,SIG＝0.000,差异显著(见图 2－61、表 2－35)。

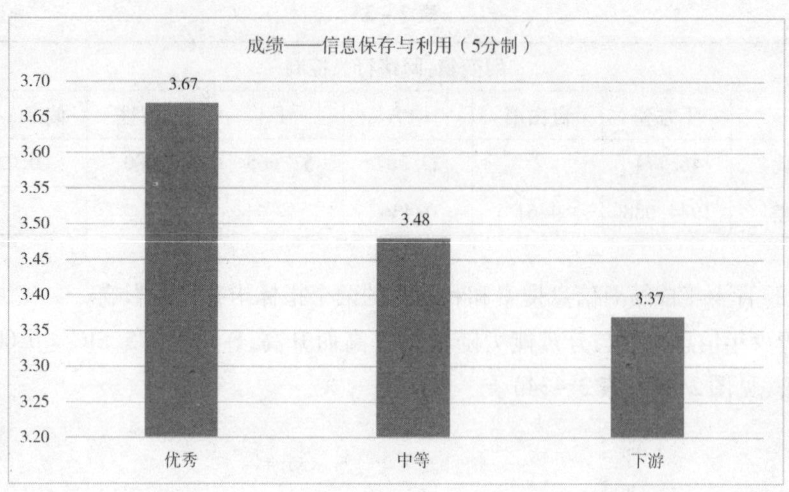

图 2-61

表 2-35

因变量:信息保存与利用						
	平方和	自由度	均方	F	显著性	偏 Eta 平方
对比	40.218	2	20.109	63.647	0.000	0.028
误差	1409.458	4461	0.316			

(3)青少年成绩对网络信息分析和评价中的两个指标均有显著影响。

青少年对网络的主动认知和行动的能力随成绩的升高而提高,F = 25.214,SIG = 0.000,差异显著(见图 2-62、表 2-36)。

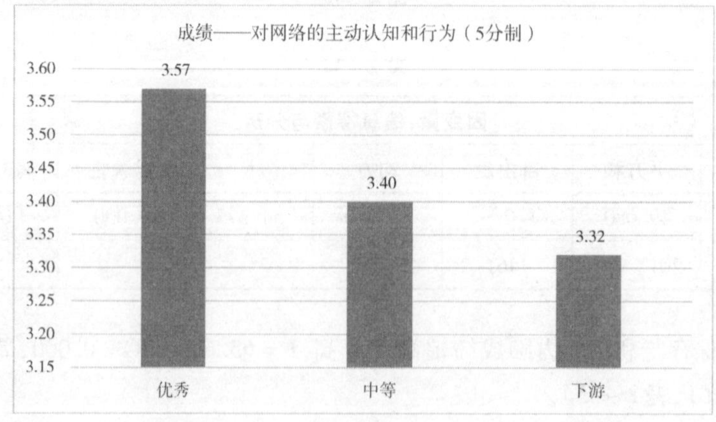

图 2-62

表 2-36

因变量:对网络的主动认知和行动						
	平方和	自由度	均方	F	显著性	偏 Eta 平方
对比	30.004	2	15.002	25.214	0.000	0.011
误差	2654.217	4461	0.595			

对信息的辨析和批判的能力也随成绩的升高而提高，F = 23.236，SIG = 0.000，差异显著（见图 2-63、表 2-37）。

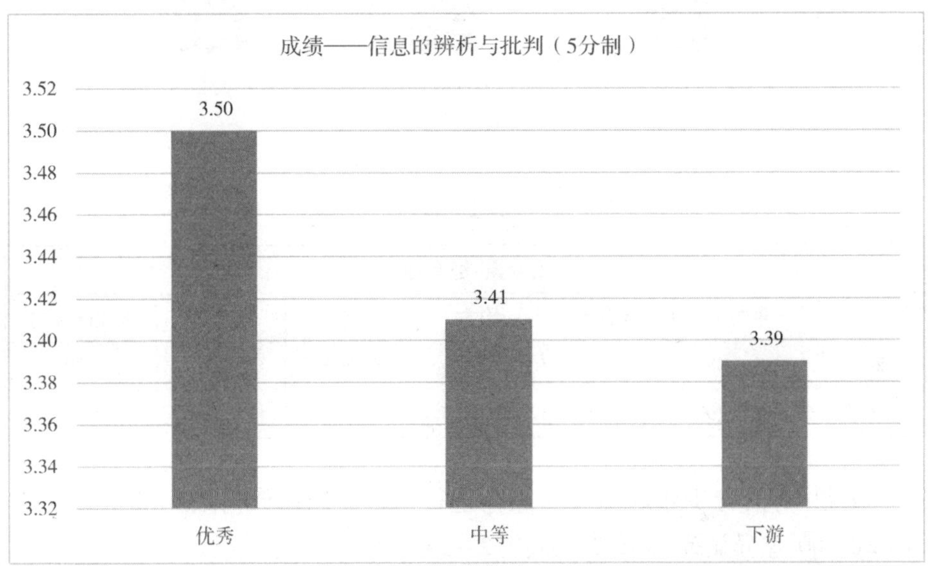

图 2-63

表 2-37

因变量:对信息的辨析和批判						
	平方和	自由度	均方	F	显著性	偏 Eta 平方
对比	7.797	2	3.899	23.236	0.000	0.010
误差	748.474	4461	0.168			

（4）青少年成绩对印象管理中的迎合他人、伤害控制、自我宣传、操控倾向四个指标均有显著影响。

成绩中等的青少年利用社交媒体迎合他人的倾向最弱，F = 6.564，SIG = 0.001，差异显著（见图 2-64、表 2-38）。

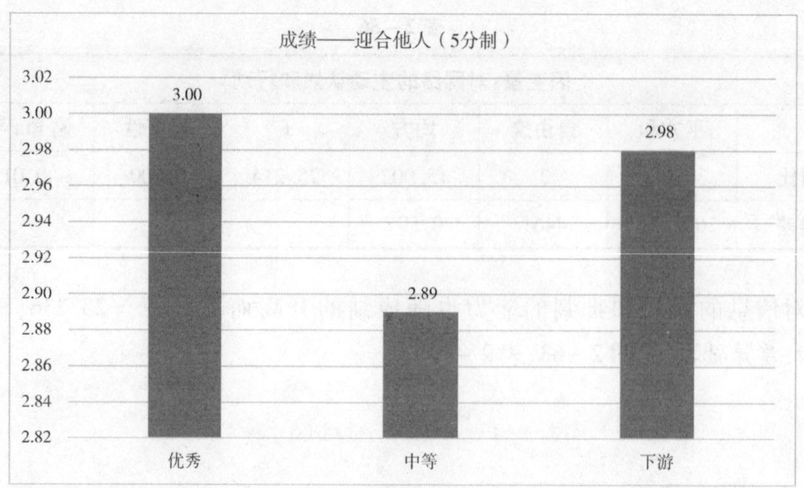

图 2-64

表 2-38

因变量:迎合他人						
	平方和	自由度	均方	F	显著性	偏 Eta 平方
对比	11.088	2	5.544	6.564	0.001	0.003
误差	3767.799	4461	0.845			

成绩中等的青少年利用社交媒体进行伤害控制的倾向最弱,F = 11.785,SIG = 0.000,差异显著(见图 2-65、表 2-39)。

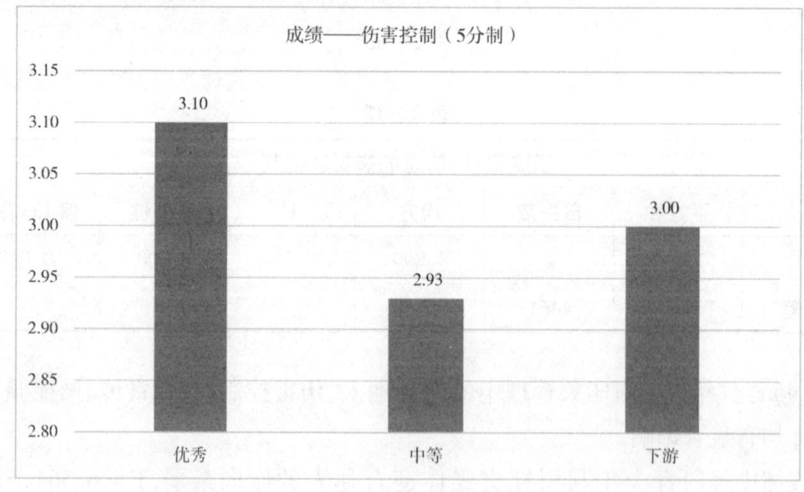

图 2-65

表 2－39

因变量:伤害控制						
	平方和	自由度	均方	F	显著性	偏 Eta 平方
对比	19.961	2	9.981	11.785	0.000	0.005
误差	3777.996	4461	0.847			

成绩优秀的青少年在社交媒体上的自我宣传能力最强，F＝7.973，SIG＝0.000，差异显著（见图 2－66、表 2－40）。

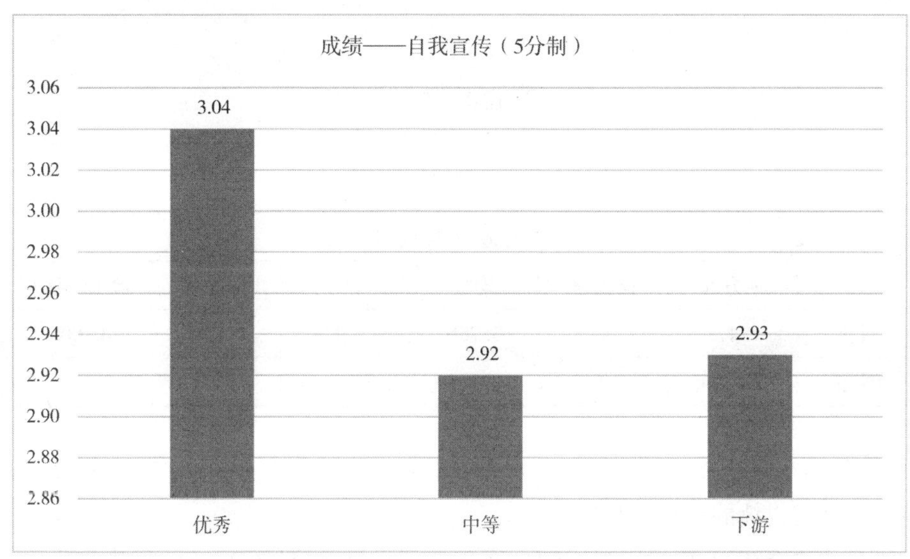

图 2－66

表 2－40

因变量:自我宣传						
	平方和	自由度	均方	F	显著性	偏 Eta 平方
对比	11.638	2	5.819	7.973	0.000	0.004
误差	3255.850	4461	0.730			

青少年利用社交媒体进行操控的程度随成绩提高而升高，F＝11.978，SIG＝0.000，差异显著（见图 2－67、表 2－41）。

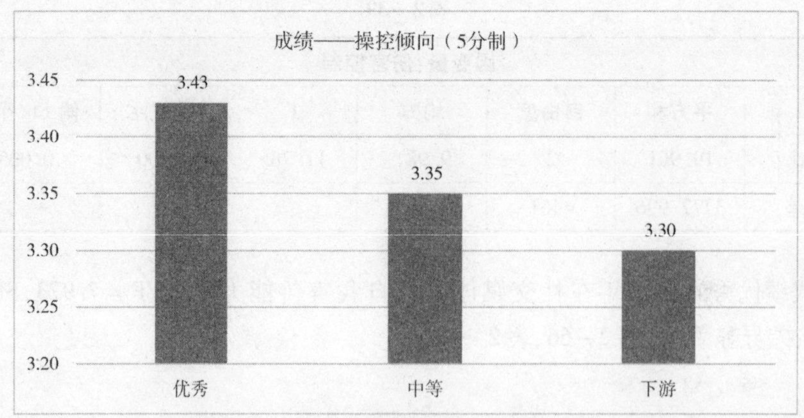

图 2-67

表 2-41

因变量:操控倾向						
	平方和	自由度	均方	F	显著性	偏 Eta 平方
对比	7.471	2	3.736	11.978	0.000	0.005
误差	1391.243	4461	0.312			

(5)青少年成绩对安全认知和行为中的两个指标均有显著影响,且这两个指标都是随着成绩的提高而升高的。

网络安全认知,F=39.401,SIG=0.000,差异显著(见图 2-68、表 2-42)。

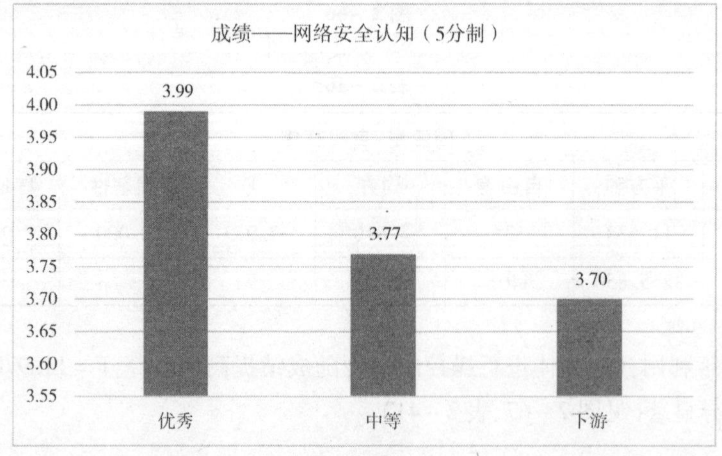

图 2-68

表 2-42

因变量:网络安全认知						
	平方和	自由度	均方	F	显著性	偏 Eta 平方
对比	45.995	2	22.998	39.401	0.000	0.017
误差	2603.835	4461	0.584			

自我隐私和安全保护,F = 40.198,SIG = 0.000,差异显著(见图 2-69、表 2-43)。

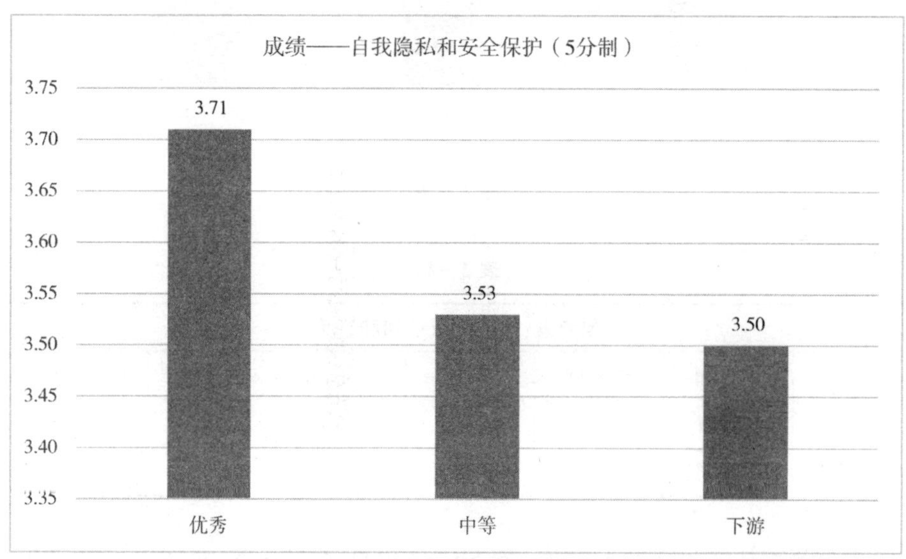

图 2-69

表 2-43

因变量:自我隐私和安全保护						
	平方和	自由度	均方	F	显著性	偏 Eta 平方
对比	33.677	2	16.838	40.198	0.000	0.018
误差	1868.676	4461	0.419			

(6)青少年成绩对道德认知和行为中的两个指标均有显著影响,而且这两个指标都是随着成绩的提高而升高的。

知识产权认知和行为,F = 36.141,SIG = 0.000,差异显著(见图 2-70、表 2-44)。

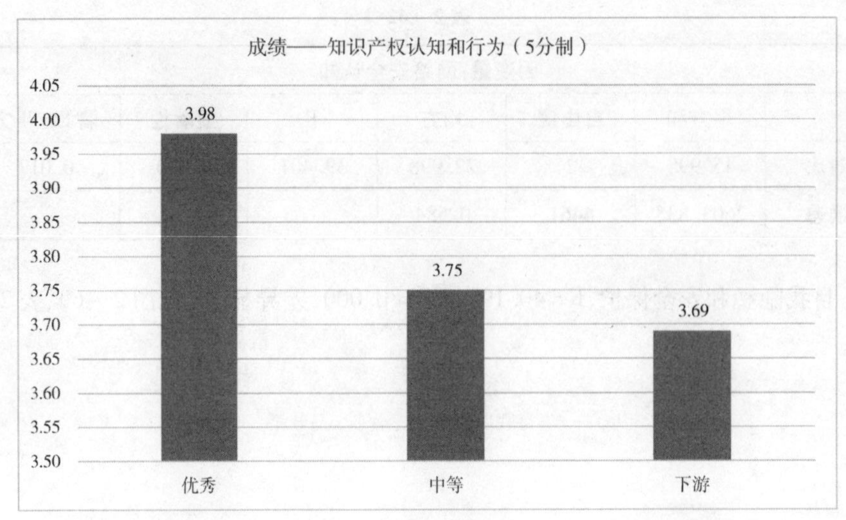

图 2-70

表 2-44

因变量:知识产权认知和行为						
	平方和	自由度	均方	F	显著性	偏 Eta 平方
对比	51. 261	2	25. 631	36. 141	0. 000	0. 016
误差	3163. 652	4461	0. 709			

网络规范认知和行为,F = 17. 446,SIG = 0. 000,差异显著(见图 2-71、表 2-45)。

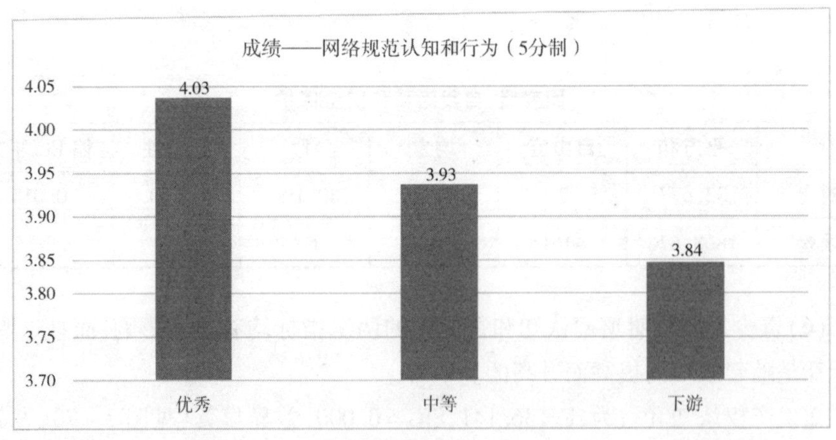

图 2-71

表 2－45

因变量：网络规范认知和行为						
	平方和	自由度	均方	F	显著性	偏 Eta 平方
对比	16.201	2	8.101	17.446	0.000	0.008
误差	2071.297	4461	0.464			

4. 户口

（1）户口对注意力管理中的网络使用认知指标得分有显著影响，而且城市户口的青少年高于农村户口的青少年。

网络使用认知，F＝12.597，SIG＝0.000，差异显著（见图 2－72、表 2－46）。

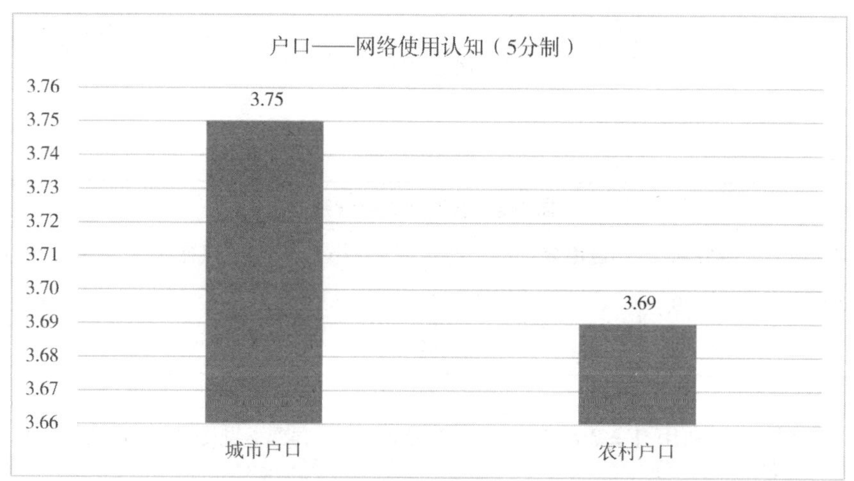

图 2－72

表 2－46

因变量：网络使用认知						
	平方和	自由度	均方	F	显著性	偏 Eta 平方
对比	4.634	1	4.634	12.597	0.000	0.003
误差	1641.383	4462	0.368			

（2）户口对网络信息搜索与利用中的两个指标均有显著影响，城市户口青少年的信息搜索与分辨、信息保存与利用能力均高于农村户口青少年。

信息搜索与分辨，F＝35.307，SIG＝0.000，差异显著（见图 2－73、表 2－47）。

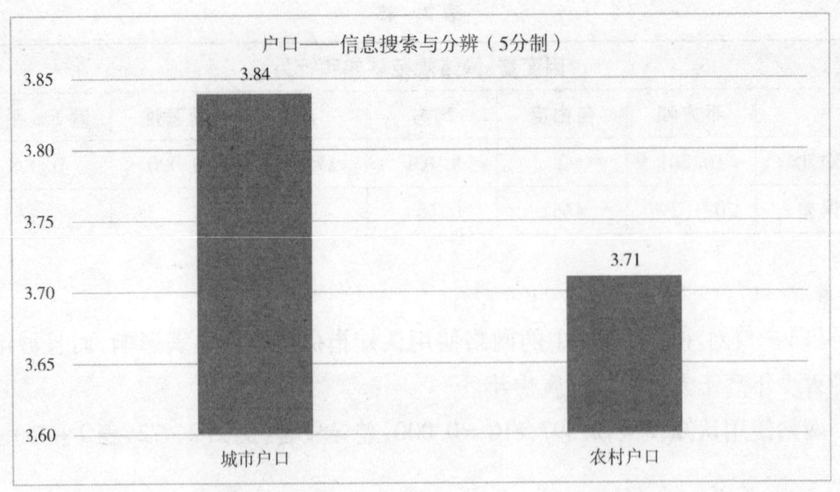

图 2-73

表 2-47

因变量:信息搜索与分辨						
	平方和	自由度	均方	F	显著性	偏 Eta 平方
对比	16. 220	1	16. 220	35. 307	0. 000	0. 008
误差	2049. 860	4462	0. 459			

信息保存与利用,F=26. 859,SIG=0. 000,差异显著(见图 2-74、表 2-48)。

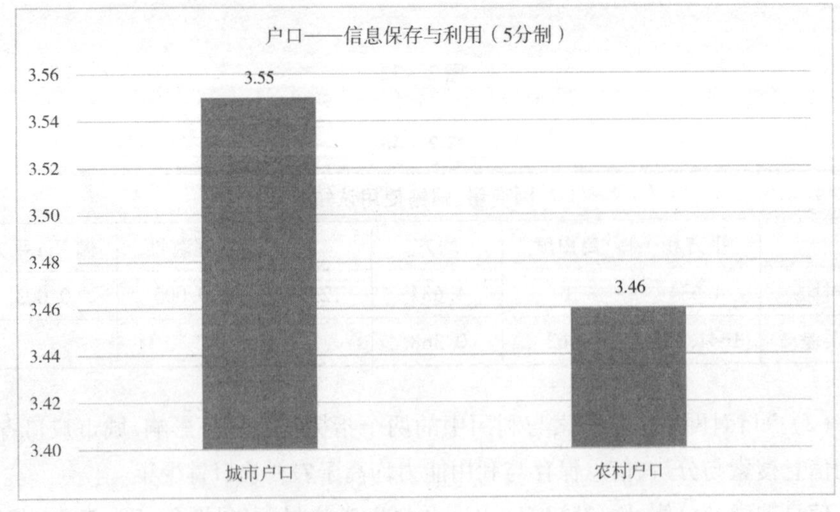

图 2-74

表 2－48

因变量:信息保存与利用						
	平方和	自由度	均方	F	显著性	偏 Eta 平方
对比	8.674	1	8.674	26.859	0.000	0.006
误差	1441.003	4462	0.323			

(3)户口对信息分析与评价中的对信息的辨析和批判指标得分有显著影响，而且城市户口的青少年对信息的辨析和批判能力高于农村户口的青少年。

对信息的辨析和批判，F＝30.085，SIG＝0.000，差异显著(见图 2－75、表 2－49)。

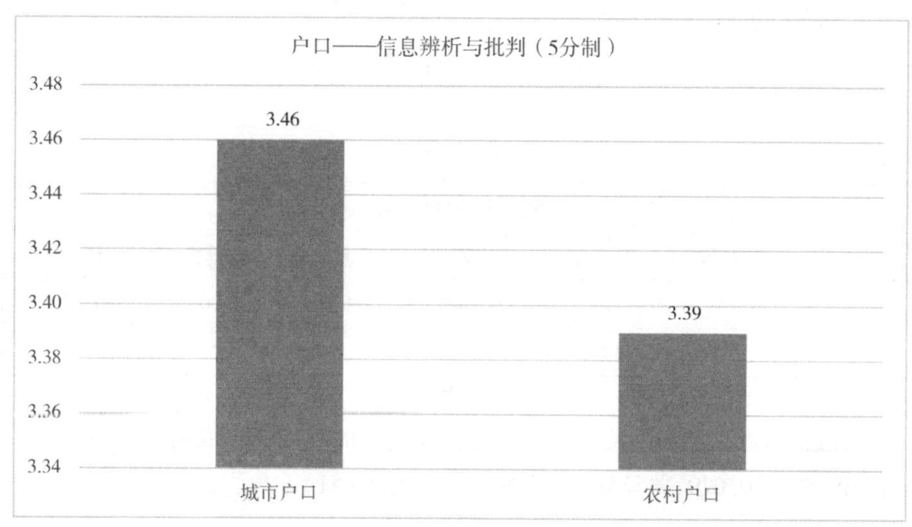

图 2－75

表 2－49

因变量:对信息的辨析和批判						
	平方和	自由度	均方	F	显著性	偏 Eta 平方
对比	5.065	1	5.065	30.085	0.000	0.007
误差	751.207	4462	0.168			

(4)城市户口对印象管理中的迎合他人、自我宣传指标得分均有显著影响。

城市户口青少年利用社交媒体进行迎合他人的程度高于农村户口青少年，F＝7.977，SIG＝0.005，差异显著(见图 2－76、表 2－50)。

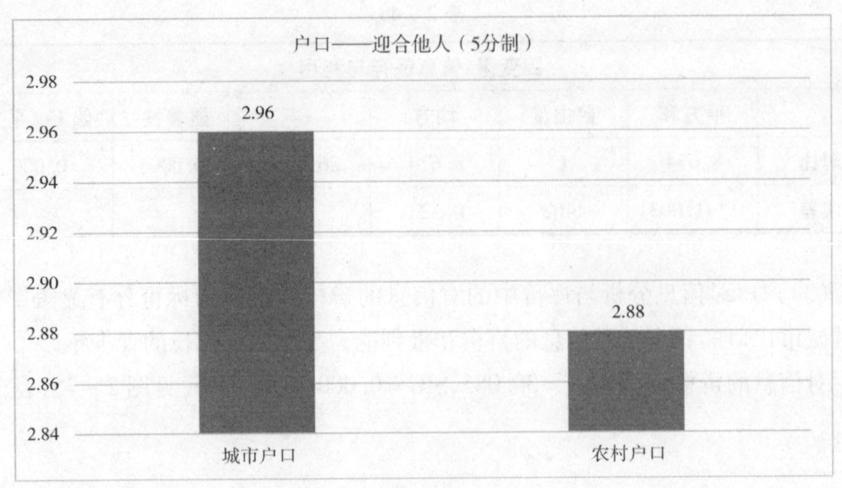

图 2-76

表 2-50

因变量:迎合他人						
	平方和	自由度	均方	F	显著性	偏 Eta 平方
对比	6.744	1	6.744	7.977	0.005	0.002
误差	3772.144	4462	0.845			

城市户口青少年利用社交媒体进行自我宣传的程度高于农村户口青少年,F =4.768,SIG =0.029,差异显著(见图 2-77、表 2-51)。

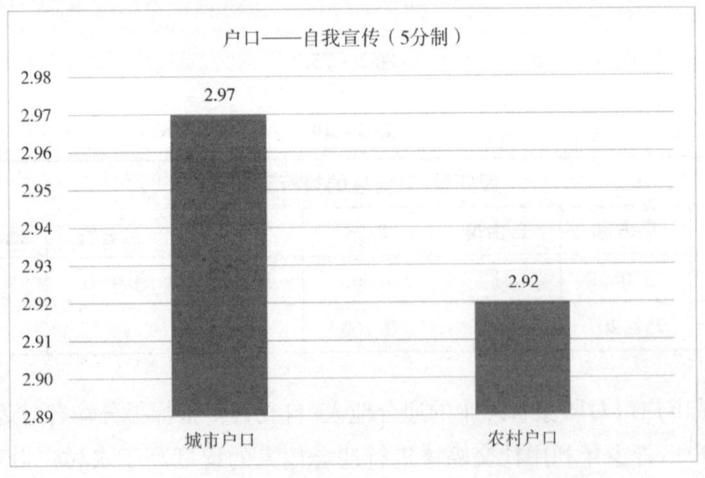

图 2-77

表 2－51

因变量:自我宣传						
	平方和	自由度	均方	F	显著性	偏 Eta 平方
对比	3.488	1	3.488	4.768	0.029	0.001
误差	3264.000	4462	0.732			

(5)户口对安全认知和行为中的两个指标均有显著影响。

城市户口青少年的网络安全认知能力高于农村户口青少年,F = 17.359,SIG =0.000,差异显著(见图 2－78、表 2－52)。

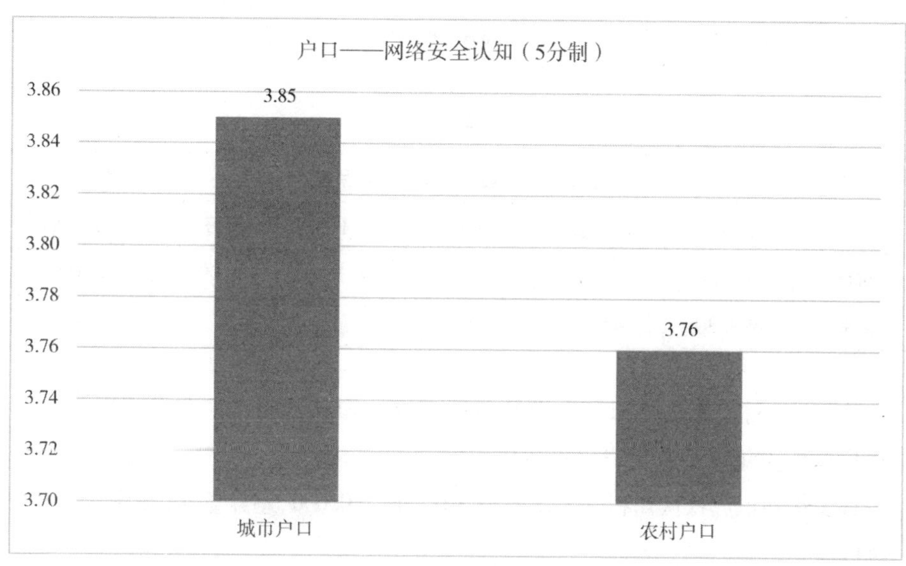

图 2－78

表 2－52

因变量:网络安全认知						
	平方和	自由度	均方	F	显著性	偏 Eta 平方
对比	10.269	1	10.269	17.359	0.000	0.004
误差	2639.561	4462	0.592			

城市户口青少年的自我隐私和安全保护能力高于农村户口青少年,F = 7.160,SIG =0.007,差异显著(见图 2－79、表 2－53)。

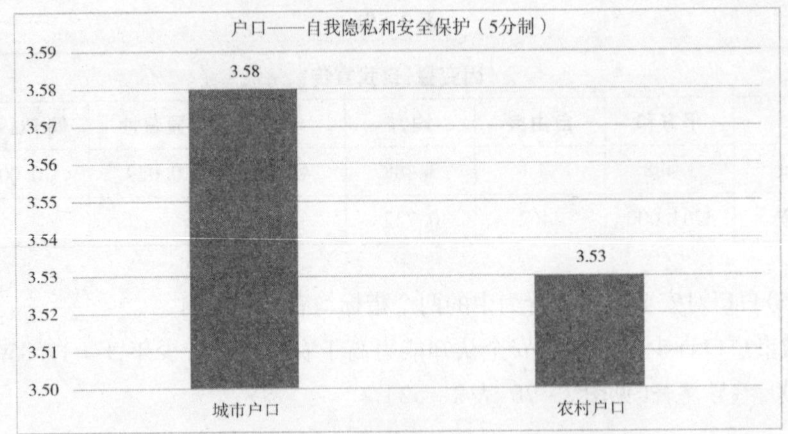

图 2－79

表 2－53

因变量:自我隐私和安全保护						
	平方和	自由度	均方	F	显著性	偏 Eta 平方
对比	3. 048	1	3. 048	7. 160	0. 007	0. 002
误差	1899. 305	4462	0. 426			

(6)户口对道德认知和行为中的知识产权认知和行为水平有显著影响,而且城市户口青少年高于农村户口青少年。

青少年知识产权认知和行为,F＝20. 802,SIG＝0. 000,差异显著(见图 2－80、表 2－54)。

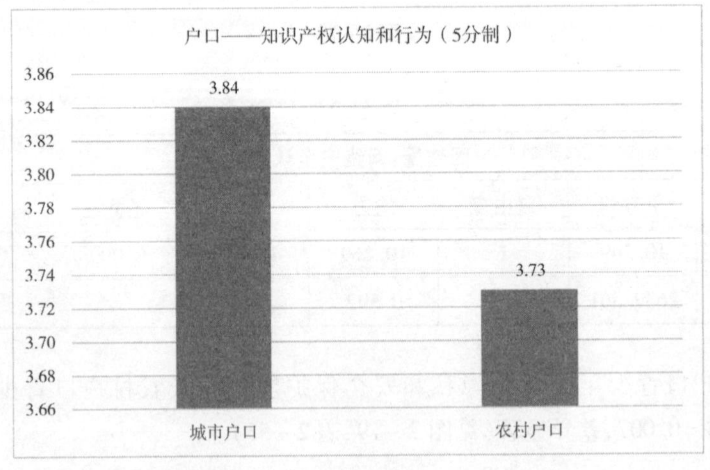

图 2－80

表 2－54

因变量:知识产权认知和行为						
	平方和	自由度	均方	F	显著性	偏 Eta 平方
对比	14.919	1	14.919	20.802	0.000	0.005
误差	3199.995	4462	0.717			

5. 上网时长

(1)上网时长对注意力管理中的三个指标均有显著影响,且三个指标都是随着上网时间的增加而降低的。

青少年网络使用认知,F＝40.736,SIG＝0.000,差异显著(见图 2－81、表 2－55)。

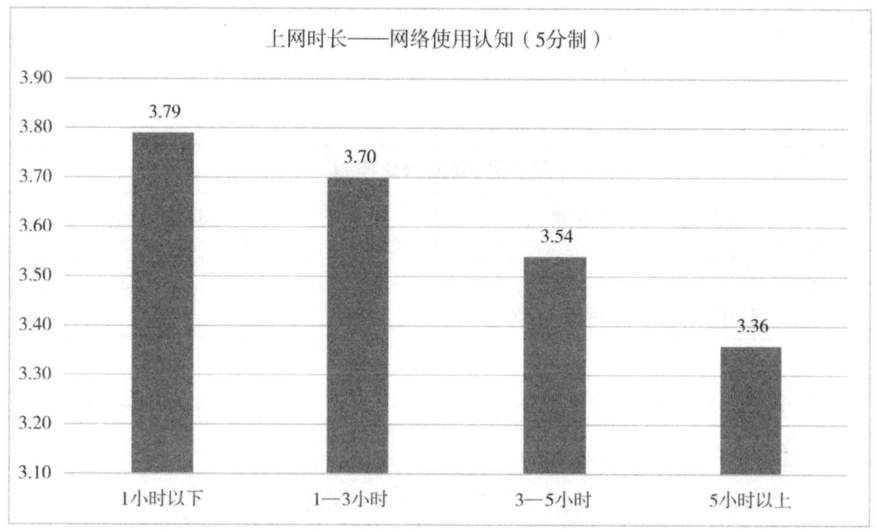

图 2－81

表 2－55

因变量:网络使用认知						
	平方和	自由度	均方	F	显著性	偏 Eta 平方
对比	43.900	3	14.633	40.736	0.000	0.027
误差	1602.117	4460	0.359			

青少年网络情感控制,F＝53.158,SIG＝0.000,差异显著(见图 2－82、表 2－56)。

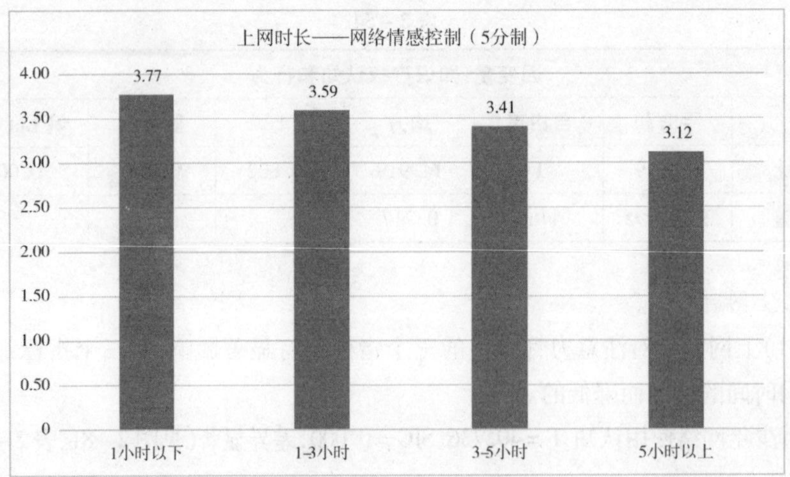

图 2-82

表 2-56

因变量:网络情感控制						
	平方和	自由度	均方	F	显著性	偏 Eta 平方
对比	99.054	3	33.018	53.158	0.000	0.035
误差	2770.235	4460	0.621			

青少年网络行为控制,F=106.880,SIG=0.000,差异显著(见图2-83、表2-57)。

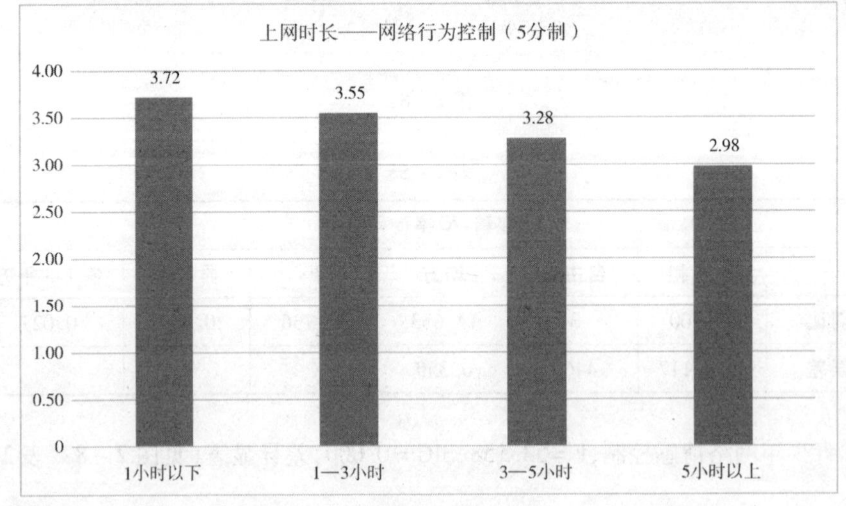

图 2-83

表 2-57

因变量:网络行为控制						
	平方和	自由度	均方	F	显著性	偏 Eta 平方
对比	133.528	3	44.509	106.880	0.000	0.067
误差	1857.333	4660	0.416			

(2)上网时长对网络信息搜索与利用中的信息保存与利用有显著影响,而且上网时间在1小时以下的青少年信息保存与利用能力最强。

青少年信息保存与利用,F=11.105,SIG=0.000,差异显著(见图2-84、表2-58)。

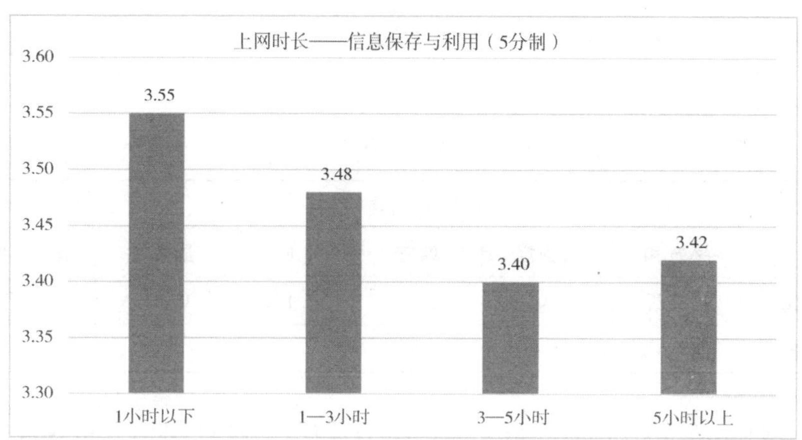

图 2-84

表 2-58

因变量:信息保存与利用						
	平方和	自由度	均方	F	显著性	偏 Eta 平方
对比	10.748	3	3.583	11.105	0.000	0.007
误差	1438.928	4460	0.323			

(3)上网时长对信息分析与评价中的两个指标均无显著影响。

(4)上网时长对印象管理中的伤害控制、自我宣传、操控倾向指标得分有显著影响。

青少年利用社交媒体进行伤害控制的程度随着上网时长的增加而提高,F=4.132,SIG=0.006,差异显著(见图2-85、表2-59)。

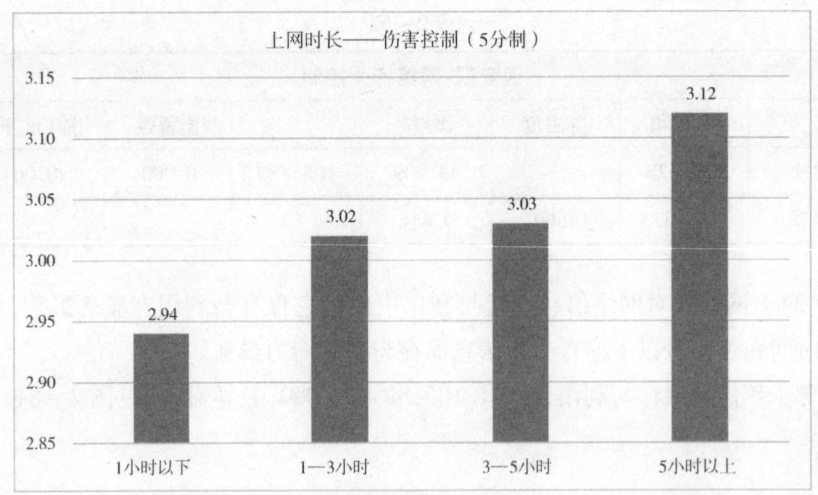

图 2－85

表 2－59

因变量:伤害控制						
	平方和	**自由度**	**均方**	**F**	**显著性**	**偏 Eta 平方**
对比	10.527	3	3.509	4.132	0.006	0.003
误差	3787.429	4460	0.849			

上网时长在3—5小时的青少年,利用社交媒体进行自我宣传的程度最高,F＝4.652,SIG＝0.003,差异显著(见图2－86、表2－60)。

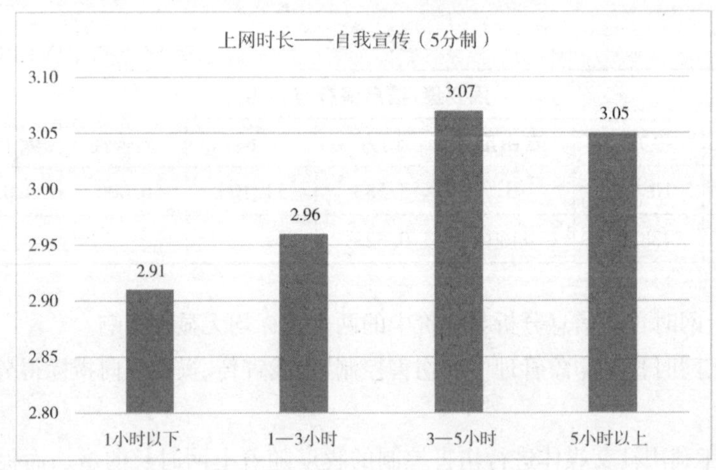

图 2－86

表 2－60

因变量:自我宣传						
	平方和	自由度	均方	F	显著性	偏 Eta 平方
对比	10.192	3	3.397	4.652	0.003	0.003
误差	3257.296	4460	0.730			

青少年利用社交媒体进行操控的程度随着上网时长的提高而降低,F = 2.690,SIG = 0.045,差异显著(见图 2－87、表 2－61)。

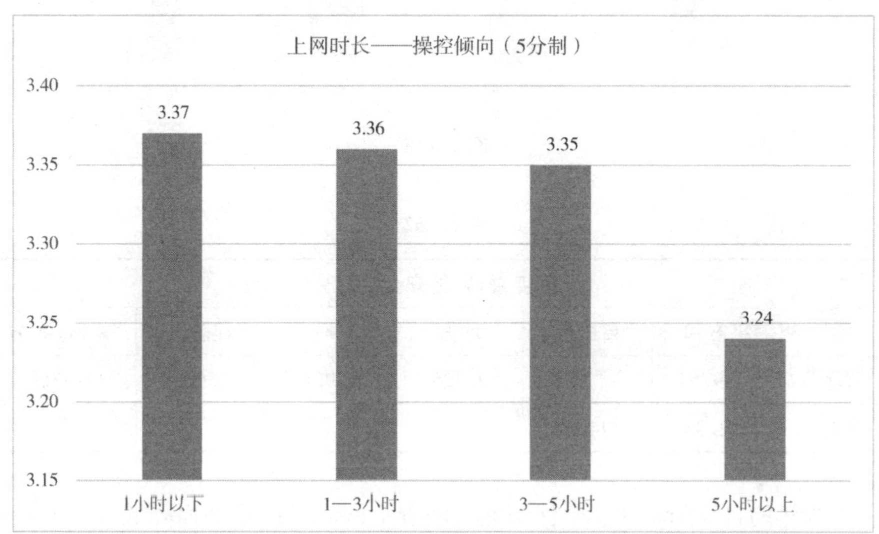

图 2－87

表 2－61

因变量:操控倾向						
	平方和	自由度	均方	F	显著性	偏 Eta 平方
对比	2.526	3	0.842	2.690	0.045	0.002
误差	1396.118	4462	0.313			

(5)上网时长对安全认知和行为中的两个指标均有显著影响。

青少年的网络安全认知水平随着上网时长的增加而降低,F = 3.924,SIG = 0.008,差异显著(见图 2－88、表 2－62)。

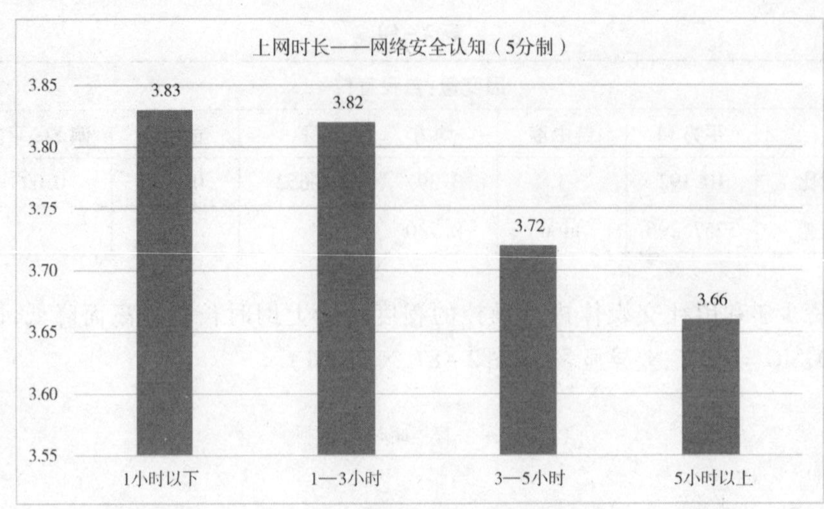

图 2 -88

表 2 -62

因变量:网络安全认知						
	平方和	自由度	均方	F	显著性	偏 Eta 平方
对比	6. 975	3	2. 325	3. 924	0. 008	0. 003
误差	2642. 855	4460	0. 593			

青少年的自我隐私和安全保护能力随着上网时长的增加而降低,F =9. 455,SIG =0. 000,差异显著(见图 2 -89、表 2 -63)。

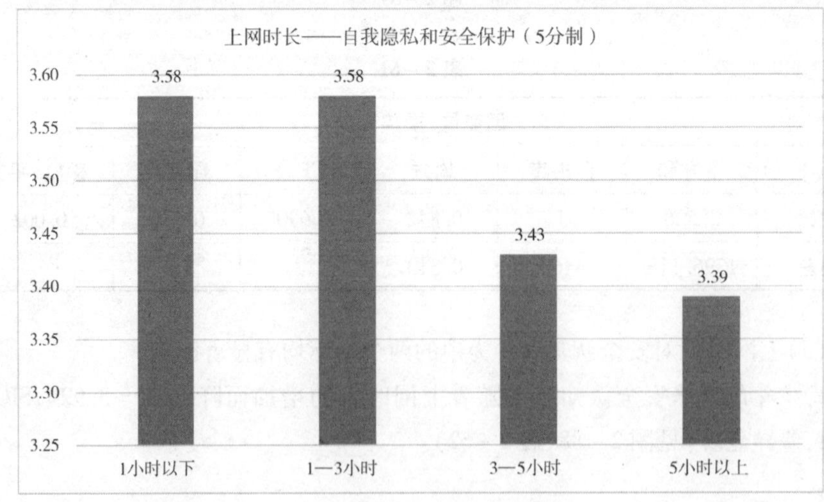

图 2 -89

表 2 - 63

因变量:自我隐私和安全保护						
	平方和	自由度	均方	F	显著性	偏 Eta 平方
对比	12.022	3	4.007	9.455	0.000	0.006
误差	1890.332	4460	0.424			

(6)上网时长对道德认知和行为中的网络暴力认知和行为、网络规范认知和行为指标得分有显著影响,且均随着上网时长的增加而降低。

网络暴力认知和行为,F = 24.054,SIG = 0.000,差异显著(见图 2 - 90、表 2 - 64)。

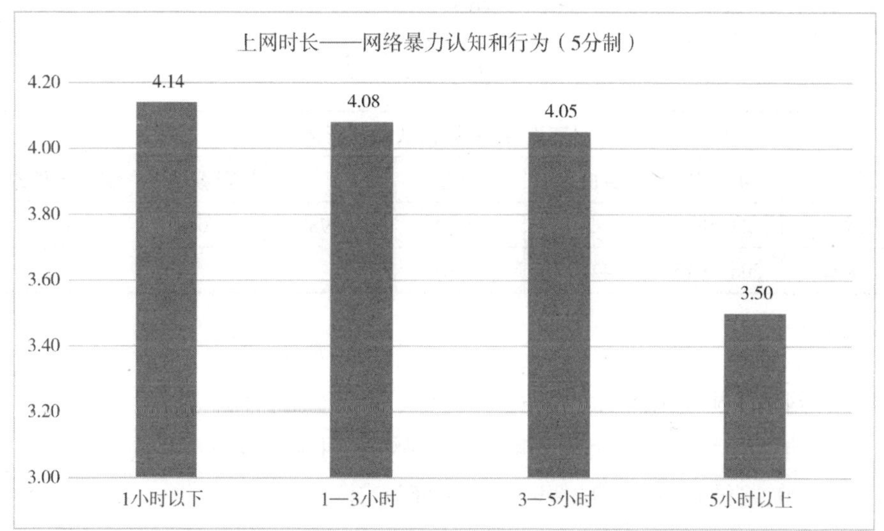

图 2 - 90

表 2 - 64

因变量:网络暴力认知和行为						
	平方和	自由度	均方	F	显著性	偏 Eta 平方
对比	59.282	3	19.761	24.054	0.000	0.016
误差	3663.884	4460	0.821			

网络规范认知和行为,F = 16.987,SIG = 0.000,差异显著(见图 2 - 91、表 2 - 65)。

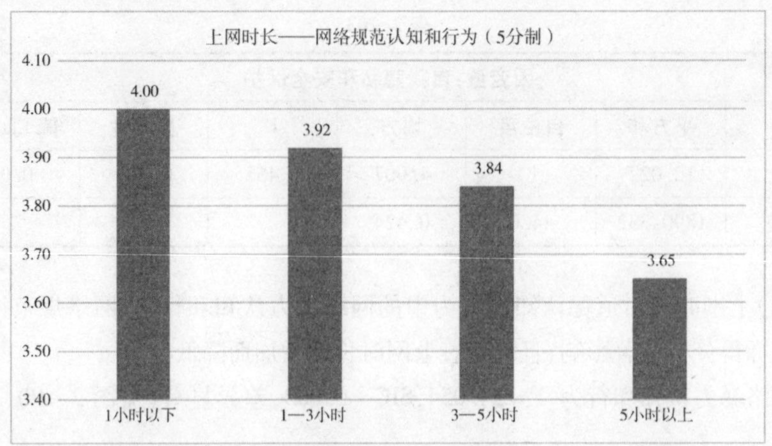

图 2-91

表 2-65

因变量:网络规范认知和行为						
	平方和	自由度	均方	F	显著性	偏 Eta 平方
对比	23.583	3	7.861	16.987	0.000	0.011
误差	2063.915	4460	0.463			

6. 网络技能使用熟练度(1—5 代表最不熟练—最熟练)

(1)网络技能使用熟练度对注意力管理中的三个指标均有显著影响。

青少年的网络技能使用熟练度不同,网络使用认知能力也不同,F = 8.071,SIG = 0.000,差异显著(见图 2-92、表 2-66)。

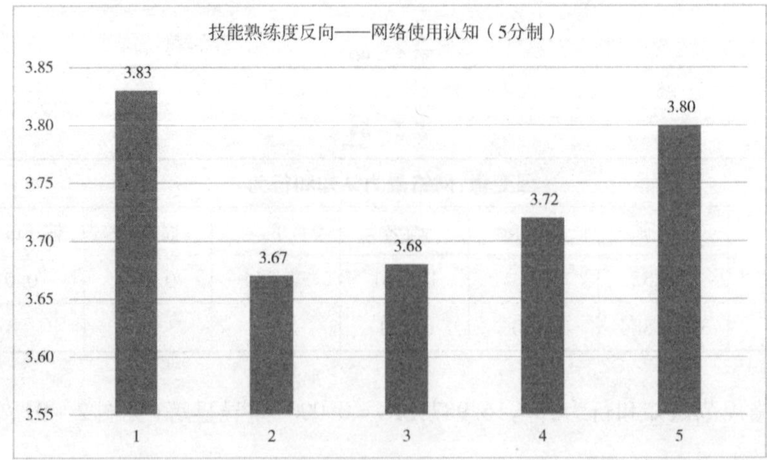

图 2-92

表 2 -66

因变量:网络使用认知						
	平方和	自由度	均方	F	显著性	偏 Eta 平方
对比	11.832	4	2.958	8.071	0.000	0.007
误差	1634.185	4459	0.366			

随着青少年网络技能使用熟练度的提高,网络情感控制能力随之降低,F = 10.671,SIG = 0.000,差异显著(见图 2 -93、表 2 -67)。

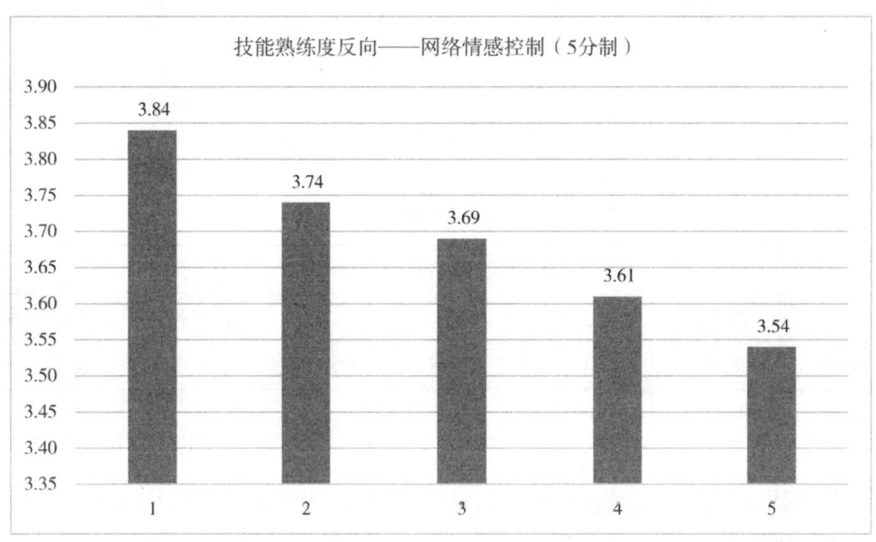

图 2 -93

表 2 -67

因变量:网络情感控制						
	平方和	自由度	均方	F	显著性	偏 Eta 平方
对比	27.206	4	6.801	10.671	0.000	0.009
误差	2842.083	4459	0.637			

网络技能使用熟练度最低的青少年,网络行为控制能力最强,F = 4.178,SIG = 0.002,差异显著(见图 2 -94、表 2 -68)。

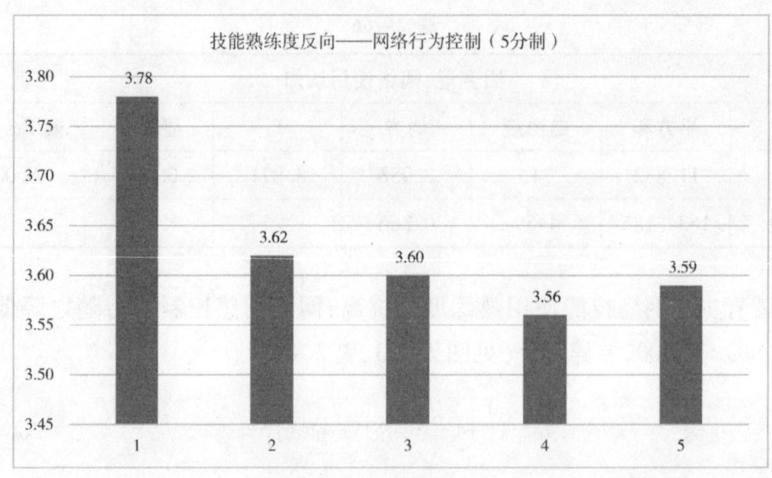

图 2－94

表 2－68

因变量:网络行为控制						
	平方和	自由度	均方	F	显著性	偏 Eta 平方
对比	7. 433	4	1. 858	4. 178	0. 002	0. 004
误差	1983. 429	4459	0. 445			

(2)网络技能使用熟练度对网络信息搜索与利用中的两个指标均有显著影响。

网络技能使用熟练度最高的青少年,信息搜索与分辨能力最强,F＝85. 164,SIG＝0. 000,差异显著(见图 2－95、表 2－69)。

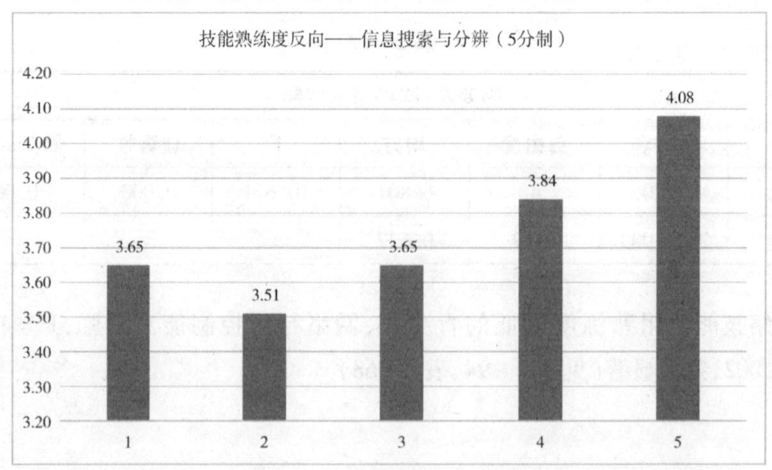

图 2－95

表 2－69

因变量:信息搜索与分辨						
	平方和	自由度	均方	F	显著性	偏 Eta 平方
对比	146. 640	4	36. 660	85. 164	0. 000	0. 071
误差	1919. 440	4459	0. 430			

网络技能使用熟练度最高的青少年,信息保存与利用能力最强,F＝25. 620,SIG＝0. 000,差异显著(见图 2－96、表 2－70)。

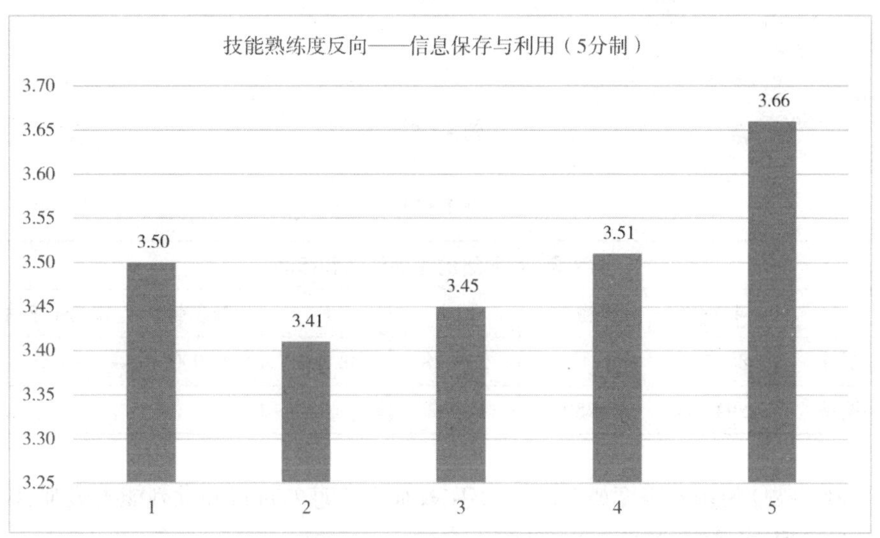

图 2－96

表 2－70

因变量:信息保存与利用						
	平方和	自由度	均方	F	显著性	偏 Eta 平方
对比	32. 568	4	8. 142	25. 620	0. 000	0. 022
误差	1417. 108	4459	0. 318			

(3)网络技能使用熟练度对信息分析与评价中的两个指标均有显著影响。

网络技能使用熟练度最高的青少年,对网络的主动认知和行动能力最强,F＝38. 457,SIG＝0. 000,差异显著(见图 2－97、表 2－71)。

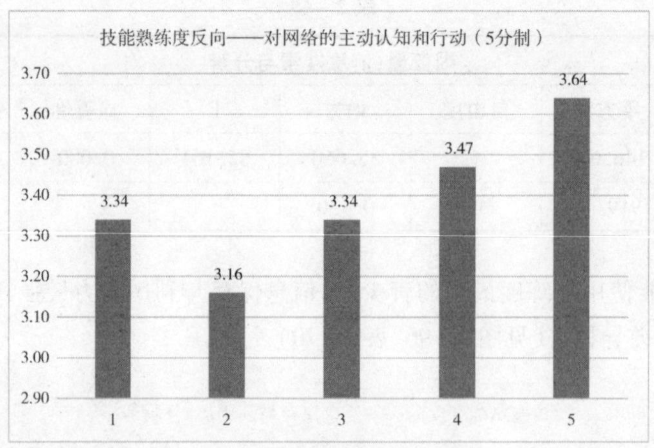

图 2-97

表 2-71

因变量:对网络的主动认知和行动						
	平方和	自由度	均方	F	显著性	偏 Eta 平方
对比	89.512	4	22.378	38.457	0.000	0.033
误差	2594.708	4459	0.582			

网络技能使用熟练度最低的青少年,反而对信息的辨析和批判能力最强,F = 12.954,SIG = 0.000,差异显著(见图 2-98、表 2-72)。

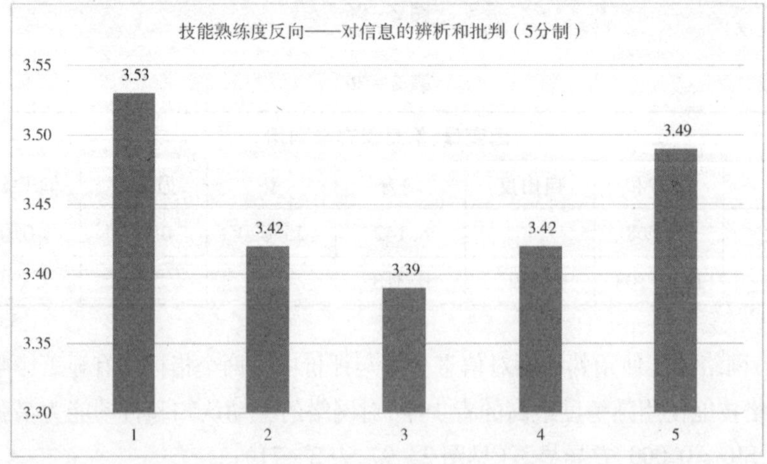

图 2-98

表 2－72

因变量:对信息的辨析和批判						
	平方和	自由度	均方	F	显著性	偏 Eta 平方
对比	8.687	4	2.172	12.954	0.000	0.011
误差	747.584	4459	0.168			

(4)网络技能使用熟练度对印象管理中的四个指标均有显著影响。

随着网络技能使用熟练度的提高，青少年利用社交媒体进行迎合他人的倾向也随之提高，F＝53.233，SIG＝0.000，差异显著(见图 2－99、表 2－73)。

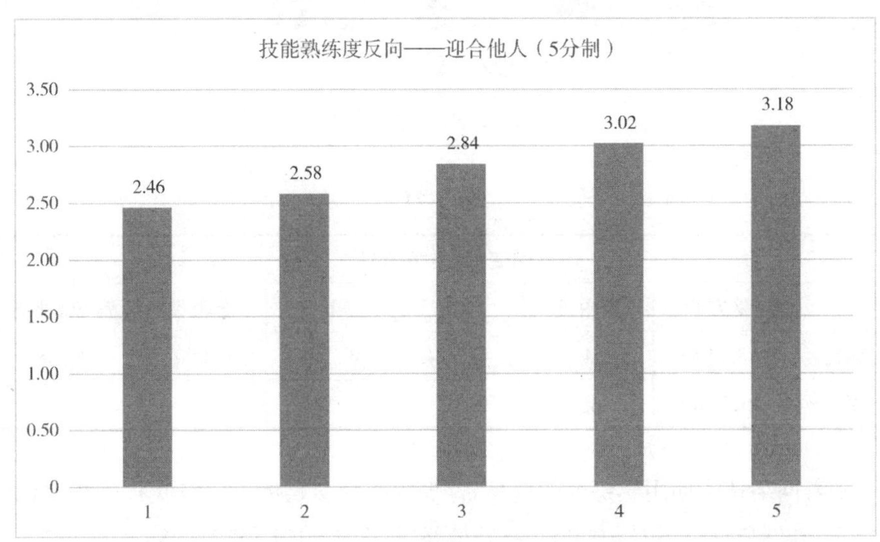

图 2－99

表 2－73

因变量:迎合他人						
	平方和	自由度	均方	F	显著性	偏 Eta 平方
对比	172.231	4	43.058	53.233	0.000	0.046
误差	3606.657	4459	0.809			

随着网络技能使用熟练度的提高，青少年利用社交媒体进行伤害控制倾向也随之提高，F＝56.386，SIG＝0.000，差异显著(见图 2－100、表 2－74)。

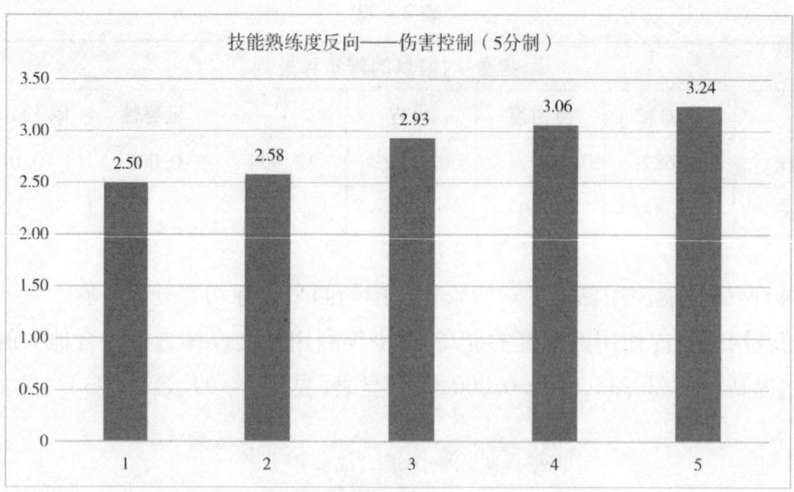

图 2 - 100

表 2 - 74

因变量:伤害控制						
	平方和	自由度	均方	F	显著性	偏 Eta 平方
对比	182.857	4	45.714	56.386	0.000	0.048
误差	3615.100	4459	0.811			

随着网络技能使用熟练度的提高，青少年在社交媒体上的自我宣传程度也随之提高，F = 143.417，SIG = 0.000，差异显著(见图 2 - 101、表 2 - 75)。

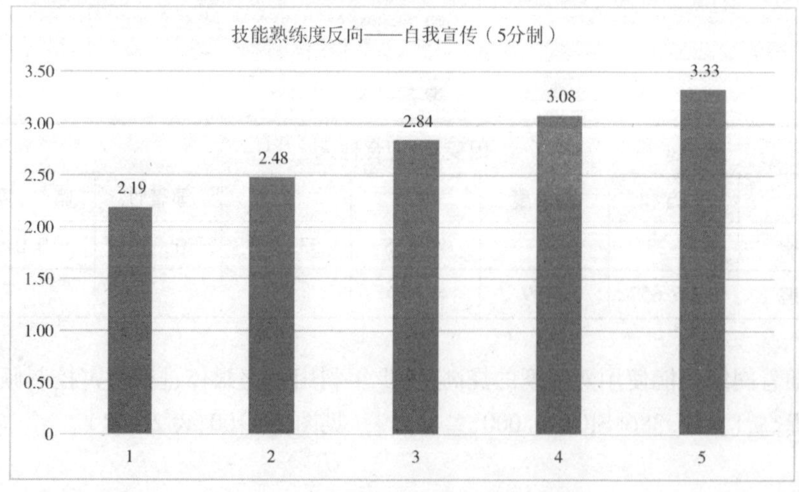

图 2 - 101

表 2－75

因变量:自我宣传						
	平方和	自由度	均方	F	显著性	偏 Eta 平方
对比	372.458	4	93.114	143.417	0.000	0.114
误差	2895.030	4459	0.649			

随着网络技能使用熟练度的提高，青少年在社交媒体上进行操控的倾向程度也随之提高，F＝14.663，SIG＝0.000，差异显著（见图 2－102、表 2－76）。

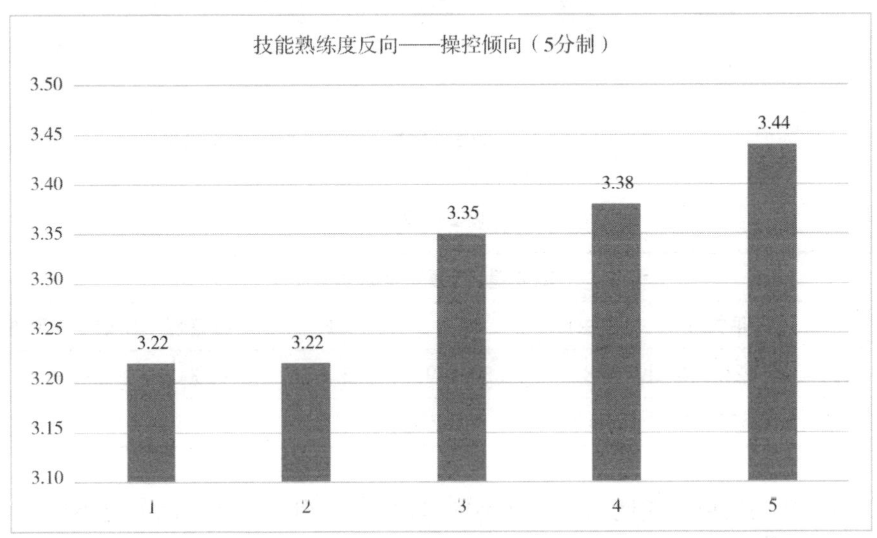

图 2－102

表 2－76

因变量:操控倾向						
	平方和	自由度	均方	F	显著性	偏 Eta 平方
对比	18.160	4	4.540	14.663	0.000	0.013
误差	1380.555	4459	0.310			

（5）网络技能使用熟练度对安全认知和行为中的两个指标均有显著影响。

青少年的网络技能使用熟练度不同，网络安全认知能力也不同，F＝53.707，SIG＝0.000，差异显著（见图 2－103、表 2－77）。

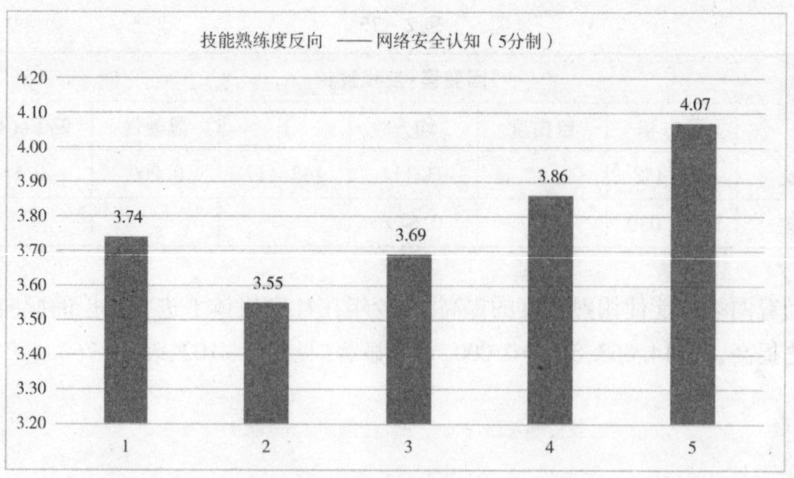

图 2－103

表 2－77

因变量:网络安全认知						
	平方和	自由度	均方	F	显著性	偏 Eta 平方
对比	121.796	4	30.449	53.707	0.000	0.046
误差	2528.034	4459	0.567			

青少年的网络技能使用熟练度不同,自我隐私和安全保护能力也不同,F = 50.219,SIG = 0.000,差异显著(见图 2－104、表 2－78)。

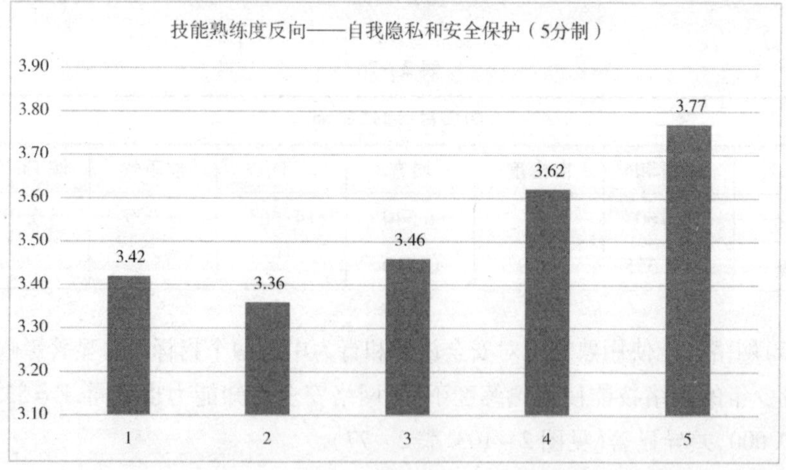

图 2－104

表 2－78

因变量:自我隐私和安全保护						
	平方和	自由度	均方	F	显著性	偏 Eta 平方
对比	82.006	4	20.501	50.219	0.000	0.043
误差	1820.348	4459	0.408			

(6)网络技能使用熟练度对道德认知和行为中的知识产权认知和行为、网络暴力认知和行为指标得分均有显著影响。

青少年的网络技能使用熟练度不同,知识产权认知和行为能力也不同,F = 31.146,SIG = 0.000,差异显著(见图 2－105、表 2－79)。

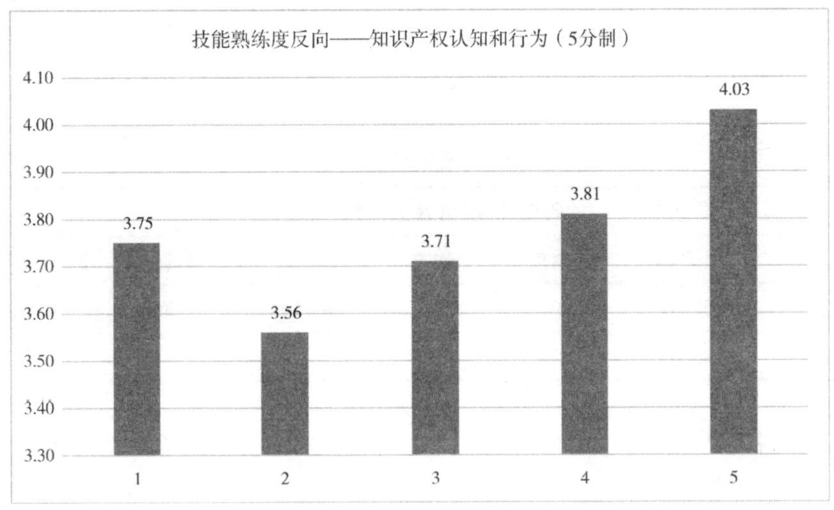

图 2－105

表 2－79

因变量:知识产权认知和行为						
	平方和	自由度	均方	F	显著性	偏 Eta 平方
对比	87.382	4	21.846	31.146	0.000	0.027
误差	3127.531	4459	0.701			

青少年的网络技能使用熟练度不同,网络暴力认知和行为能力也不同,F = 10.106,SIG = 0.000,差异显著(见图 2－106、表 2－80)。

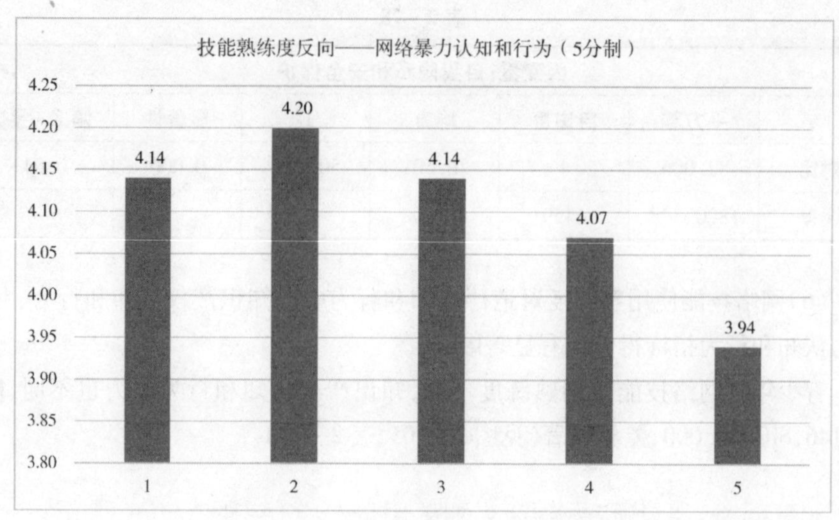

图 2 - 106

表 2 - 80

因变量:网络暴力认知和行为						
	平方和	自由度	均方	F	显著性	偏 Eta 平方
对比	33.451	4	8.363	10.106	0.000	0.009
误差	3689.715	4459	0.827			

7. 网络使用自我效能感(平均值只选 1、2、3、4、5 即可,代表网络使用自我效能感最低—最高)

(1)网络使用自我效能感对注意力管理中的三个指标均有显著影响。

青少年的网络使用自我效能感不同,网络使用认知能力也不同,F = 20.691,SIG = 0.000,差异显著(见图 2 - 107、表 2 - 81)。

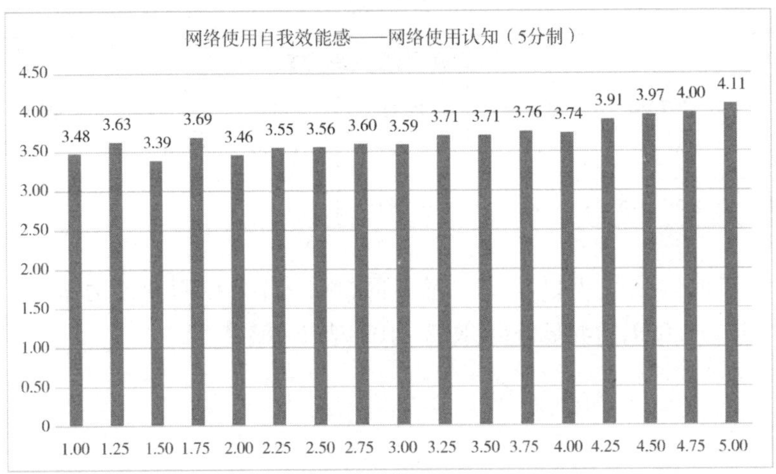

图 2－107

表 2－81

因变量:网络使用认知						
	平方和	自由度	均方	F	显著性	偏 Eta 平方
对比	114.048	16	7.128	20.691	0.000	0.069
误差	1531.968	4447	0.334			

青少年的网络使用自我效能感不同，网络情感控制能力也不同，F＝1.795，SIG＝0.026，差异显著（见图 2－108、表 2－82）。

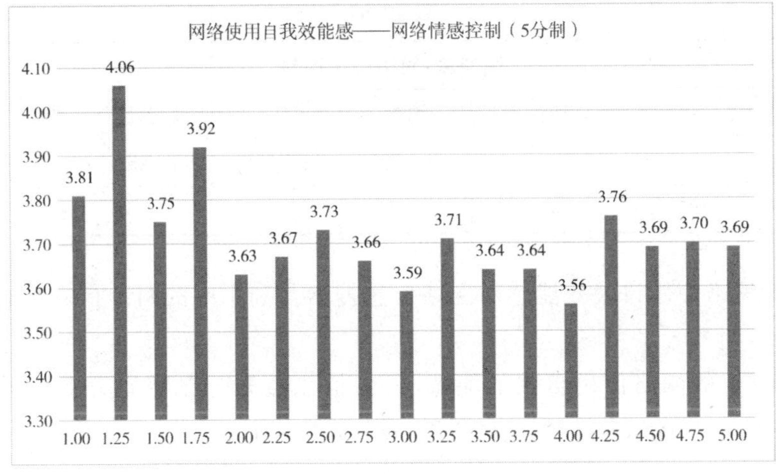

图 2－108

表 2 - 82

因变量:网络情感控制						
	平方和	自由度	均方	F	显著性	偏 Eta 平方
对比	18.411	16	1.151	1.795	0.026	0.006
误差	2850.878	4447	0.641			

青少年的网络使用自我效能感不同,网络行为控制知能力也不同,F = 12.435,SIG = 0.000,差异显著(见图 2 - 109、表 2 - 83)。

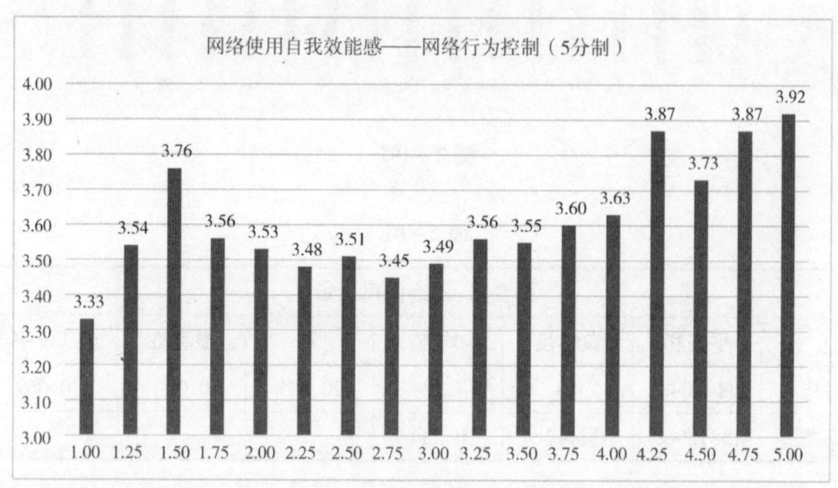

图 2 - 109

表 2 - 83

因变量:网络行为控制						
	平方和	自由度	均方	F	显著性	偏 Eta 平方
对比	85.256	16	5.329	12.435	0.000	0.043
误差	1905.605	4447	0.429			

(2)网络使用自我效能感对网络信息搜索与利用中的两个指标均有显著影响。

青少年的网络使用自我效能感不同,信息搜索与分辨能力也不同,F = 99.394,SIG = 0.000,差异显著(见图 2 - 110、表 2 - 84)。

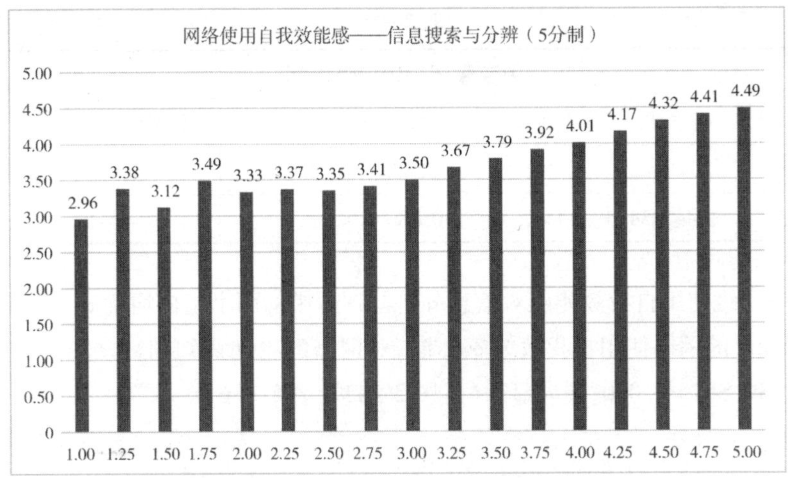

图 2－110

表 2－84

因变量:信息搜索与分辨						
	平方和	自由度	均方	F	显著性	偏 Eta 平方
对比	544. 233	16	34. 015	99. 394	0. 000	0. 263
误差	1521. 847	4447	0. 342			

青少年的网络使用自我效能感不同,信息保存与利用能力也不同,F = 45. 736,SIG = 0. 000,差异显著(见图 2－111、表 2－85)。

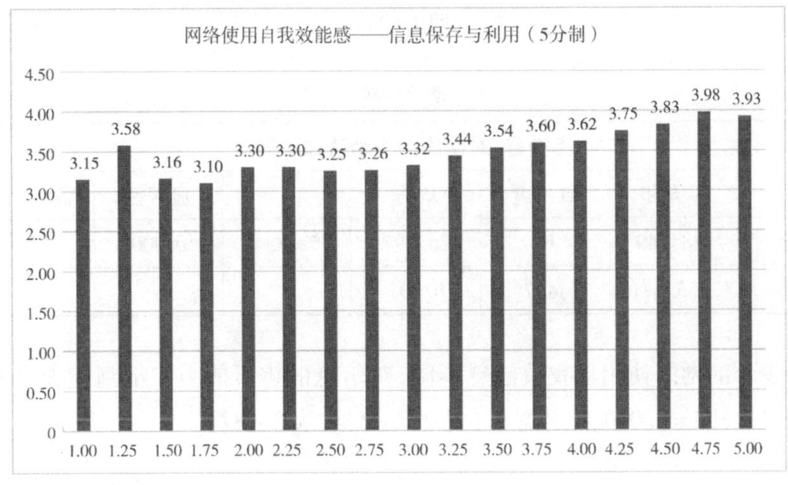

图 2－111

表 2 - 85

因变量:信息保存与利用						
	平方和	自由度	均方	F	显著性	偏 Eta 平方
对比	204. 842	16	12. 803	45. 736	0. 000	0. 141
误差	1244. 834	4447	0. 280			

(3)网络使用自我效能感对信息分析与评价中的两个指标均有显著影响。

青少年的网络使用自我效能感不同,对网络的主动认知和行动能力也不同,F = 52. 834,SIG = 0. 000,差异显著(见图 2 - 112、表 2 - 86)。

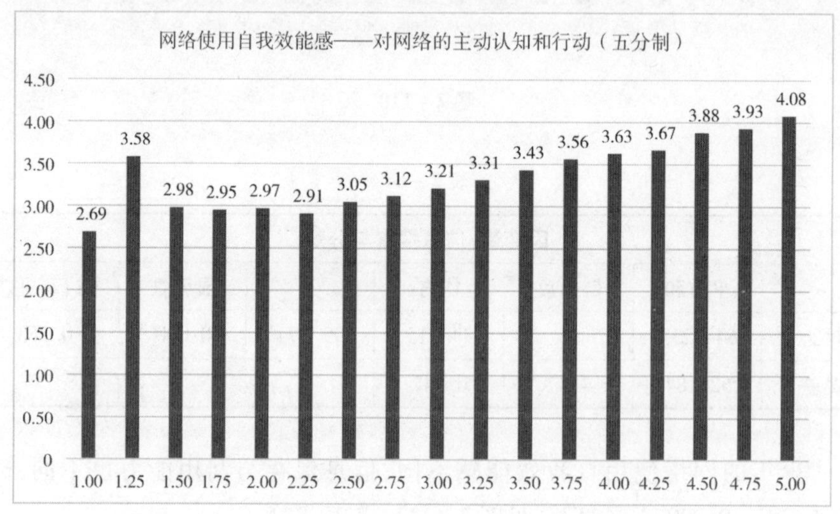

图 2 - 112

表 2 - 86

因变量:对网络的主动认知和行动						
	平方和	自由度	均方	F	显著性	偏 Eta 平方
对比	428. 749	16	26. 797	52. 834	0. 000	0. 160
误差	2255. 471	4447	0. 507			

青少年的网络使用自我效能感不同,对信息的辨析能力和批判能力也不同,F = 16. 019,SIG = 0. 000,差异显著(见图 2 - 113、表 2 - 87)。

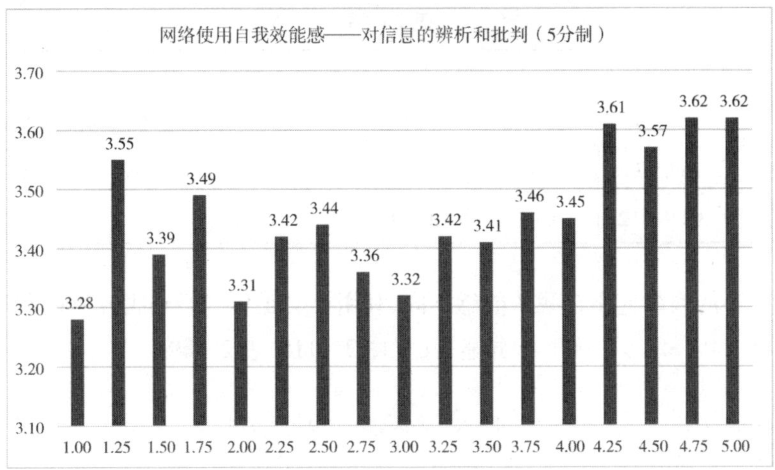

图 2－113

表 2－87

因变量:对信息的辨析能力和批判						
	平方和	自由度	均方	F	显著性	偏 Eta 平方
对比	41.213	16	2.576	16.019	0.000	0.054
误差	715.058	4447	0.161			

(4)网络使用自我效能感对印象管理中的四个指标均有显著影响。

青少年的网络使用自我效能感不同,利用社交媒体进行迎合他人的倾向也不同,F＝13.018,SIG＝0.000,差异显著(见图 2－114、表 2－88)。

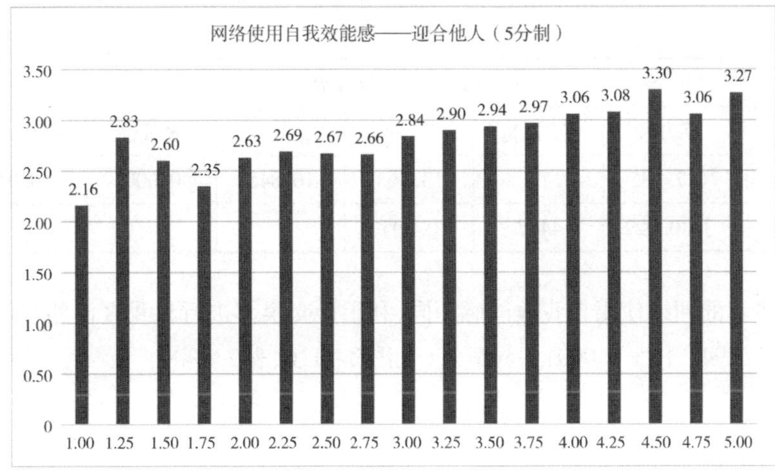

图 2－114

表 2－88

因变量:迎合他人						
	平方和	自由度	均方	F	显著性	偏 Eta 平方
对比	169.075	16	10.567	13.018	0.000	0.045
误差	3609.812	4447	0.812			

青少年的网络使用自我效能感不同,利用社交媒体进行伤害控制的程度也不同,F＝16.845,SIG＝0.000,差异显著(见图 2－115、表 2－89)。

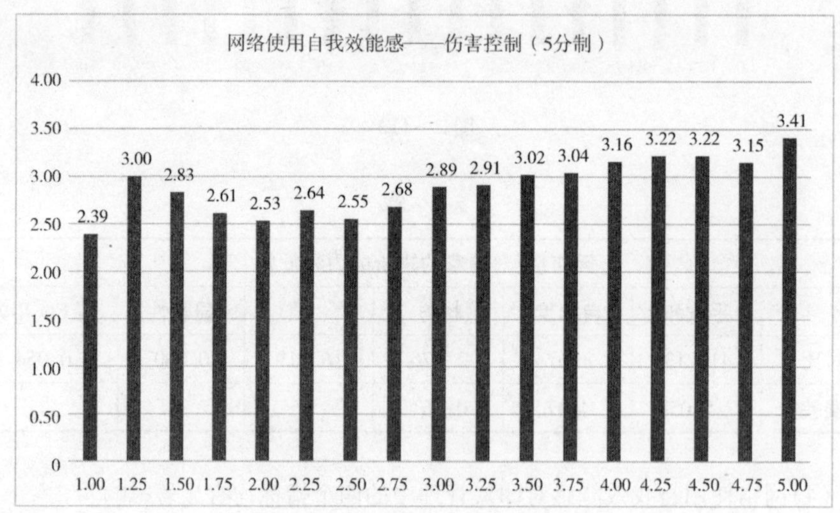

图 2－115

表 2－89

因变量:伤害控制						
	平方和	自由度	均方	F	显著性	偏 Eta 平方
对比	217.035	16	13.565	16.845	0.000	0.057
误差	3580.922	4447	0.805			

青少年的网络使用自我效能感不同,利用社交媒体进行自我宣传的程度也不同,F＝17.894,SIG＝0.000,差异显著(见图 2－116、表 2－90)。

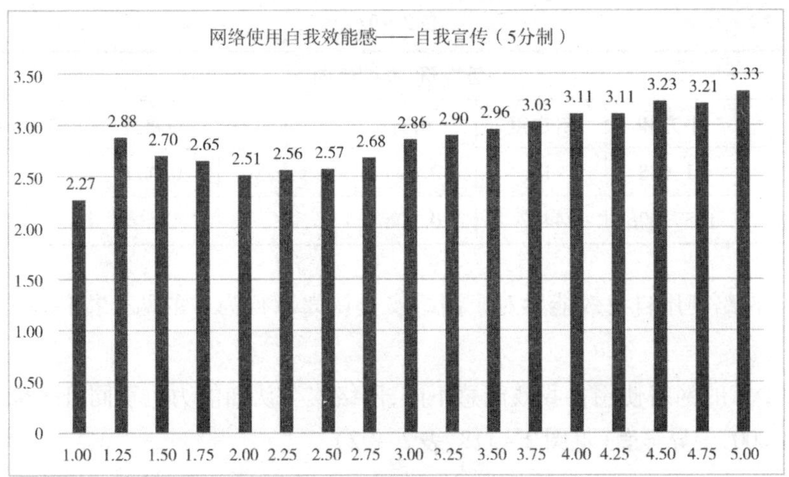

图 2－116

表 2－90

因变量:自我宣传						
	平方和	自由度	均方	F	显著性	偏 Eta 平方
对比	197. 639	16	12. 352	17. 894	0. 000	0. 060
误差	3069. 849	4447	0. 690			

青少年的网络使用自我效能感不同，在社交媒体上进行操控的程度也不同，F＝8. 538，SIG＝0. 000，差异显著（见图 2－117、表 2－91）。

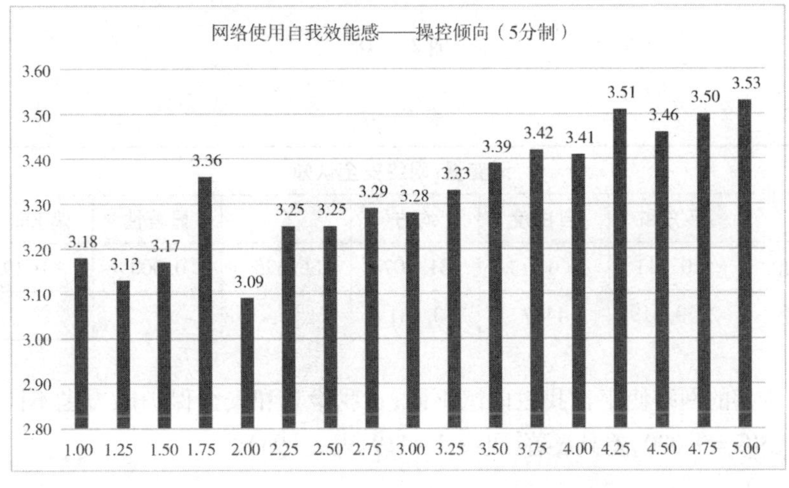

图 2－117

表 2-91

因变量:操控倾向						
	平方和	自由度	均方	F	显著性	偏 Eta 平方
对比	41.688	16	2.605	8.538	0.000	0.030
误差	1357.026	4447	0.305			

(5)网络使用自我效能感对于网络安全认知和行为中的两个指标均有显著影响。

青少年的网络使用自我效能感不同,网络安全认知能力也不同,F = 66.325,SIG = 0.000,差异显著(见图 2-118、表 2-92)。

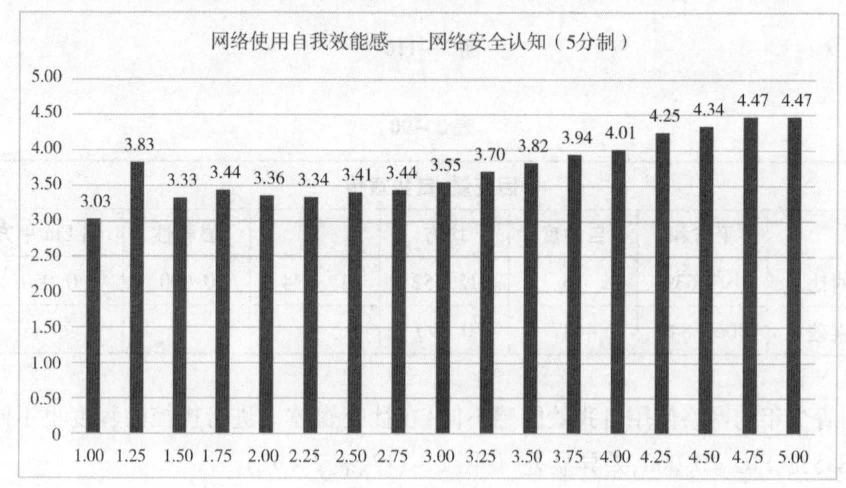

图 2-118

表 2-92

因变量:网络安全认知						
	平方和	自由度	均方	F	显著性	偏 Eta 平方
对比	510.511	16	31.907	66.325	0.000	0.193
误差	2139.319	4447	0.481			

青少年的网络使用自我效能感不同,自我隐私和安全保护能力也不同,F = 58.387,SIG = 0.000,差异显著(见图 2-119、表 2-93)。

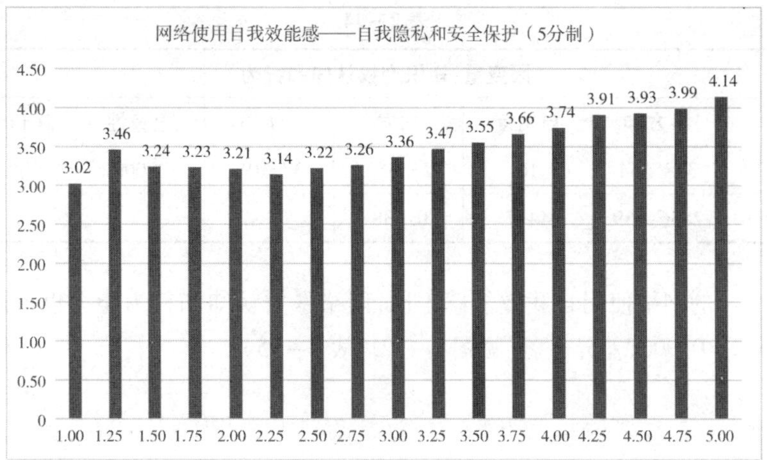

图 2－119

表 2－93

因变量：自我隐私和安全保护						
	平方和	自由度	均方	F	显著性	偏 Eta 平方
对比	330.255	16	20.641	58.387	0.000	0.174
误差	1572.099	4447	0.354			

（6）网络使用自我效能感对道德认知和行为中的三个指标均有显著影响。

青少年的网络自我效能感不同，知识产权认知和行为能力也不同，F = 37.106，SIG = 0.000（见图 2－120、表 2－94）。

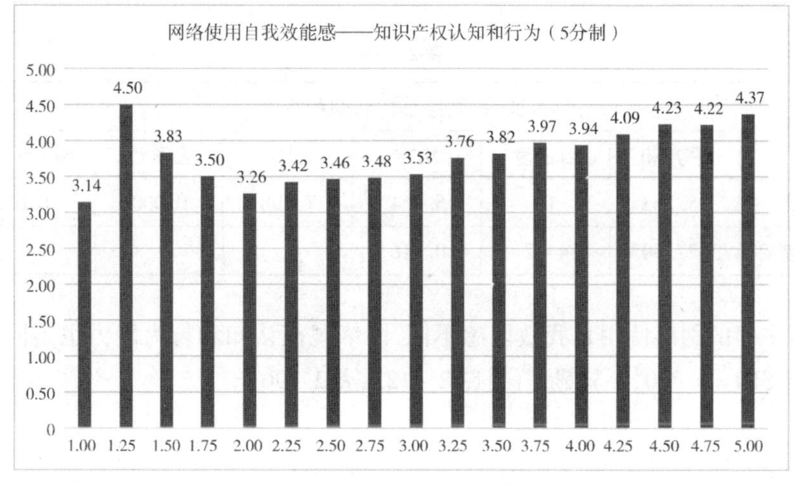

图 2－120

表 2-94

因变量:知识产权认知和行为						
	平方和	自由度	均方	F	显著性	偏 Eta 平方
对比	378.654	16	23.666	37.106	0.000	0.118
误差	2836.259	4447	0.638			

青少年的网络使用自我效能感不同,网络暴力认知和行为能力也不同,F = 7.298,SIG = 0.000,差异显著(见图 2-121、表 2-95)。

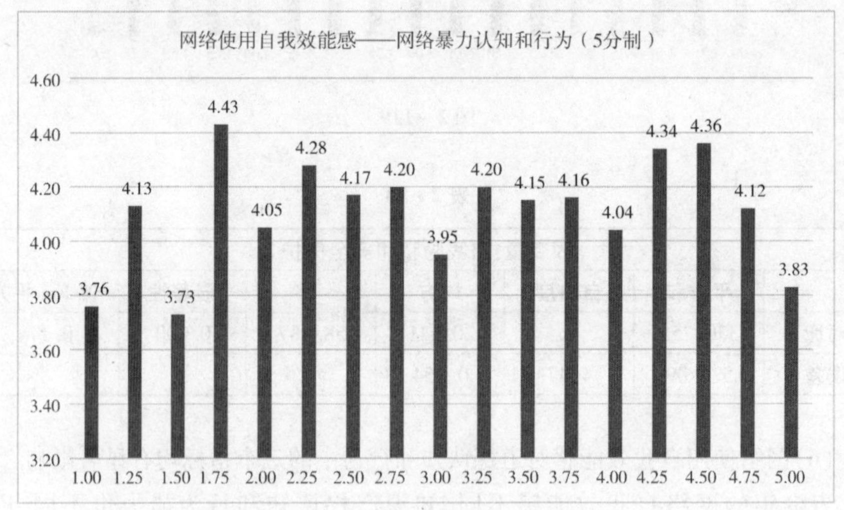

图 2-121

表 2-95

因变量:网络暴力认知和行为						
	平方和	自由度	均方	F	显著性	偏 Eta 平方
对比	95.263	16	5.954	7.298	0.000	0.026
误差	3627.903	4447	0.816			

青少年的网络使用自我效能感不同,网络规范认知和行为能力也不同,F = 12.634,SIG = 0.000,差异显著(见图 2-122、表 2-96)。

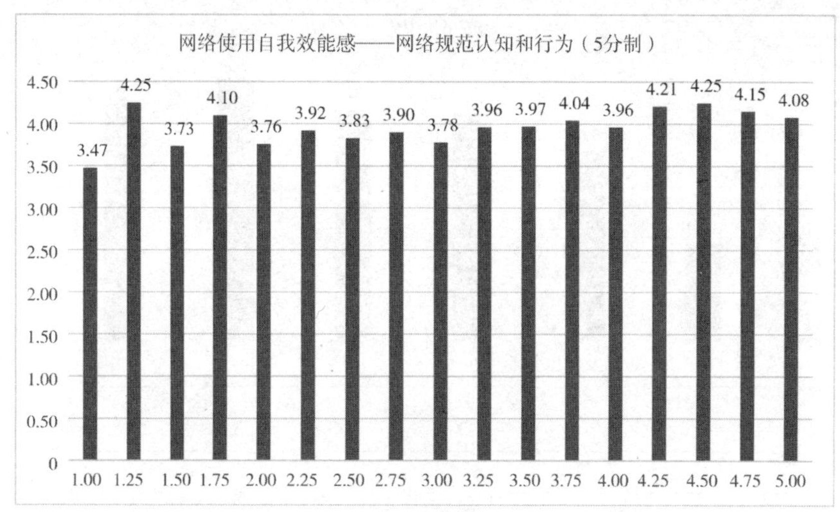

图 2 - 122

表 2 - 96

因变量:网络规范认知和行为						
	平方和	自由度	均方	F	显著性	偏 Eta 平方
对比	90.765	16	5.673	12.634	0.000	0.043
误差	1996.734	4447	0.449			

（三）家庭影响因素分析

1. 父亲学历

（1）父亲学历对注意力管理中的网络使用认知、网络行为控制指标得分均有显著影响。

青少年的网络使用认知能力随着父亲学历的提高而提高，而当父亲学历为研究生及以上时却有明显下降。父亲学历为本科的青少年网络使用认知能力最好，F = 6.273，SIG = 0.000，差异显著（见图 2 - 123、表 2 - 97）。

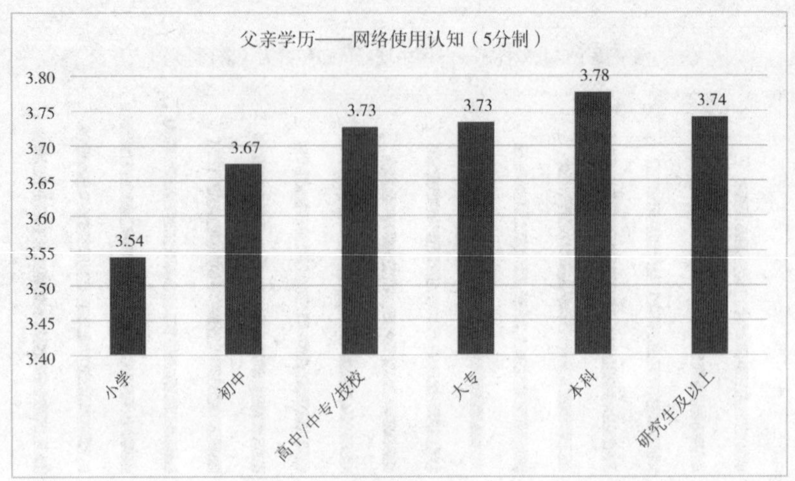

图 2-123

表 2-97

因变量:网络使用认知						
	平方和	自由度	均方	F	显著性	偏 Eta 平方
对比	11.499	5	2.300	6.273	0.000	0.007
误差	1634.518	4458	0.367			

青少年的网络行为控制能力整体随着父亲学历的提高而提高，F = 7.035，SIG = 0.000，差异显著（见图 2-124、表 2-98）。

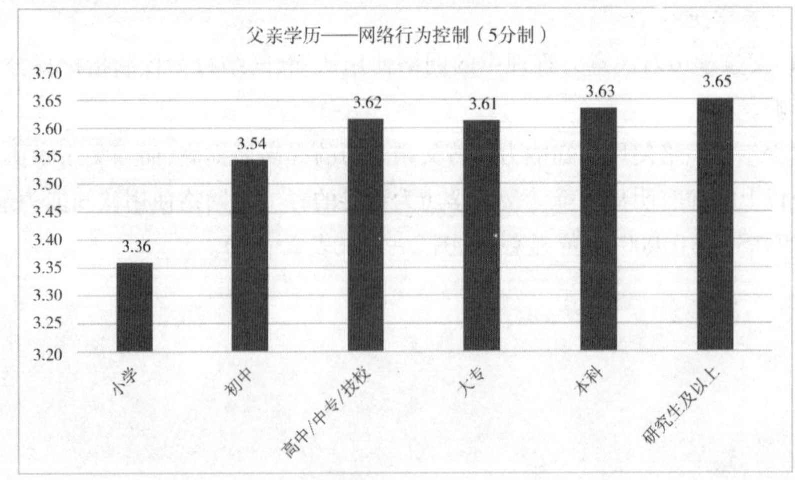

图 2-124

表 2－98

因变量:网络行为控制						
	平方和	自由度	均方	F	显著性	偏 Eta 平方
对比	15.585	5	3.117	7.035	0.000	0.008
误差	1975.276	4458	0.443			

（2）父亲学历对网络信息搜索与利用中的两个指标均有显著影响。

青少年的信息搜索与分辨能力随着父亲学历的提高而提高，而当父亲学历为研究生及以上时则有明显下降，F＝14.290，SIG＝0.000，差异显著（见图 2－125、表 2－99）。

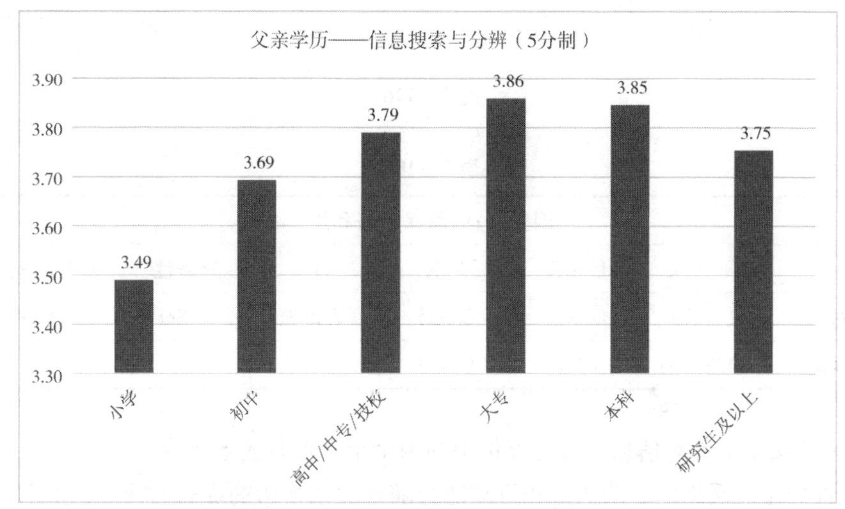

图 2－125

表 2－99

因变量:信息搜索与分辨						
	平方和	自由度	均方	F	显著性	偏 Eta 平方
对比	32.592	5	6.518	14.290	0.000	0.016
误差	2033.488	4458	0.456			

青少年的信息保存与利用能力随着父亲学历的提高而提高，而当父亲学历为研究生及以上时则有明显下降，F＝7.237，SIG＝0.000，差异显著（见图 2－126、表 2－100）。

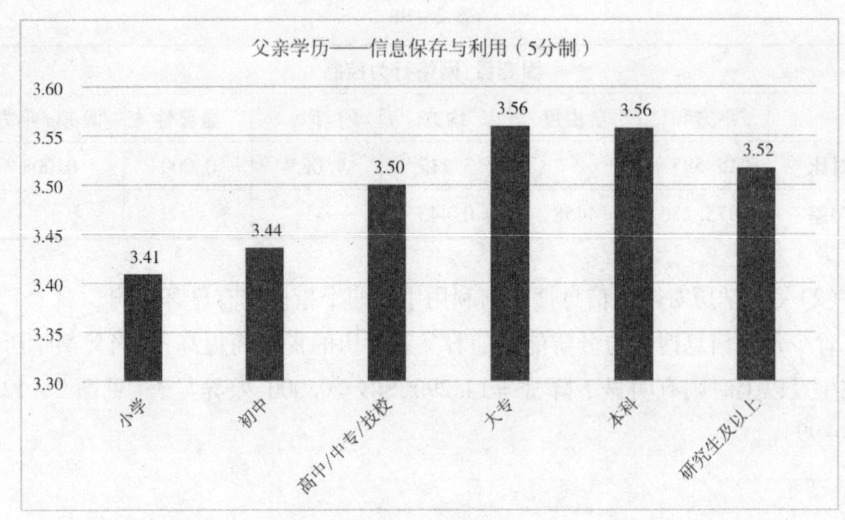

图 2-126

表 2-100

因变量:信息保存与利用						
	平方和	自由度	均方	F	显著性	偏 Eta 平方
对比	11.673	5	2.335	7.237	0.000	0.008
误差	1438.004	4458	0.323			

(3)父亲学历对信息分析与评价中的两个指标均有显著影响。

青少年对网络的主动认知和行动能力随着父亲学历的提高而提高,而当父亲学历为本科及以上时则有明显下降,F=6.050,SIG=0.000,差异显著(见图 2-127、表 2-101)。

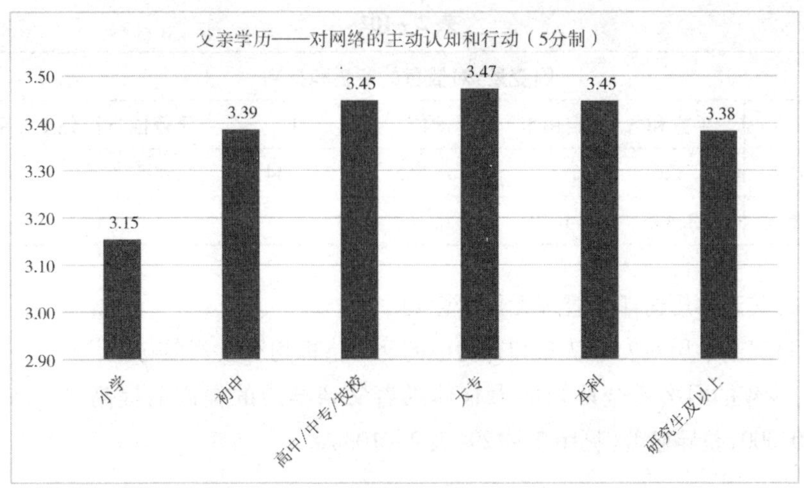

图 2－127

表 2－101

因变量:对网络的主动认知和行动						
	平方和	自由度	均方	F	显著性	偏 Eta 平方
对比	18.091	5	3.618	6.050	0.000	0.007
误差	2666.129	4458	0.598			

父亲学历不同，青少年对信息的辨析和批判能力不同，F = 3.344，SIG = 0.005，差异显著（见图 2－128、表 2－102）。

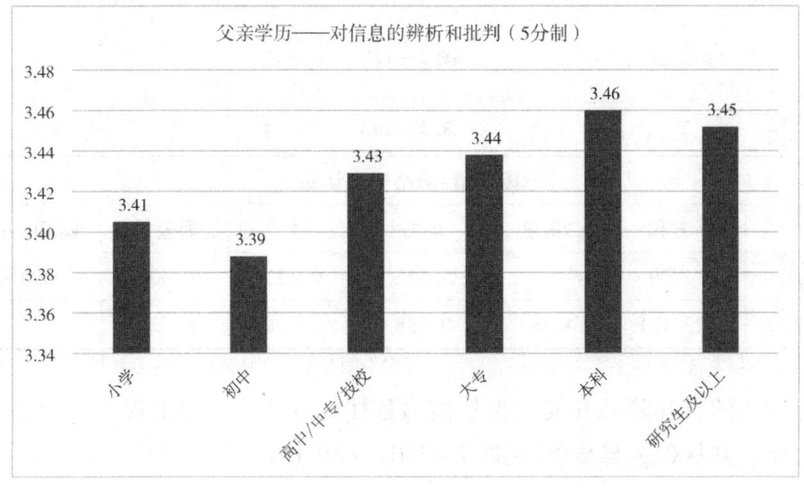

图 2－128

表 2 - 102

因变量:对信息的辨析和批判						
	平方和	自由度	均方	F	显著性	偏 Eta 平方
对比	2.826	5	0.565	3.344	0.005	0.004
误差	753.445	4458	0.169			

(4)父亲学历对印象管理无显著影响。

(5)父亲学历对安全认知和行为中的两个指标均有显著影响。

青少年的网络安全认知能力整体随着父亲学历的提高而提高,F = 9.422,SIG = 0.000,差异显著(见图 2 - 129、表 2 - 103)。

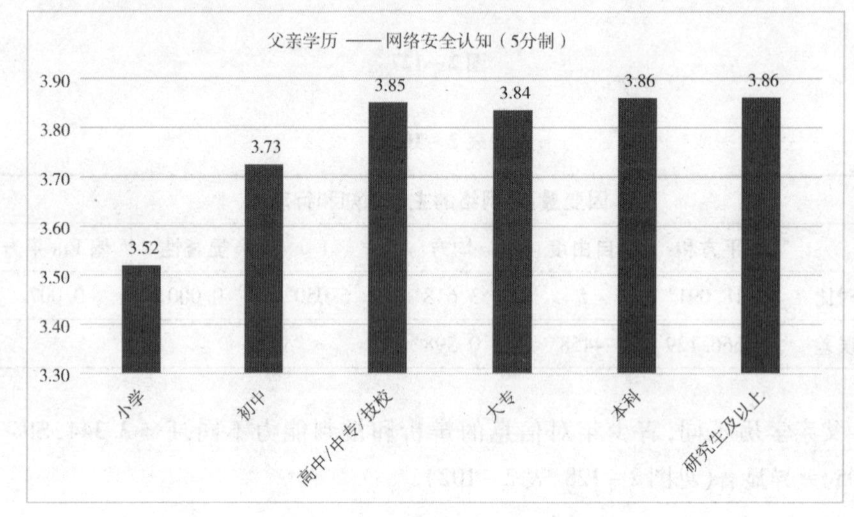

图 2 - 129

表 2 - 103

因变量:网络安全认知						
	平方和	自由度	均方	F	显著性	偏 Eta 平方
对比	27.709	5	5.542	9.422	0.000	0.010
误差	2622.121	4458	0.588			

青少年的自我隐私和安全保护能力整体随着父亲学历的提高而提高,F = 5.357,SIG = 0.000,差异显著(见图 2 - 130、表 2 - 104)。

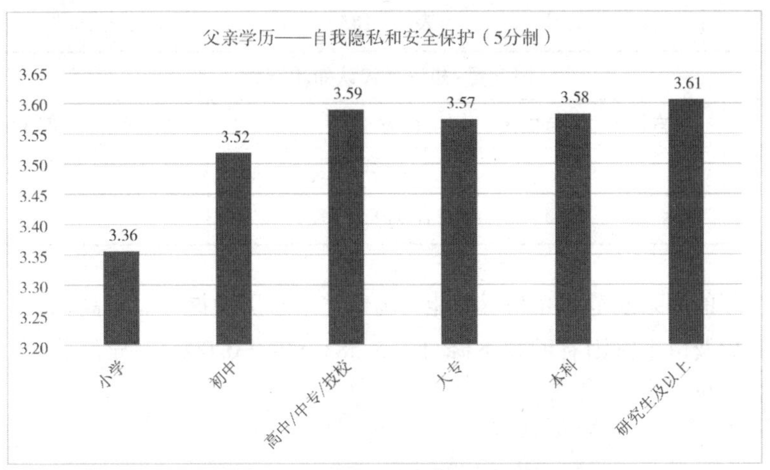

图 2－130

表 2－104

因变量：自我隐私和安全保护						
	平方和	自由度	均方	F	显著性	偏 Eta 平方
对比	11. 362	5	2. 272	5. 357	0. 000	0. 006
误差	1890. 991	4458	0. 424			

(6)父亲学历对道德认知和行为中的两个指标均有显著影响。

青少年的知识产权和行为能力随着父亲学历的提高而提高，而当父亲学历为研究生及以上时则有明显下降，F＝5. 450，SIG＝0. 000，差异显著（见图 2－131、表 2－105）。

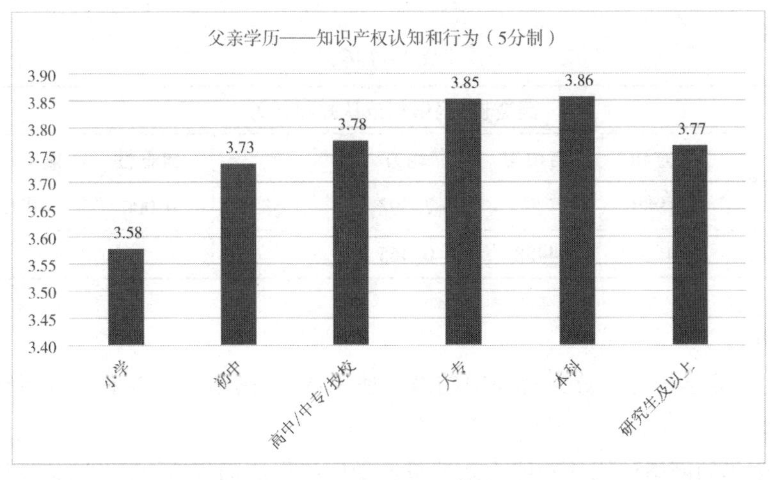

图 2－131

表 2-105

因变量:知识产权认知和行为						
	平方和	自由度	均方	F	显著性	偏 Eta 平方
对比	19.531	5	3.906	5.450	0.000	0.006
误差	3195.382	4458	0.717			

青少年的网络规范认知和行为能力随着父亲学历的提高而提高,而当父亲学历为研究生及以上时则有明显下降,F=5.583,SIG=0.000,差异显著(见图2-132、表2-106)。

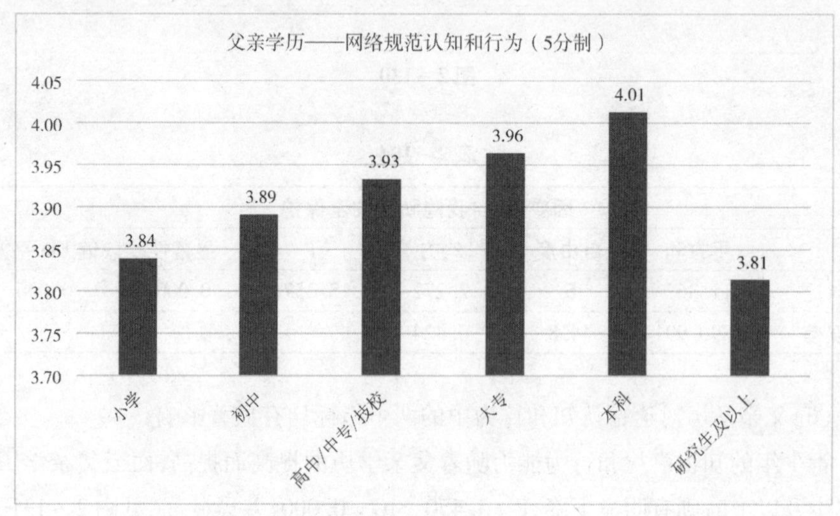

图 2-132

表 2-106

因变量:网络规范认知和行为						
	平方和	自由度	均方	F	显著性	偏 Eta 平方
对比	12.989	5	2.598	5.583	0.000	0.006
误差	2074.509	4458	0.465			

2. 母亲学历

(1)母亲学历对注意力管理中的网络使用认知、网络行为控制指标得分有显著影响。

青少年的网络使用认知能力随着母亲学历的提高而提高,而当母亲学历为研究生及以上时则有明显下降。母亲学历为本科的青少年网络使用认知能力最好。F =6.568,SIG =0.000,差异显著(见图 2 -133、表 2 -107)。

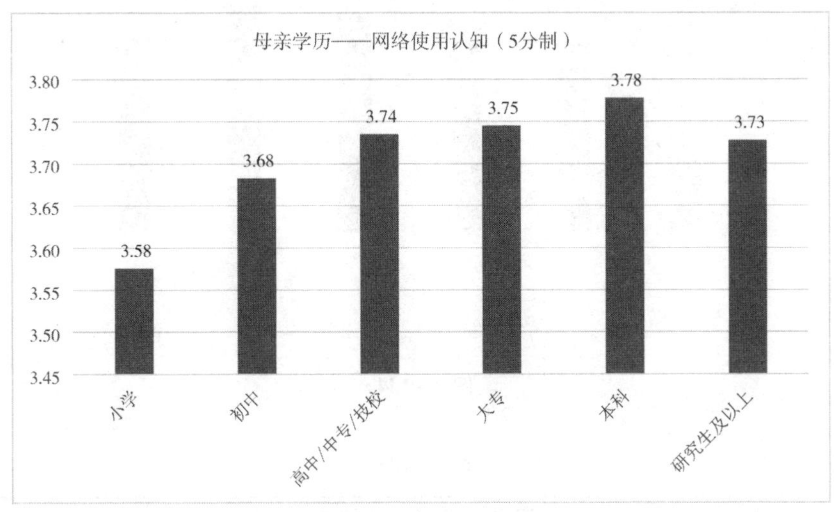

图 2 -133

表 2 -107

因变量:网络使用认知						
	平方和	自由度	均方	F	显著性	偏 Eta 平方
对比	12.036	5	2.407	6.568	0.000	0.007
误差	1633.980	4458	0.367			

青少年的网络行为控制能力随着母亲学历的提高而提高,而当母亲学历为研究生及以上时则有所下降。母亲学历为本科的青少年网络行为控制能力最好。F =8.258,SIG =0.000,差异显著(见图 2 -134、表 2 -108)。

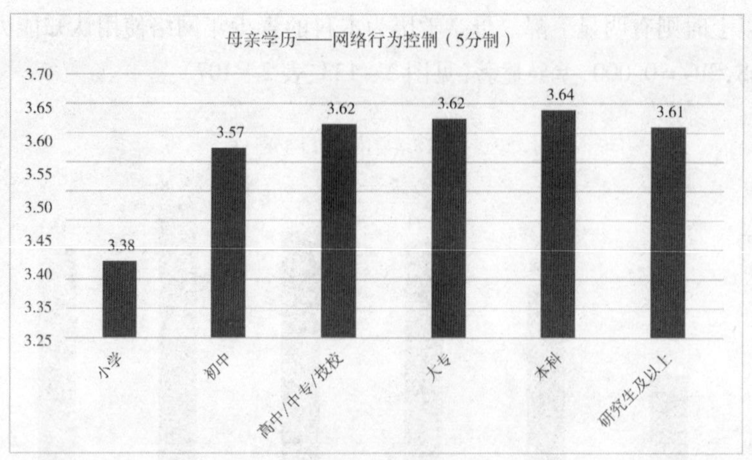

图 2-134

表 2-108

因变量:网络行为控制						
	平方和	自由度	均方	F	显著性	偏 Eta 平方
对比	18.270	5	3.654	8.258	0.000	0.009
误差	1972.591	4458	0.442			

(2)母亲学历对网络信息搜索与利用中的两个指标有显著影响。

青少年的信息搜索与分辨能力随着母亲学历的提高而提高,而当母亲学历为研究生及以上时则有明显下降,F=12.037,SIG=0.000,差异显著(见图2-135、表2-109)。

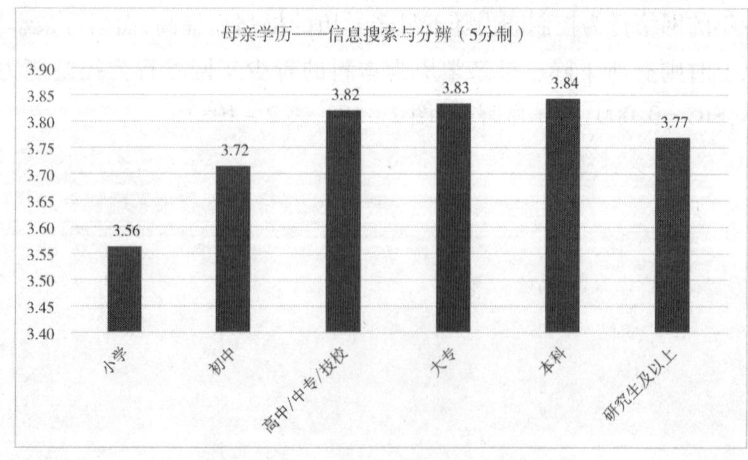

图 2-135

表 2－109

因变量:信息搜索与分辨						
	平方和	自由度	均方	F	显著性	偏 Eta 平方
对比	27.522	5	5.504	12.037	0.000	0.013
误差	2038.558	4458	0.457			

青少年的信息保存与利用能力随着母亲学历的提高而提高，而当母亲学历为研究生及以上时则有明显下降，F＝9.904，SIG＝0.000，差异显著（见图 2－136、表 2－110）。

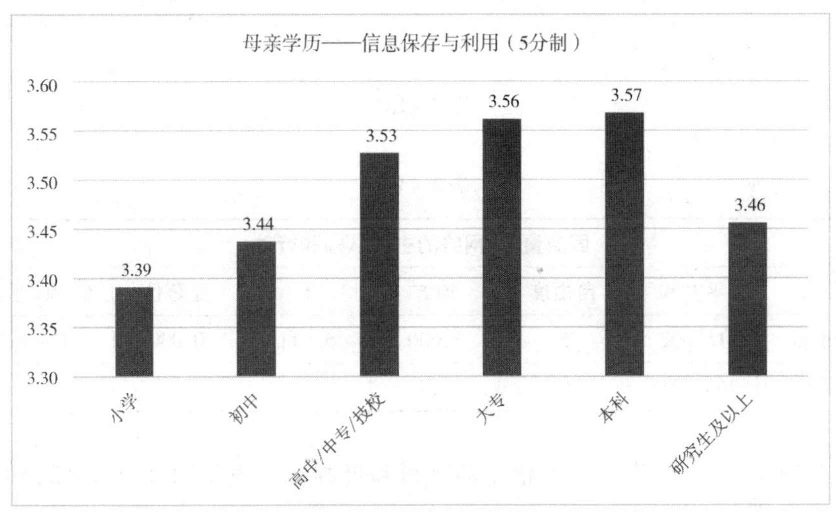

图 2－136

表 2－110

因变量:信息保存与利用						
	平方和	自由度	均方	F	显著性	偏 Eta 平方
对比	15.926	5	3.185	9.904	0.000	0.011
误差	1433.750	4458	0.322			

（3）母亲学历对信息分析与评价中的两个指标有显著影响。

青少年对网络的主动认知和行动能力随着母亲学历的提高而提高，而当母亲学历为研究生及以上时则有明显下降，F＝5.011，SIG＝0.000，差异显著（见图 2－137、表 2－111）。

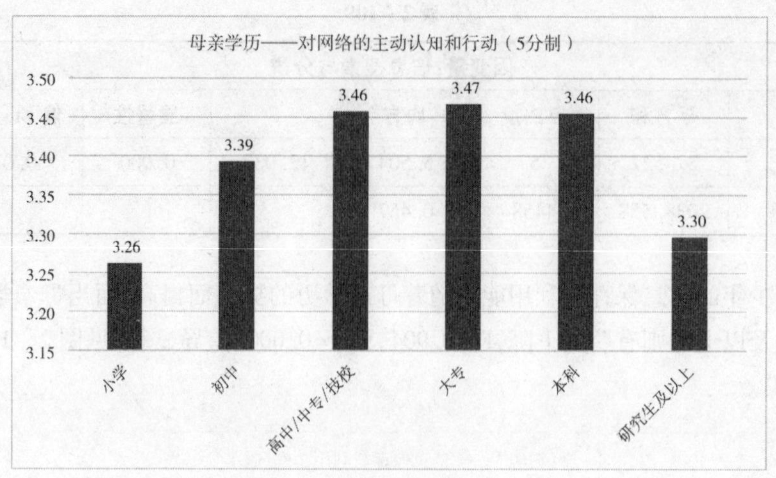

图 2-137

表 2-111

因变量:对网络的主动认知和行动						
	平方和	自由度	均方	F	显著性	偏 Eta 平方
对比	15.002	5	3.000	5.011	0.000	0.006
误差	2669.218	4458	0.599			

母亲学历不同,青少年对信息的辨析和批判能力也不同,F = 4.552,SIG = 0.000,差异显著(见图 2-138、表 2-112)。

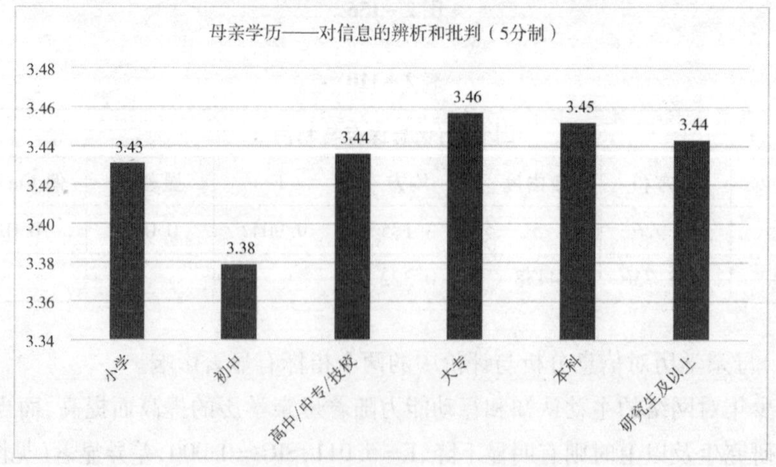

图 2-138

表 2－112

因变量:对信息的辨析和批判						
	平方和	自由度	均方	F	显著性	偏 Eta 平方
对比	3.842	5	0.768	4.552	0.000	0.005
误差	752.430	4458	0.169			

(4)母亲学历对印象管理中伤害控制指标得分有显著影响。

母亲学历不同,青少年在社交媒体上进行伤害控制的倾向也不同,F＝3.040,SIG＝0.010,差异显著(见图 2－139、表 2－113)。

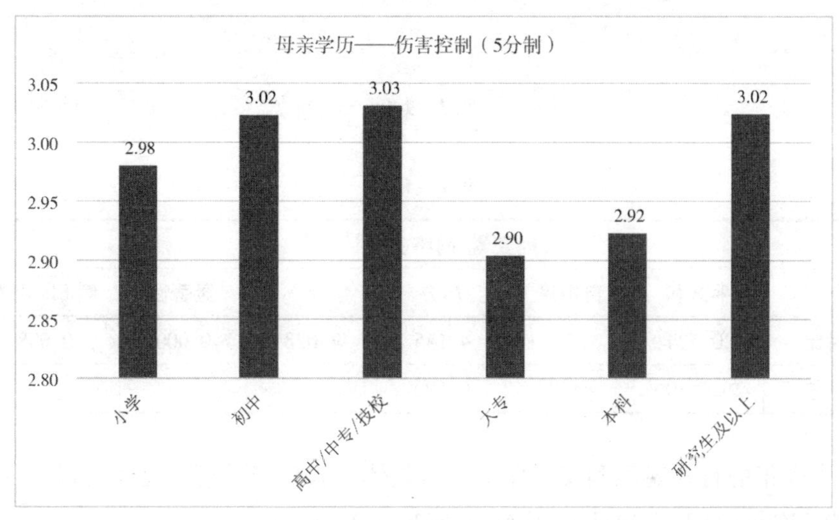

图 2－139

表 2－113

因变量:伤害控制						
	平方和	自由度	均方	F	显著性	偏 Eta 平方
对比	12.905	5	2.581	3.040	0.010	0.003
误差	3785.052	4458	0.849			

(5)母亲学历对于安全认知和行为中的两个指标均有显著差异。

青少年的网络安全认知能力随着母亲学历的提高而提高,而当母亲学历为研究生及以上时则有所下降,F＝7.028,SIG＝0.000,差异显著(见图 2－140、表 2－114)。

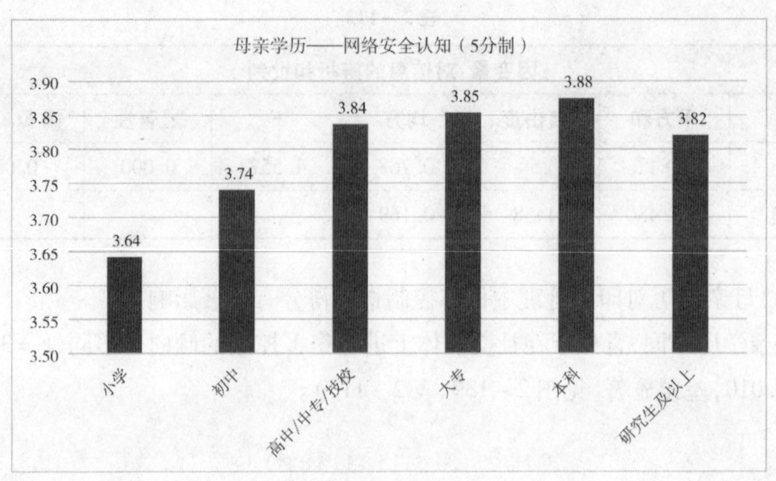

图 2－140

表 2－114

因变量:网络安全认知						
	平方和	自由度	均方	F	显著性	偏 Eta 平方
对比	20.724	5	4.145	7.028	0.000	0.008
误差	2629.106	4458	0.590			

青少年的自我隐私和安全保护能力整体随着母亲学历的提高而提高,F = 4.349,SIG = 0.001,差异显著(见图 2－141、表 2－115)。

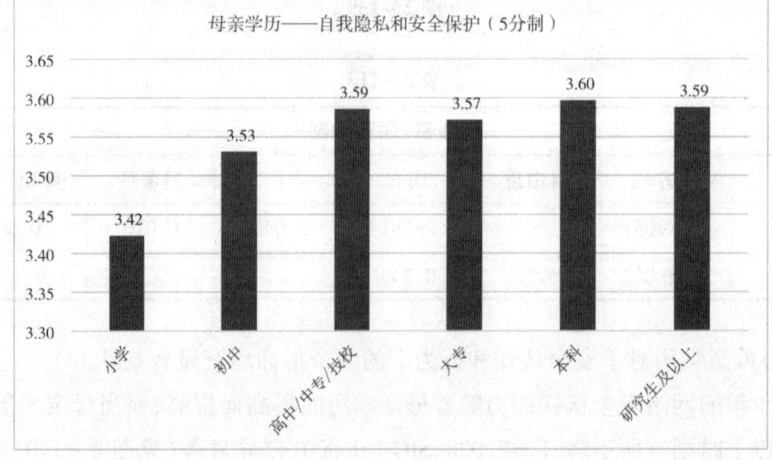

图 2－141

表 2-115

因变量:自我隐私和安全保护						
	平方和	自由度	均方	F	显著性	偏 Eta 平方
对比	9.235	5	1.847	4.349	0.001	0.005
误差	1893.118	4458	0.425			

(6)母亲学历对于道德认知和行为中的三个指标均有显著影响。

青少年的知识产权认知和行为能力随着母亲学历的提高而提高,而当母亲学历为研究生及以上时则有明显下降,F=3.529,SIG=0.003,差异显著(见图 2-142、表 2-116)。

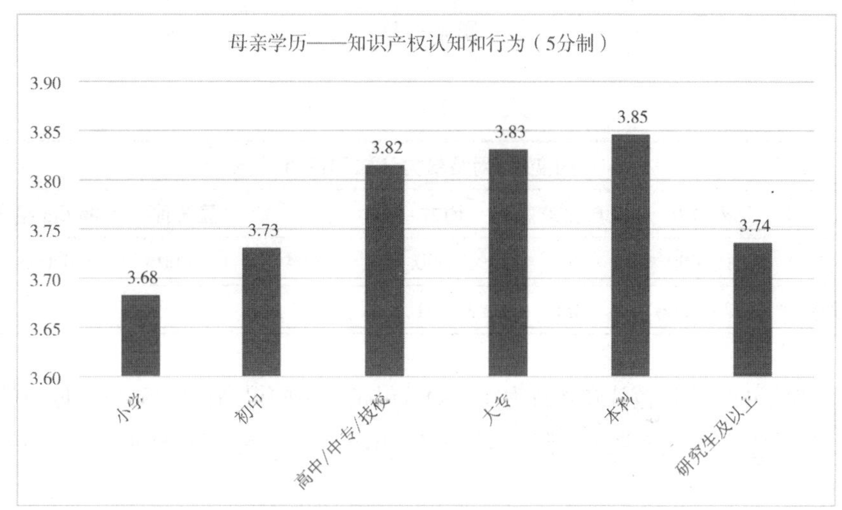

图 2-142

表 2-116

因变量:知识产权认知和行为						
	平方和	自由度	均方	F	显著性	偏 Eta 平方
对比	12.675	5	2.535	3.529	0.003	0.004
误差	3202.238	4458	0.718			

青少年的网络暴力认知和行为能力整体随着母亲学历的提高而提高,而当母亲学历为研究生及以上时则有明显下降,F=4.694,SIG=0.000,差异显著(见图 4-143、表 2-117)。

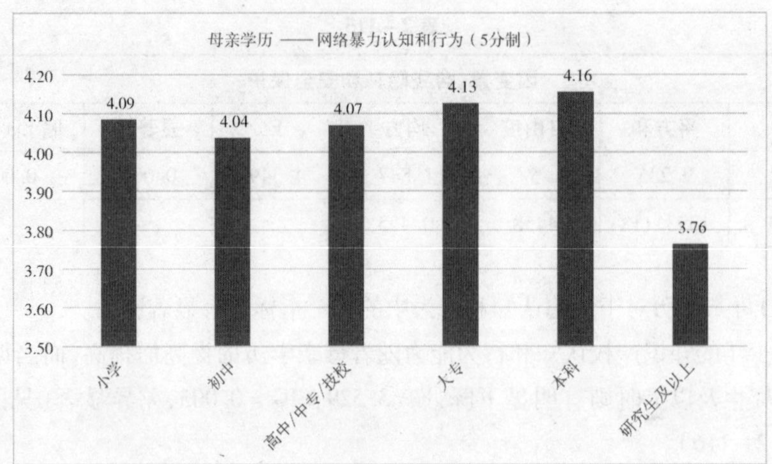

图 2－143

表 2－117

因变量:网络暴力认知和行为						
	平方和	自由度	均方	F	显著性	偏 Eta 平方
对比	19.499	5	3.900	4.694	0.000	0.005
误差	3703.666	4458	0.831			

青少年的网络规范认知和行为能力随着母亲学历的提高而提高,而当母亲学历为研究生及以上时则有明显下降,F＝5.854,SIG＝0.000,差异显著(见图 2－144、表 2－118)。

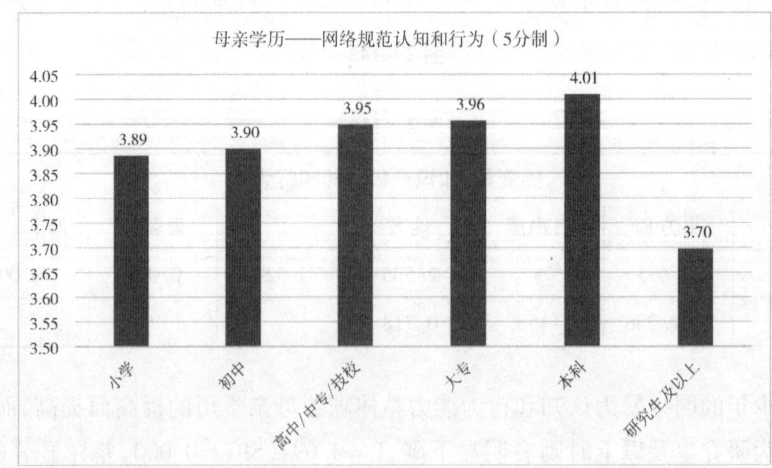

图 2－144

表 2－118

因变量:网络规范认知和行为						
	平方和	自由度	均方	F	显著性	偏 Eta 平方
对比	13.616	5	2.723	5.854	0.000	0.007
误差	2073.882	4458	0.465			

3. 家庭收入

(1)家庭收入对于注意力管理中的三个指标均有显著影响。

青少年的网络使用认知能力整体随着家庭收入的增加而提高，F = 16.216，SIG = 0.000，差异显著(见图 2－145、表 2－119)。

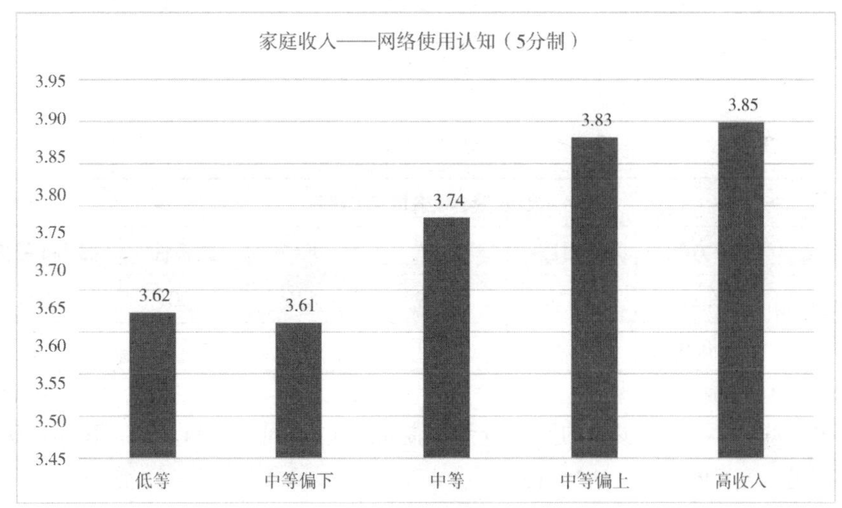

图 2－145

表 2－119

因变量:网络使用认知						
	平方和	自由度	均方	F	显著性	偏 Eta 平方
对比	23.601	4	5.900	16.216	0.000	0.014
误差	1622.416	4459	0.364			

青少年的网络情感控制能力随着家庭收入的增加而提高，而当家庭收入为高收入时则有明显下降，F = 4.806，SIG = 0.001，差异显著(见图 2－146、表 2－120)。

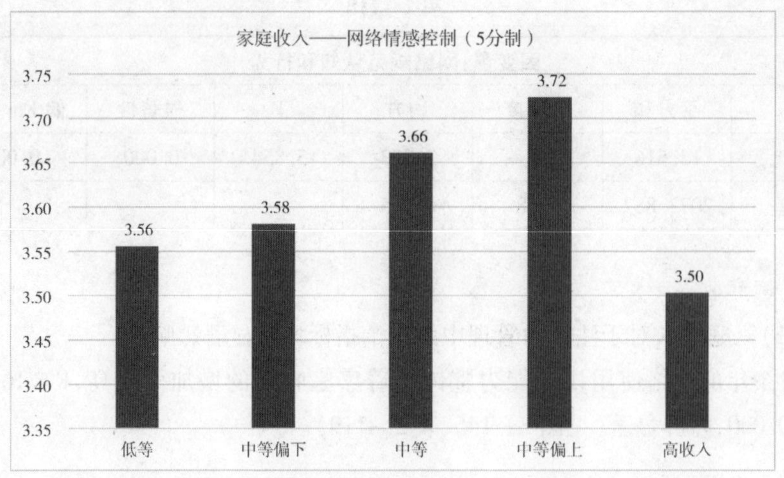

图 2-146

表 2-120

因变量:网络情感控制						
	平方和	自由度	均方	F	显著性	偏 Eta 平方
对比	12.318	4	3.079	4.806	0.001	0.004
误差	2856.971	4459	0.641			

家庭收入不同,青少年的网络行为控制能力也不同,F=11.710,SIG=0.000,差异显著(见图 2-147、表 2-121)。

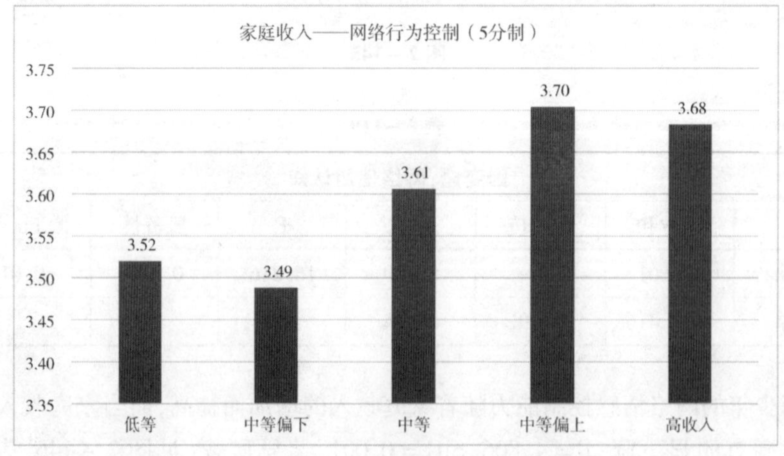

图 2-147

表 2 - 121

因变量:网络行为控制						
	平方和	自由度	均方	F	显著性	偏 Eta 平方
对比	20. 695	4	5. 174	11. 710	0. 000	0. 010
误差	1970. 166	4459	0. 442			

(2)家庭收入对于网络信息搜索与利用中的两个指标均有显著影响。

青少年的信息搜索与分辨能力随着家庭收入的增加而提高,而当家庭收入为高收入时则有明显下降,F = 12. 339,SIG = 0. 000,差异显著(见图 2 - 148、表 2 - 122)。

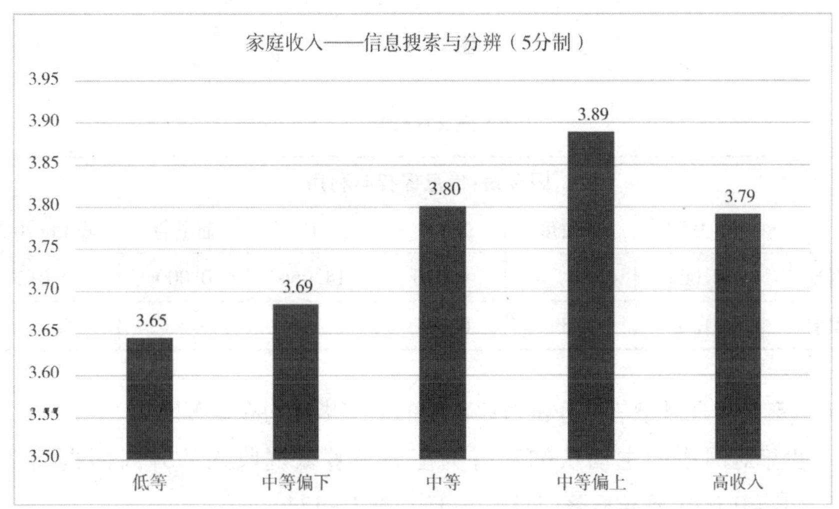

图 2 - 148

表 2 - 122

因变量:信息搜索与分辨						
	平方和	自由度	均方	F	显著性	偏 Eta 平方
对比	22. 618	4	5. 655	12. 339	0. 000	0. 011
误差	2043. 462	4459	0. 458			

青少年的信息保存与利用能力随着家庭收入的增加而提高,而当家庭收入为高收入时则有明显下降,F = 14. 066,SIG = 0. 000,差异显著(见图 2 - 149、表 2 - 123)。

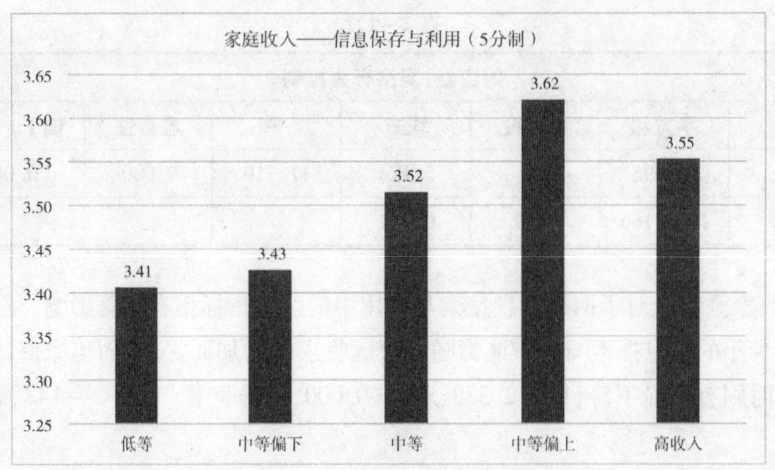

图 2-149

表 2-123

因变量:信息保存与利用						
	平方和	自由度	均方	F	显著性	偏 Eta 平方
对比	18.064	4	4.516	14.066	0.000	0.012
误差	1431.613	4459	0.321			

(3)家庭收入对于信息分析与评价中的两个指标均有显著影响。

青少年对网络的主动认知和行为能力随着家庭收入的升高而提高,F = 4.557,SIG = 0.001,差异显著(见图 2-150、表 2-124)。

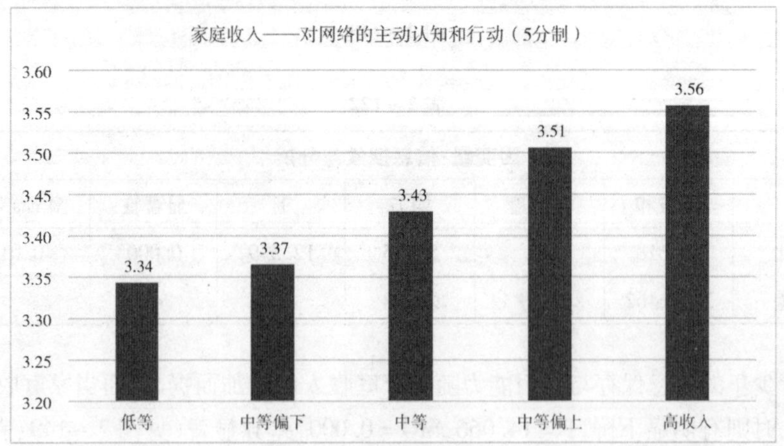

图 2-150

表 2－124

因变量：对网络的主动认知和行动						
	平方和	自由度	均方	F	显著性	偏 Eta 平方
对比	10.929	4	2.732	4.557	0.001	0.004
误差	2673.291	4459	0.600			

家庭收入不同，对信息的辨析和批判能力也不同，F＝3.312，SIG＝0.010，差异显著（见图 2－151、表 2－125）。

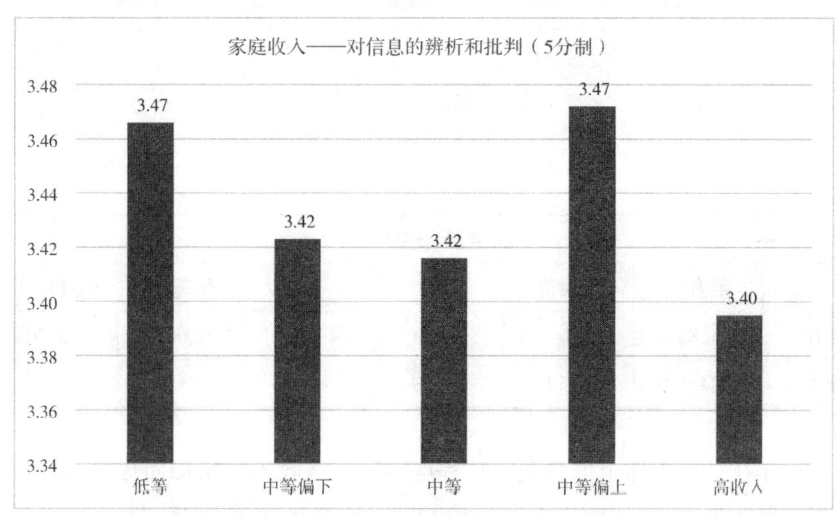

图 2－151

表 2－125

因变量：对信息的辨析和批判						
	平方和	自由度	均方	F	显著性	偏 Eta 平方
对比	2.240	4	0.560	3.312	0.010	0.003
误差	754.031	4459	0.169			

（4）家庭收入对于印象管理中的伤害控制、自我宣传、操控倾向均有显著影响。

随着家庭收入的提高，青少年利用社交媒体进行伤害控制的倾向也升高，F＝4.075，SIG＝0.003（见图 2－152、表 2－126）。

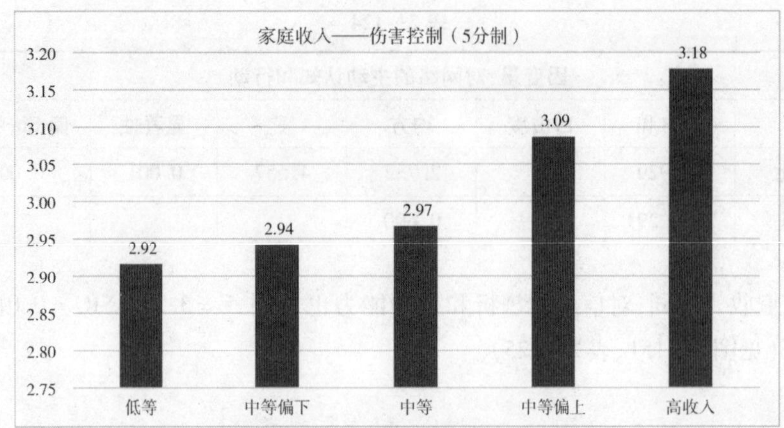

图 2－152

表 2－126

因变量:伤害控制						
	平方和	自由度	均方	F	显著性	偏 Eta 平方
对比	13. 834	4	3. 458	4. 075	0. 003	0. 004
误差	3784. 123	4459	0. 849			

青少年在社交媒体上的自我宣传程度随着家庭收入的增加而提高,而当家庭收入为高收入时则有所下降,F＝7. 955,SIG＝0. 000,差异显著(见图 2－153、表 4－127)。

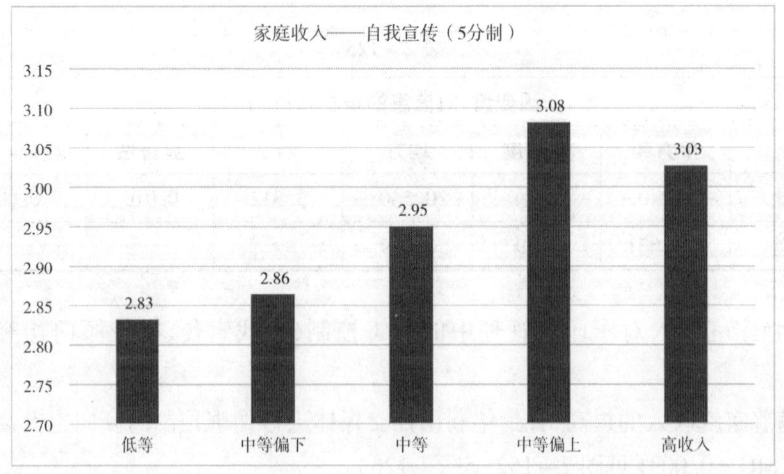

图 2－153

表 2 - 127

因变量:自我宣传						
	平方和	自由度	均方	F	显著性	偏 Eta 平方
对比	23.153	4	5.788	7.955	0.000	0.007
误差	3244.335	4459	0.728			

随着家庭收入的提高,青少年在社交媒体上进行操控倾向的程度也升高,F = 2.472,SIG = 0.043,差异显著(见图 2 - 154、表 2 - 128)。

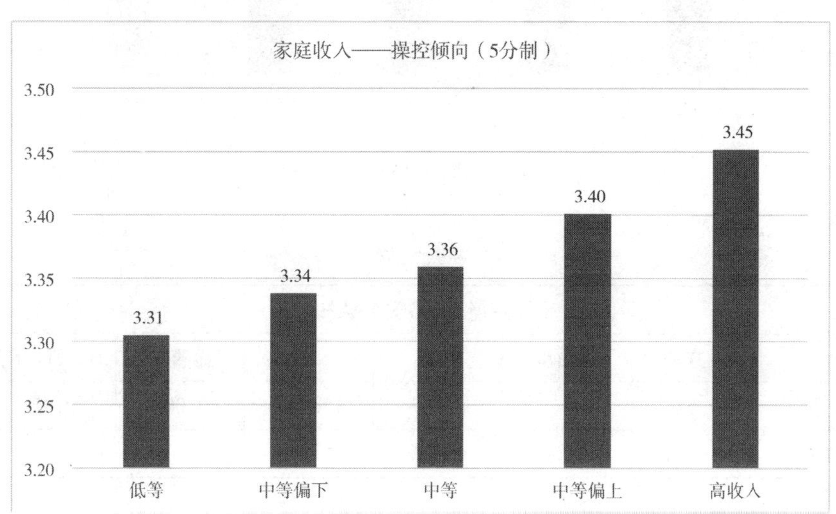

图 2 - 154

表 2 - 128

因变量:操控倾向						
	平方和	自由度	均方	F	显著性	偏 Eta 平方
对比	3.095	4	0.774	2.472	0.043	0.002
误差	1395.619	4459	0.313			

(5)家庭收入对于安全认知和行为中的两个指标均有显著影响。

随着家庭收入的提高,青少年的网络安全认知能力也升高,F = 15.144,SIG = 0.000,差异显著(见图 2 - 155、表 2 - 129)。

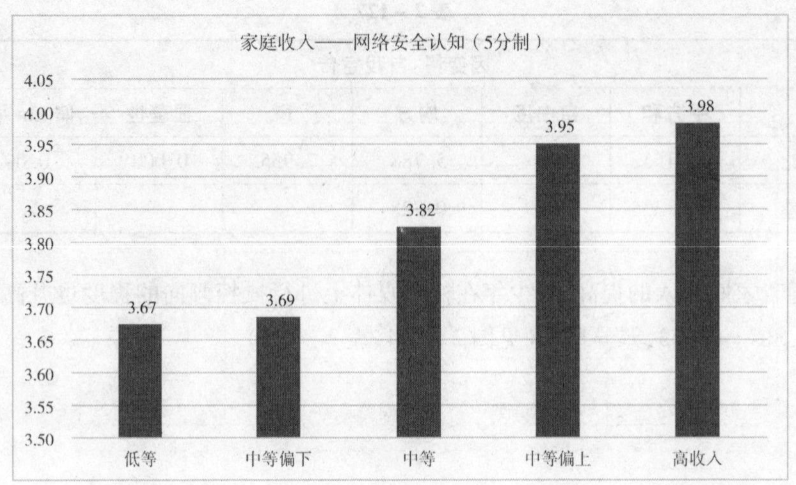

图 2-155

表 2-129

因变量:网络安全认知						
	平方和	自由度	均方	F	显著性	偏 Eta 平方
对比	35.516	4	8.879	15.144	0.000	0.013
误差	2614.314	4459	0.586			

家庭收入不同,青少年的自我隐私和安全保护能力也不同,F = 14.090,SIG = 0.000,差异显著(见图 2-156、表 2-130)。

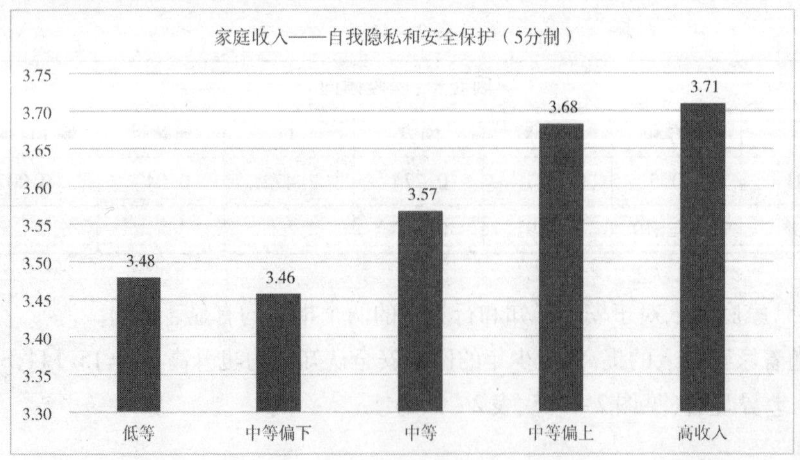

图 2-156

表 2-130

因变量:自我隐私和安全保护						
	平方和	自由度	均方	F	显著性	偏 Eta 平方
对比	23.744	4	5.936	14.090	0.000	0.012
误差	1878.609	4459	0.421			

(6)家庭收入对于道德认知和行为中的三个指标均有显著影响。

青少年的知识产权和认知行为能力随着家庭收入的增加而提高,而当家庭收入为高收入时则有明显下降,F=3.379,SIG=0.009,差异显著(见图 2-157、表 2-131)。

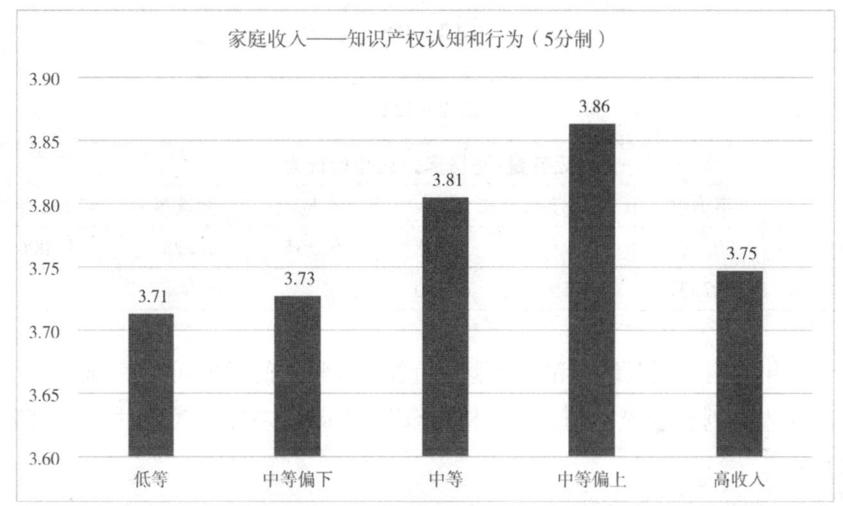

图 2-157

表 2-131

因变量:知识产权认知和行为						
	平方和	自由度	均方	F	显著性	偏 Eta 平方
对比	9.717	4	2.429	3.379	0.009	0.003
误差	3205.196	4459	0.719			

青少年的网络暴力认知和行为能力整体随着家庭收入的增加而提高,而当家庭收入为高收入时则有明显下降,F=6.261,SIG=0.000,差异显著(见图 2-158、表 2-132)。

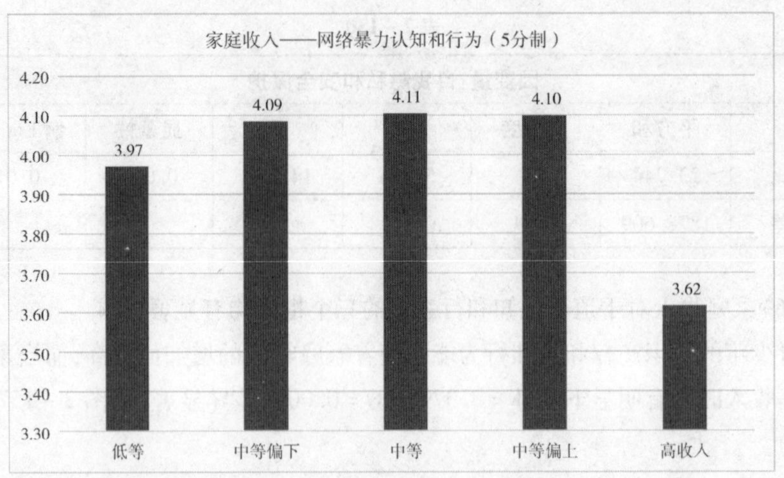

图 2－158

表 2－132

因变量:网络暴力认知和行为						
	平方和	**自由度**	**均方**	**F**	**显著性**	**偏 Eta 平方**
对比	20. 793	4	5. 198	6. 261	0. 000	0. 006
误差	3702. 373	4459	0. 830			

青少年的网络规范认知和行为能力随着家庭收入的增加而提高，而当家庭收入为高收入时则有明显下降，F＝4. 887，SIG＝0. 001，差异显著（见图 2－159、表 4－133）。

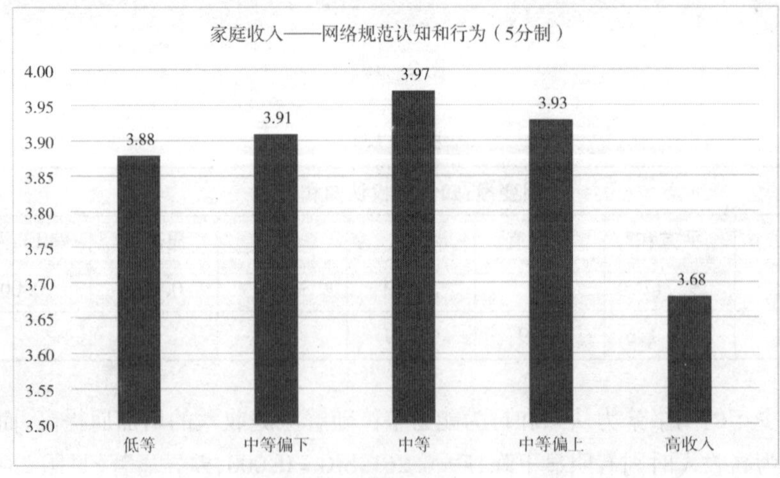

图 2－159

表 2-133

因变量:网络规范认知和行为						
	平方和	自由度	均方	F	显著性	偏 Eta 平方
对比	9.111	4	2.278	4.887	0.001	0.004
误差	2078.387	4459	0.466			

4. 家庭氛围(1-5 代表最差到最好)

(1)家庭氛围对于注意力管理中的三个指标均有显著影响。

家庭氛围不同,青少年的网络使用认知能力不同,F=72.727,SIG=0.000,差异显著(见图 2-160、表 2-134)。

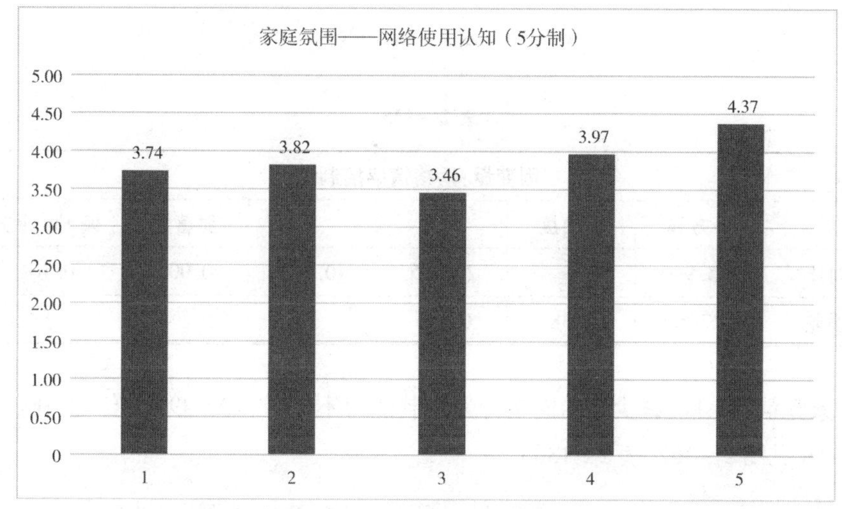

图 2-160

表 2-134

因变量:网络使用认知						
	平方和	自由度	均方	F	显著性	偏 Eta 平方
对比	106.358	4	26.589	72.727	0.000	0.168
误差	525.744	1438	0.366			

家庭氛围不同,青少年的网络情感控制能力不同,F=40.562,SIG=0.000,差异显著(见图 2-161、表 2-135)。

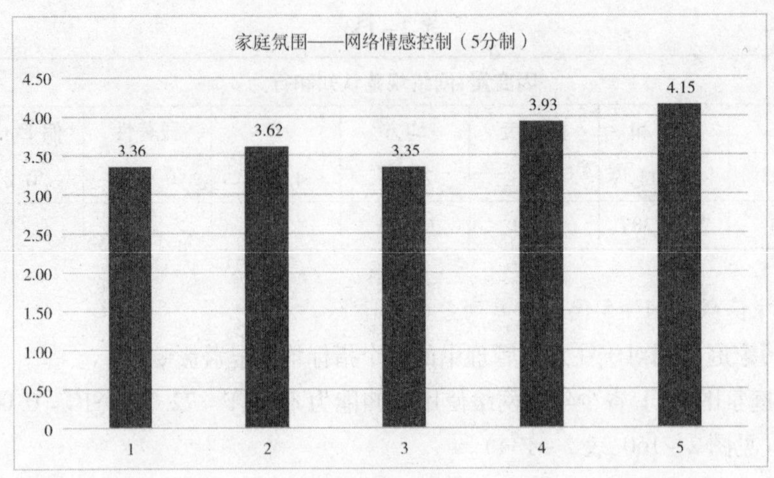

图 2-161

表 2-135

因变量:网络情感控制						
	平方和	自由度	均方	F	显著性	偏 Eta 平方
对比	115.940	4	28.985	40.562	0.000	0.101
误差	1027.569	1438	0.715			

家庭氛围不同,青少年的网络行为控制能力不同,F=34.499,SIG=0.000,差异显著(见图 2-162、表 2-136)。

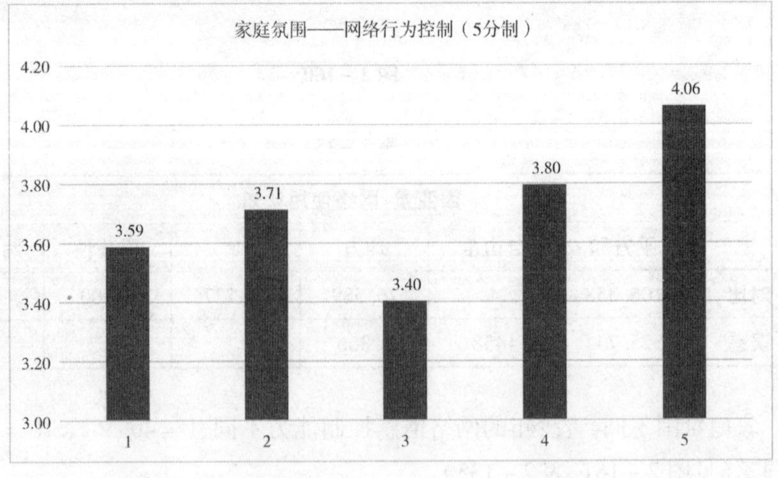

图 2-162

表 2－136

因变量:网络行为控制						
	平方和	自由度	均方	F	显著性	偏 Eta 平方
对比	60.939	4	15.235	34.499	0.000	0.088
误差	635.020	1438	0.442			

(2)家庭氛围对于网络信息搜索与利用中的两个指标均有显著影响。

家庭氛围不同,青少年的信息搜索与分辨能力也不同,F = 25.265,SIG = 0.000,差异显著(见图 2－163、表 2－137)。

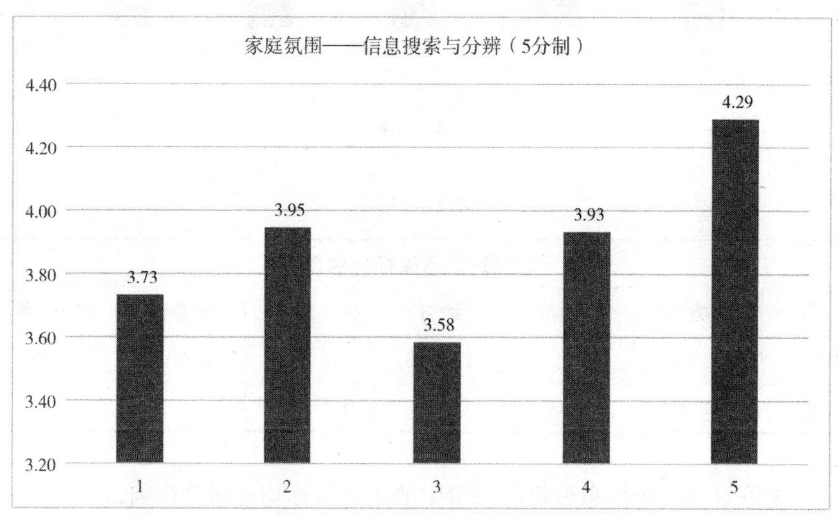

图 2－163

表 2－137

因变量:信息搜索与分辨						
	平方和	自由度	均方	F	显著性	偏 Eta 平方
对比	58.820	4	14.705	25.265	0.000	0.066
误差	836.948	1438	0.582			

家庭氛围不同,青少年的信息保存与利用能力不同,F = 38.352,SIG = 0.000,差异显著(见图 2－164、表 2－138)。

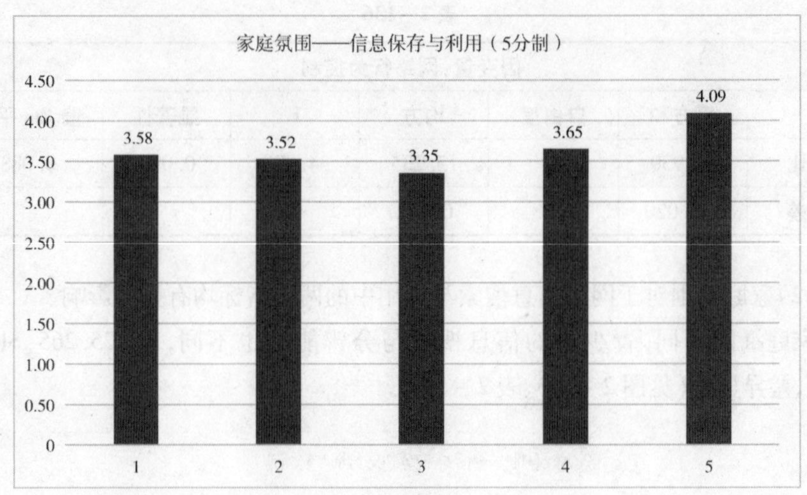

图 2－164

表 2－138

因变量:信息保存与利用						
	平方和	自由度	均方	F	显著性	偏 Eta 平方
对比	49.958	4	12.490	38.352	0.000	0.096
误差	468.293	1438	0.326			

(3)家庭氛围对于信息分析与评价中的两个指标均有显著影响。

家庭氛围不同,青少年对网络的主动认知和行动能力不同,F = 7.450,SIG = 0.000,差异显著(见图 2－165、表 2－139)。

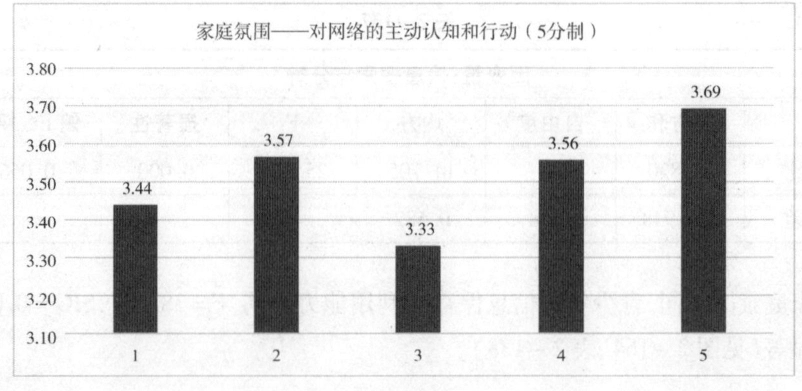

图 2－165

表 2－139

因变量:对网络的主动认知和行动						
	平方和	自由度	均方	F	显著性	偏 Eta 平方
对比	20.899	4	5.225	7.450	0.000	0.020
误差	1008.531	1438	0.701			

家庭氛围不同,青少年对信息的辨析和批判能力不同,F＝46.465,SIG＝0.000,差异显著(见图 2－166、表 2－140)。

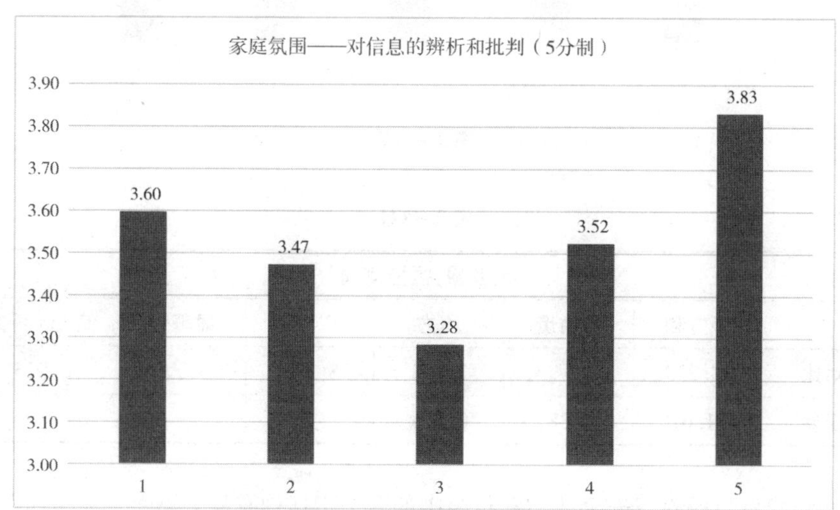

图 2－166

表 2－140

因变量:对信息的辨析和批判						
	平方和	自由度	均方	F	显著性	偏 Eta 平方
对比	31.426	4	7.857	46.465	0.000	0.114
误差	243.147	1438	0.169			

(4)家庭氛围对于印象管理中的操控倾向有显著影响,而且家庭氛围不同,青少年在社交媒体上进行操控的能力也不同。

操控倾向,F＝8.383,SIG＝0.000,差异显著(见图 2－167、表 2－141)。

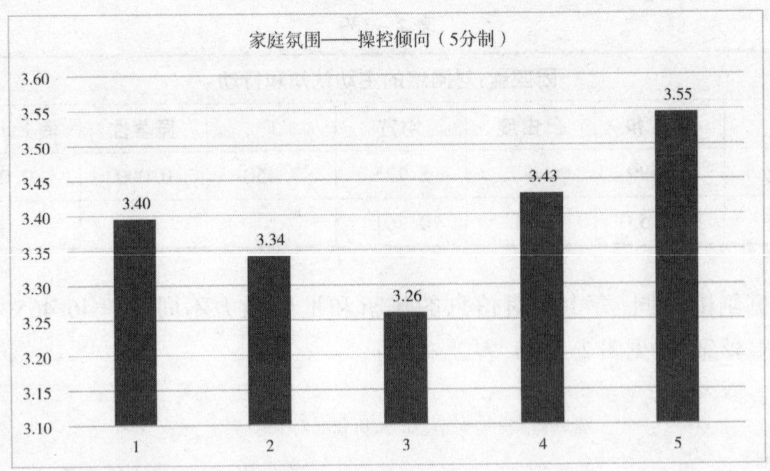

图 2－167

表 2－141

因变量:操控倾向						
	平方和	自由度	均方	F	显著性	偏 Eta 平方
对比	11.230	4	2.808	8.383	0.000	0.023
误差	481.610	1438	0.335			

(5)家庭氛围对于安全认知和行为中的两个指标均有显著影响。

家庭氛围不同,青少年的网络安全认知能力也不同,F = 17.664,SIG = 0.000,差异显著(见图 2－168、表 2－142)。

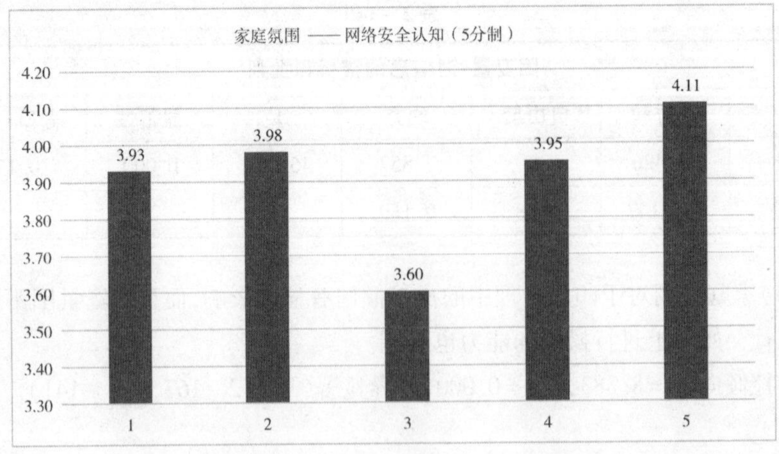

图 2－168

表 2－142

因变量：网络安全认知						
	平方和	自由度	均方	F	显著性	偏 Eta 平方
对比	49. 432	4	12. 358	17. 664	0. 000	0. 047
误差	1006. 034	1438	0. 700			

家庭氛围不同，青少年的自我隐私和安全保护能力也不同，F = 13. 602，SIG = 0. 000，差异显著（见图 2－169、表 2－143）。

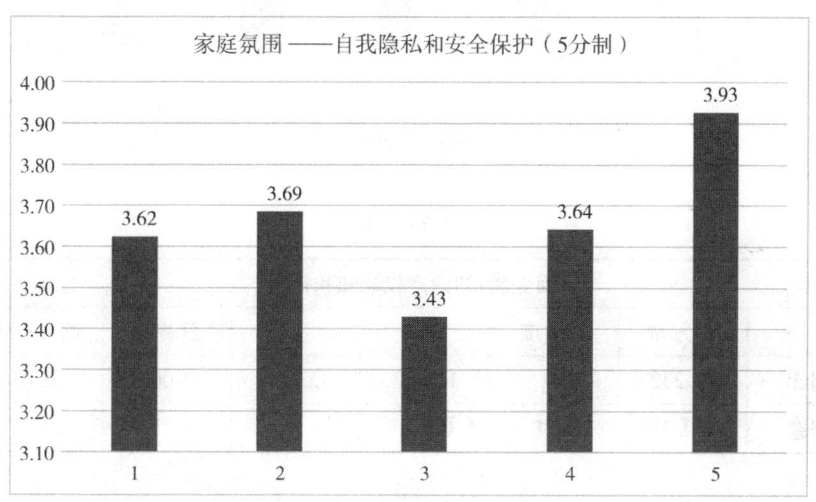

图 2－169

表 2－143

因变量：自我隐私和安全保护						
	平方和	自由度	均方	F	显著性	偏 Eta 平方
对比	26. 325	4	6. 581	13. 602	0. 000	0. 036
误差	695. 758	1438	0. 484			

（6）家庭氛围对于安全认知和行为中的三个指标均有显著影响。

家庭氛围不同，青少年的知识产权认知和行为能力也不同，F = 15. 026，SIG = 0. 000，差异显著（见图 2－170、表 2－144）。

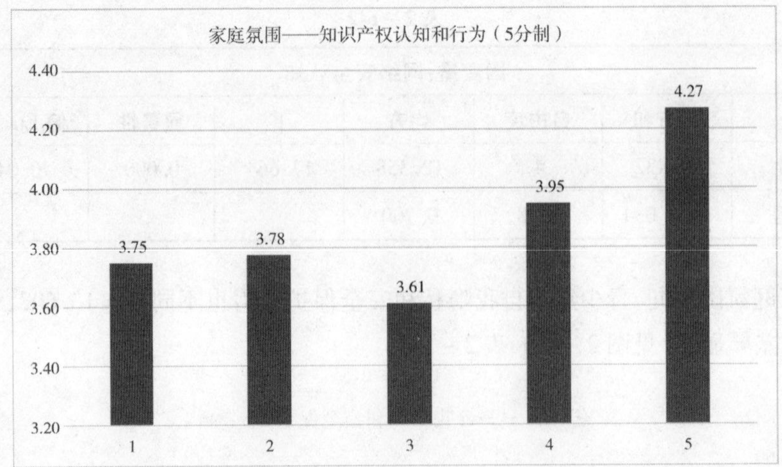

图 2-170

表 2-144

因变量:知识产权认知和行为						
	平方和	自由度	均方	F	显著性	偏 Eta 平方
对比	49.332	4	12.333	15.026	0.000	0.040
误差	1180.283	1438	0.821			

家庭氛围不同,青少年的网络暴力认知和行为能力也不同,F=29.537,SIG=0.000,差异显著(见图 2-171、表 2-145)。

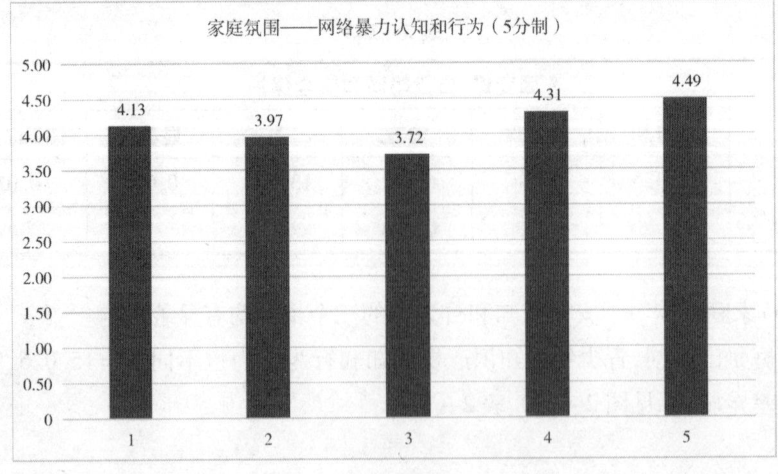

图 2-171

表 2－145

因变量:网络暴力认知和行为						
	平方和	自由度	均方	F	显著性	偏 Eta 平方
对比	114.900	4	28.725	29.537	0.000	0.076
误差	1398.476	1438	0.973			

家庭氛围不同,青少年的网络规范认知和行为能力也不同,F＝27.902,SIG＝0.000,差异显著(见图 2－172、表 2－146)。

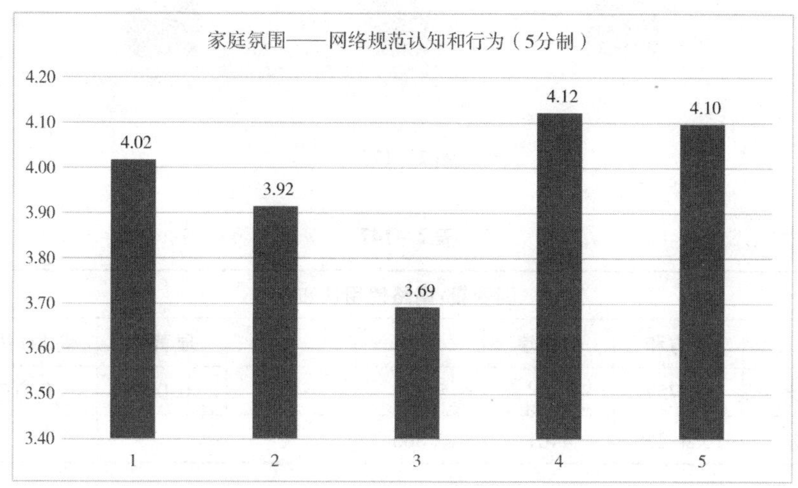

图 2－172

表 2－146

因变量:网络规范认知和行为						
	平方和	自由度	均方	F	显著性	偏 Eta 平方
对比	54.903	4	13.726	27.902	0.000	0.072
误差	707.379	1438	0.492			

5. 与父母讨论网络内容的频率

(1)与父母讨论网络内容的频率对注意力管理中的三个指标均有显著影响。

青少年的网络使用认知能力随着与父母讨论网络内容的频率的升高而提高,F＝16.049,SIG＝0.000,差异显著(见图 2－173、表 2－147)。

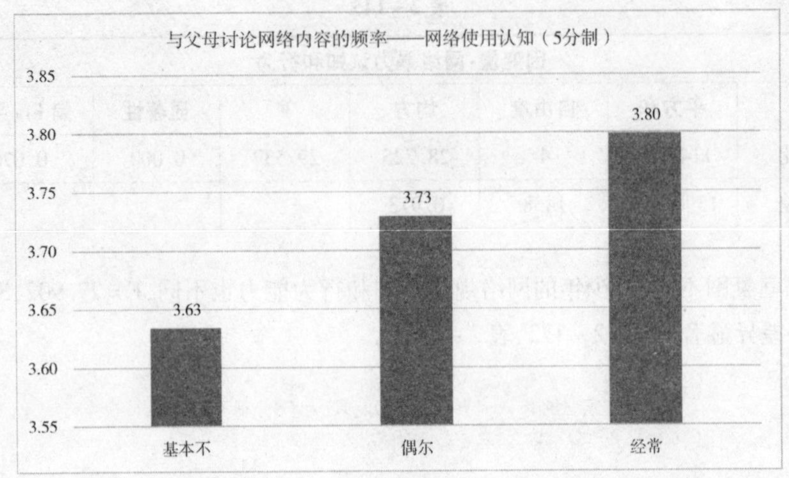

图 2－173

表 2－147

因变量:网络使用认知						
	平方和	自由度	均方	F	显著性	偏 Eta 平方
对比	11.759	2	5.879	16.049	0.000	0.007
误差	1634.258	4461	0.366			

与父母讨论网络内容的频率不同，青少年的网络情感控制能力不同，F = 5.741，SIG = 0.003，差异显著（见图 2－174、表 2－148）。

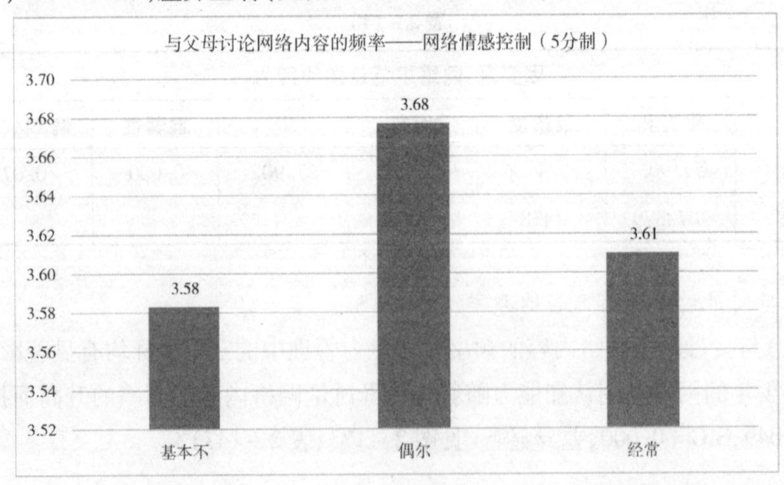

图 2－174

表 2－148

因变量:网络情感控制						
	平方和	自由度	均方	F	显著性	偏 Eta 平方
对比	7.366	2	3.683	5.741	0.003	0.003
误差	2861.923	4461	0.642			

青少年的网络行为控制能力随着与父母讨论网络内容的频率的升高而提高，F＝16.716，SIG＝0.000，差异显著(见图 2－175、表 2－149)。

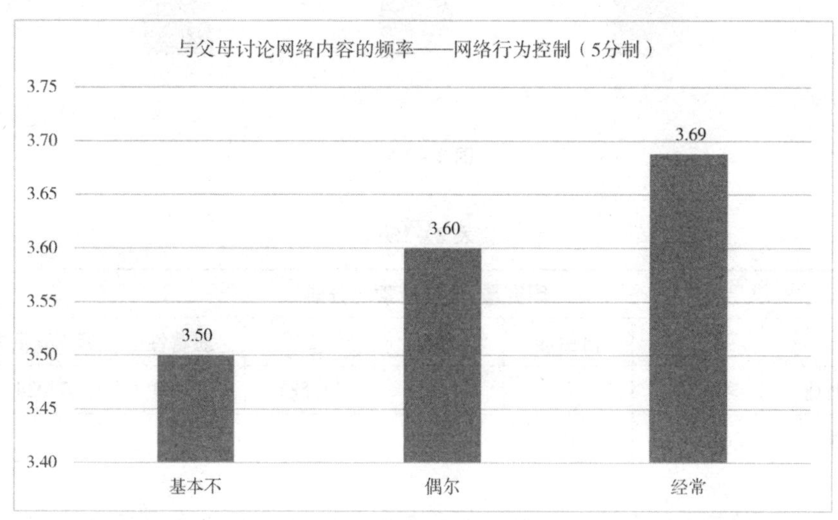

图 2－175

表 2－149

因变量:网络行为控制						
	平方和	自由度	均方	F	显著性	偏 Eta 平方
对比	14.809	2	7.405	16.716	0.000	0.007
误差	1976.053	4461	0.443			

(2)网络信息搜索与利用

与父母讨论网络内容的频率对网络信息搜索与利用中的所有指标均有显著影响，而且都是随着与父母讨论网络内容的频率的升高而升高。

青少年信息搜索与分辨能力，F＝54.581，SIG＝0.000，差异显著(见图 2－176、表 2－150)。

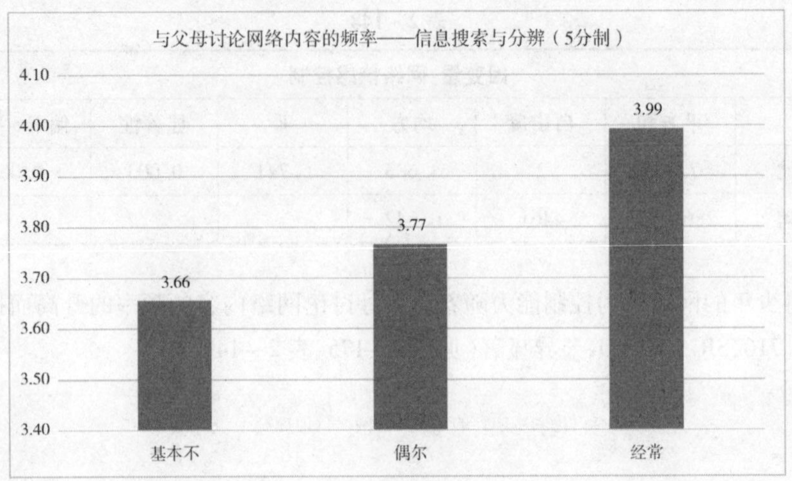

图 2 - 176

表 2 - 150

因变量:信息搜索与分辨						
	平方和	自由度	均方	F	显著性	偏 Eta 平方
对比	49. 350	2	24. 675	54. 581	0. 000	0. 024
误差	2016. 730	4461	0. 452			

青少年的信息保存与利用能力,F = 35. 932,SIG = 0. 000,差异显著(见图 2 - 177、表 2 - 151)。

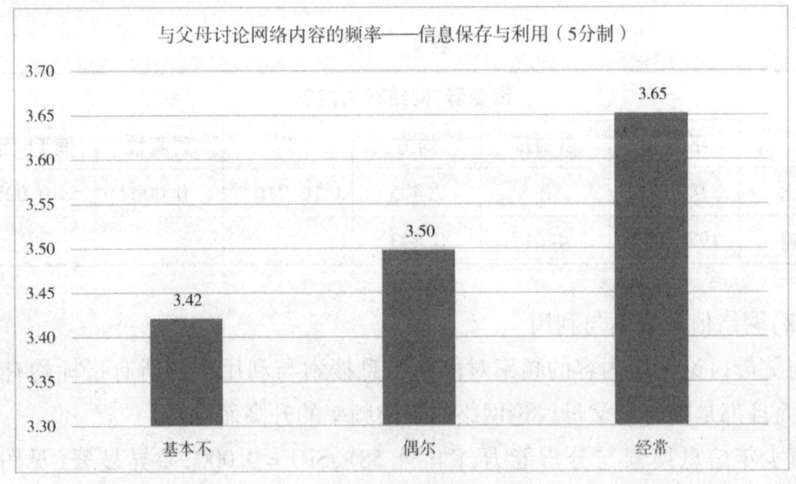

图 2 - 177

表 2 - 151

因变量:信息保存与利用						
	平方和	自由度	均方	F	显著性	偏 Eta 平方
对比	22. 983	2	11. 491	35. 932	0. 000	0. 016
误差	1426. 694	4461	0. 320			

(3)与父母讨论网络内容的频率对信息分析与评价中的指标均有显著影响。

青少年对网络的主动认知和行动的能力随着与父母讨论网络内容的频率的升高而升高,F = 74. 009,SIG = 0. 000,差异显著(见图 2 - 178、表 2 - 152)。

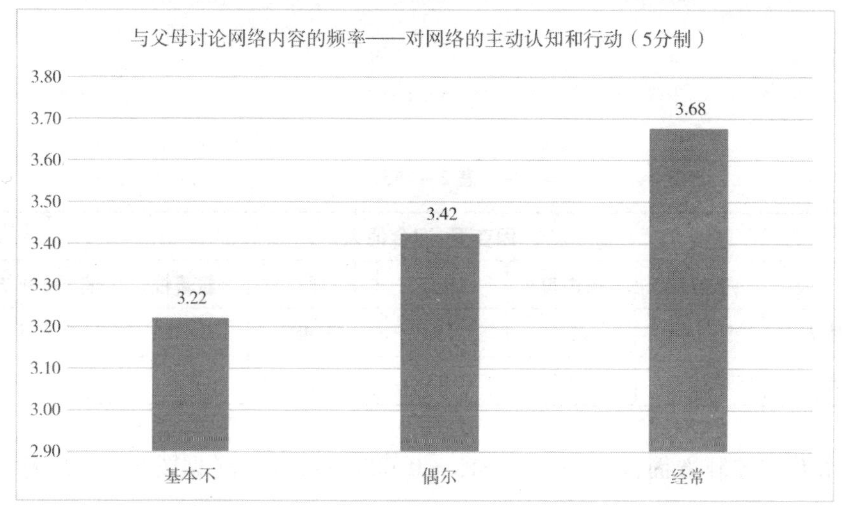

图 2 - 178

表 2 - 152

因变量:对网络的主动认知和行动						
	平方和	自由度	均方	F	显著性	偏 Eta 平方
对比	86. 203	2	43. 101	74. 009	0. 000	0. 032
误差	2598. 018	4461	0. 582			

(4)与父母讨论网络内容的频率对印象管理中的所有指标均有显著影响,而且都是随着与父母讨论网络内容的频率的升高而升高。

在迎合他人方面,F = 33. 487,SIG = 0. 000,差异显著(见图 2 - 179、表 2 - 153)。

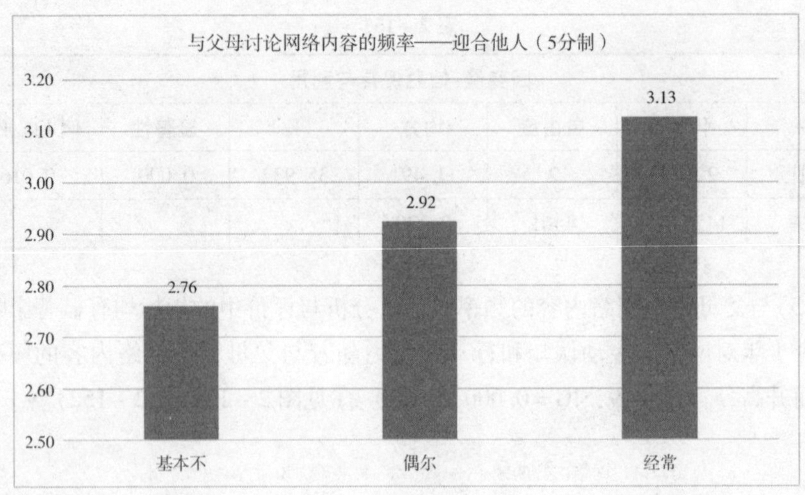

图 2-179

表 2-153

因变量:迎合他人						
	平方和	自由度	均方	F	显著性	偏 Eta 平方
对比	55.894	2	27.947	33.487	0.000	0.015
误差	3722.994	4461	0.835			

在伤害控制方面,F = 34.960,SIG = 0.000,差异显著(见图 2-180、表 2-154)。

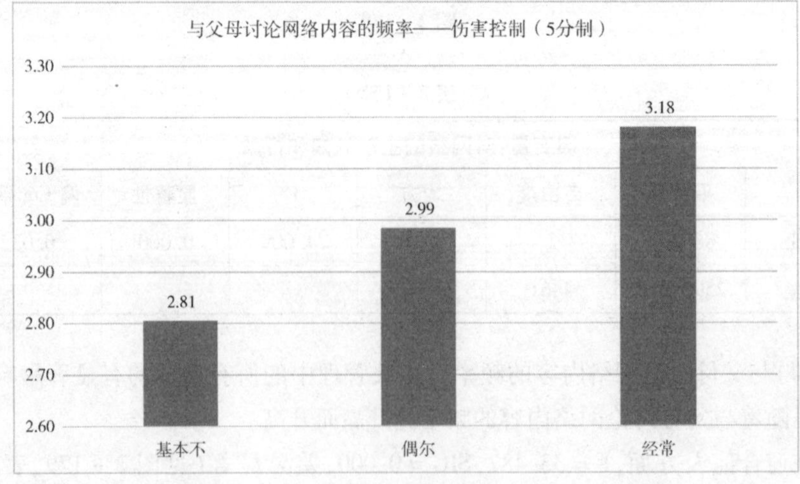

图 2-180

表 2－154

因变量:伤害控制						
	平方和	自由度	均方	F	显著性	偏 Eta 平方
对比	58.608	2	29.304	34.960	0.000	0.015
误差	3739.348	4461	0.838			

在自我宣传方面,F＝73.851,SIG＝0.000,差异显著(见图 2－181、表 2－155)。

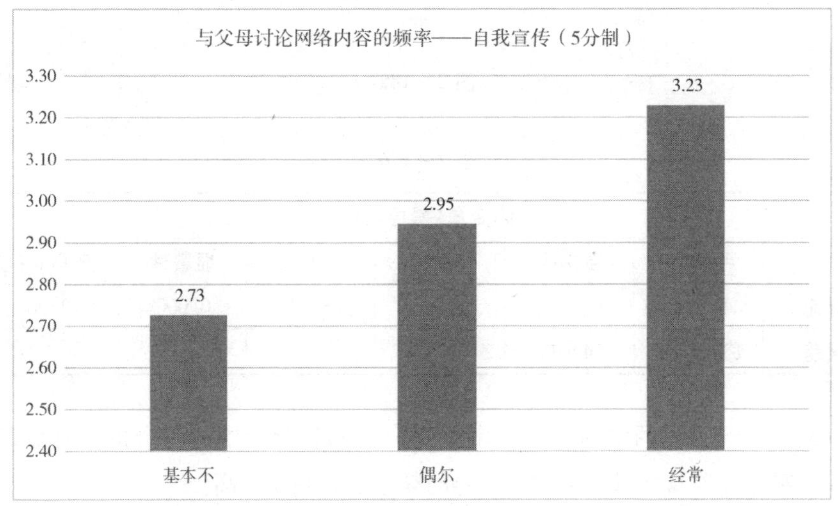

图 2－181

表 2－155

因变量:自我宣传						
	平方和	自由度	均方	F	显著性	偏 Eta 平方
对比	104.719	2	52.359	73.851	0.000	0.032
误差	3162.769	4461	0.709			

在操控倾向方面,F＝15.239,SIG＝0.000,差异显著(见图 2－182、表 2－156)。

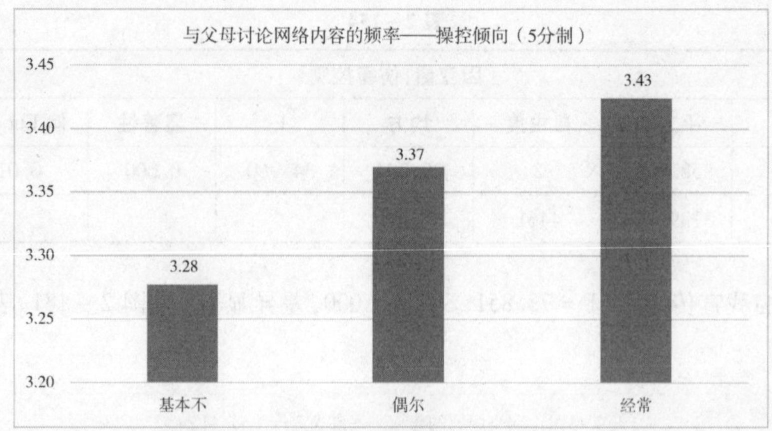

图 2-182

表 2-156

因变量:操控倾向						
	平方和	自由度	均方	F	显著性	偏 Eta 平方
对比	9.491	2	4.746	15.239	0.000	0.007
误差	1389.223	4461	0.311			

(5)与父母讨论网络内容的频率对安全认知和行为中的两个指标有显著影响,而且都是随着与父母讨论网络内容的频率的升高而升高。

在网络安全认知方面,F=36.043,SIG=0.000,差异显著(见图2-183、表2-157)。

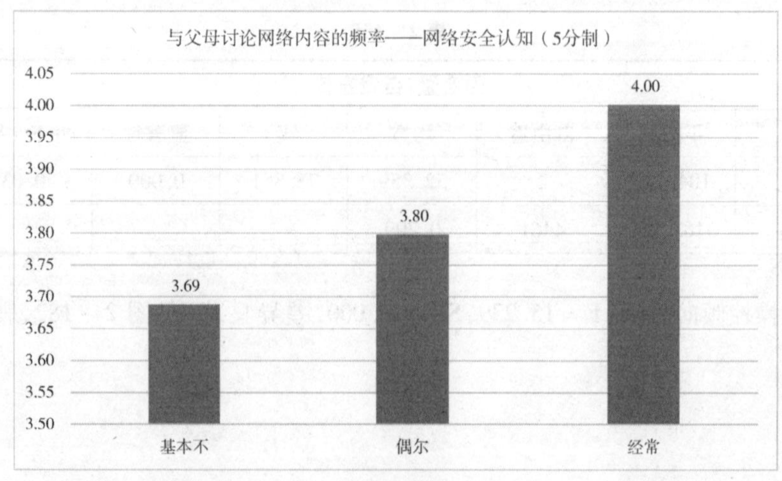

图 2-183

表 2 - 157

因变量:网络安全认知						
	平方和	自由度	均方	F	显著性	偏 Eta 平方
对比	42.138	2	21.069	36.043	0.000	0.016
误差	2607.692	4461	0.585			

在自我隐私和安全保护方面,F = 40.413,SIG = 0.000,差异显著(见图 2 - 184、表 2 - 158)。

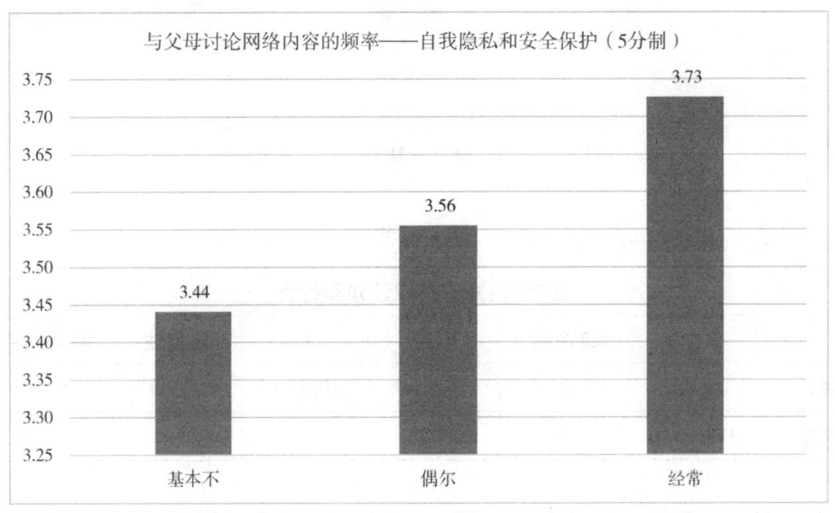

图 2 - 184

表 2 - 158

因变量:自我隐私和安全保护						
	平方和	自由度	均方	F	显著性	偏 Eta 平方
对比	33.854	2	16.927	40.413	0.000	0.018
误差	1868.499	4461	0.419			

(6)与父母讨论网络内容的频率对道德认知和行为中的几个指标有显著影响。

青少年知识产权认知和行为随着与父母讨论网络内容的频率的升高而提高,F = 19.899,SIG = 0.000,差异显著(见图 2 - 185、表 2 - 159)。

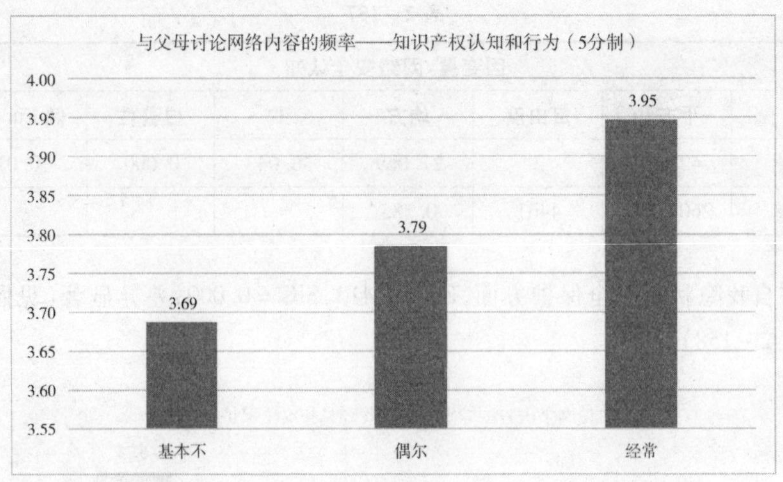

图 2－185

表 2－159

因变量:知识产权认知和行为						
	平方和	自由度	均方	F	显著性	偏 Eta 平方
对比	28.427	2	14.214	19.899	0.000	0.009
误差	3186.486	4461	0.714			

与父母讨论网络内容的频率不同,青少年的网络暴力认知和行为不同,F = 13.016,SIG = 0.000,差异显著(见图 2－186、表 2－160)。

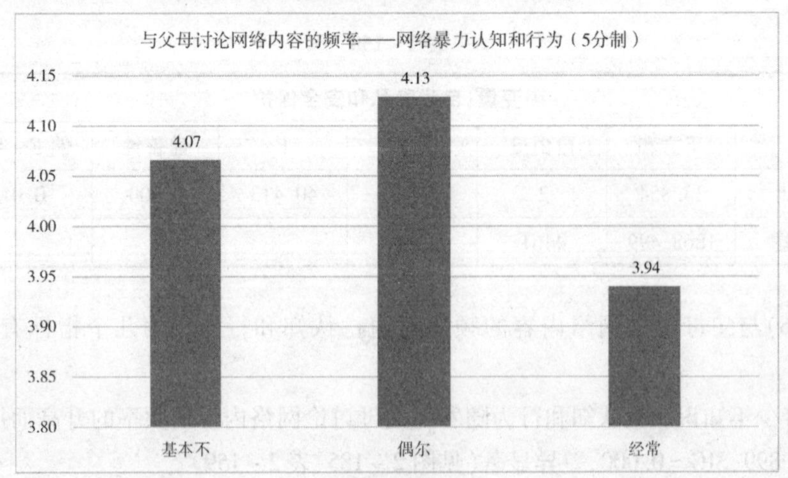

图 2－186

表 2-160

因变量:网络暴力认知和行为						
	平方和	自由度	均方	F	显著性	偏 Eta 平方
对比	21.601	2	10.800	13.016	0.000	0.006
误差	3701.565	4461	0.830			

与父母讨论网络内容的频率不同,青少年的网络规范认知和行为不同,F = 3.132,SIG = 0.000,差异显著(见图 2-187、表 2-161)。

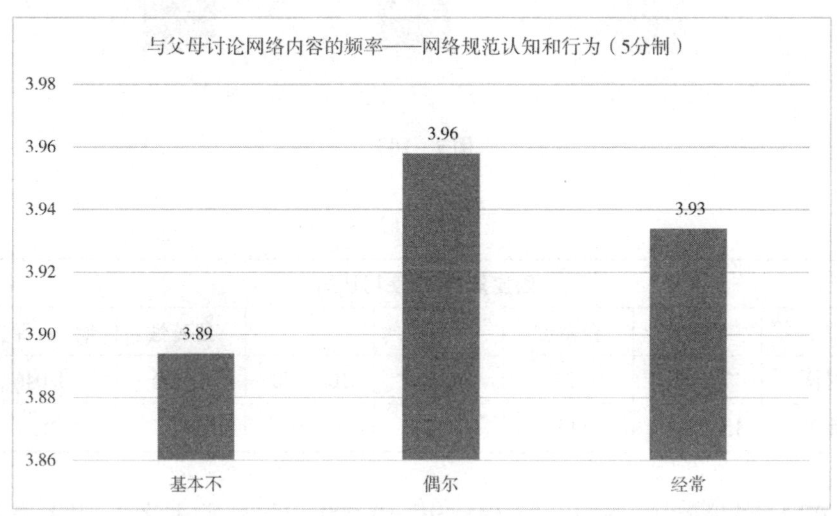

图 2-187

表 2-161

因变量:网络规范认知和行为						
	平方和	自由度	均方	F	显著性	偏 Eta 平方
对比	2.927	2	1.463	3.132	0.044	0.001
误差	2084.571	4461	0.467			

6. 与父母的亲密程度

(1)与父母的亲密程度对网络注意力管理中的三个指标均有显著影响,而且都是随着与父母亲密程度的提高而升高的。

在网络使用认知方面,F = 108.270,SIG = 0.000,差异显著(见图 2-188、表 4-162)。

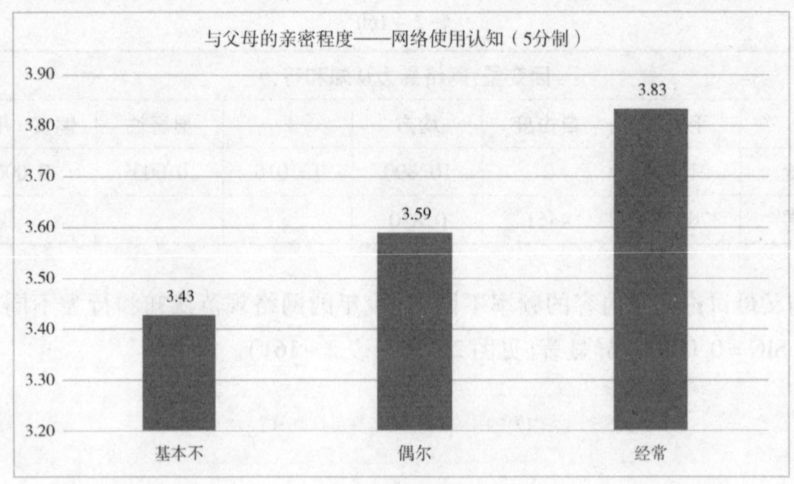

图 2-188

表 2-162

因变量:网络使用认知						
	平方和	自由度	均方	F	显著性	偏 Eta 平方
对比	76. 200	2	38. 100	108. 270	0. 000	0. 046
误差	1569. 817	4461	0. 352			

在网络情感控制方面,F = 85. 695,SIG = 0. 000,差异显著(见图 2 - 189、表 2 - 163)。

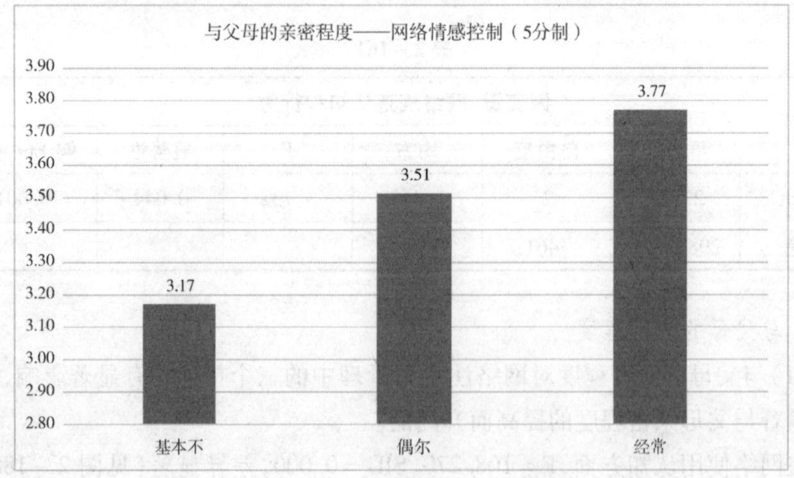

图 2-189

表 2 - 163

因变量:网络情感控制						
	平方和	自由度	均方	F	显著性	偏 Eta 平方
对比	106. 159	2	53. 079	85. 695	0. 000	0. 037
误差	2763. 130	4461	0. 619			

在网络行为控制方面,F = 112. 410,SIG = 0. 000,差异显著(见图 2 - 190、表 2 - 164)。

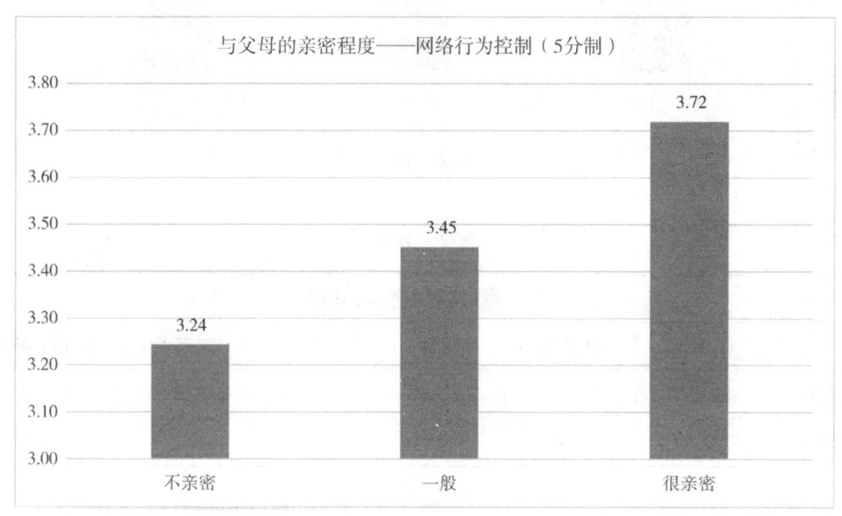

图 2 - 190

表 2 - 164

因变量:网络行为控制						
	平方和	自由度	均方	F	显著性	偏 Eta 平方
对比	95. 519	2	47. 760	112. 410	0. 000	0. 048
误差	1895. 343	4461	0. 425			

(2)与父母的亲密程度对信息搜索和利用中的两个指标均有显著影响。整体上,随着青少年和父母亲密程度的提高,信息搜索与分辨、保存与利用能力都明显提高。

在信息搜索与分辨方面,F = 48. 061,SIG = 0. 000,差异显著(见图 2 - 191、表 4 - 165)。

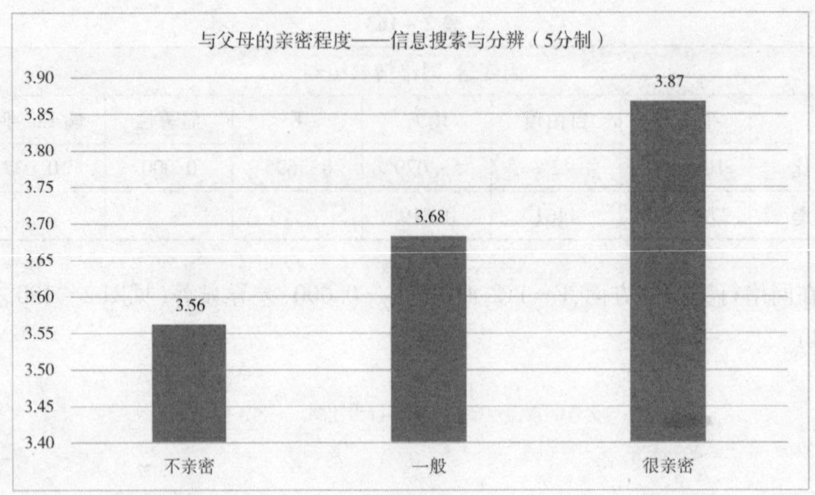

图 2－191

表 2－165

因变量:信息搜索与分辨						
	平方和	自由度	均方	F	显著性	偏 Eta 平方
对比	43.579	2	21.789	48.061	0.000	0.021
误差	2022.501	4461	0.453			

在信息保存与利用方面，F＝63.188，SIG＝0.000，差异显著（见图 2－192、表 4－166）。

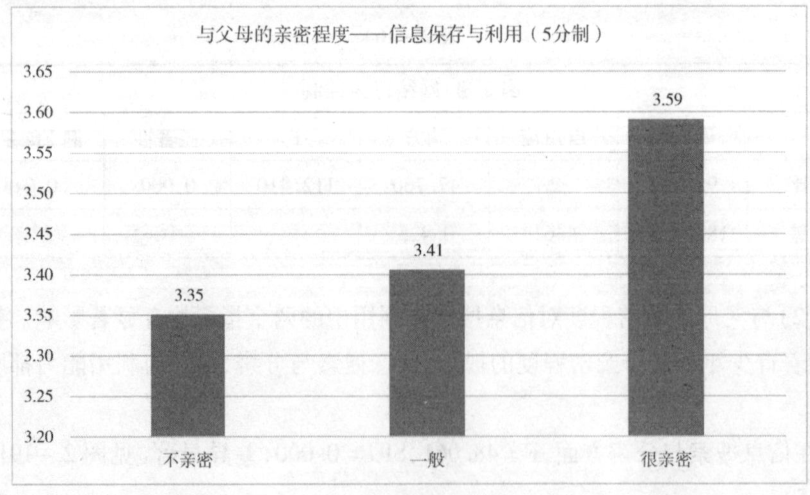

图 2－192

表 2－166

因变量:信息保存与利用						
	平方和	自由度	均方	F	显著性	偏 Eta 平方
对比	39.937	2	19.968	63.188	0.000	0.028
误差	1409.740	4461	0.316			

(3)与父母的亲密程度对信息分析与评价中对网络的主动认知和行动能力有显著影响。

随着青少年和父母亲密程度的提高,青少年对网络的主动认知和行动能力提高,F＝28.566,SIG＝0.000,差异显著(见图 2－193、表 2－167)。

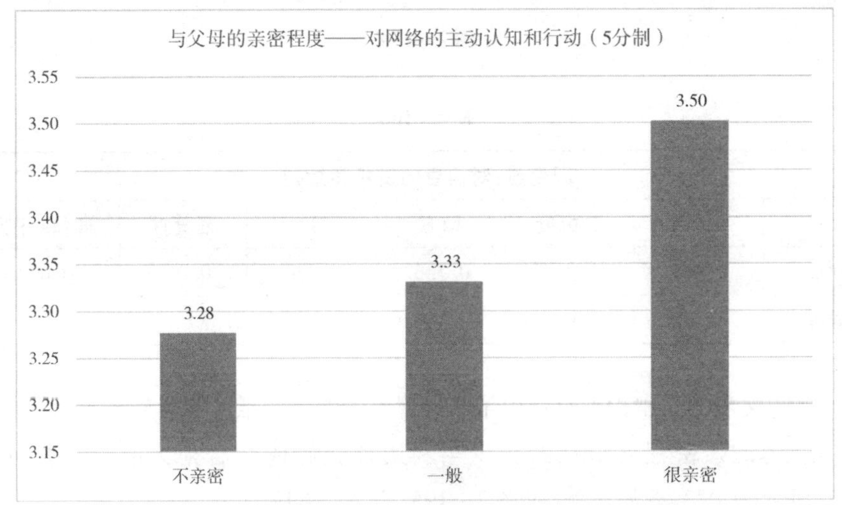

图 2－193

表 2－167

因变量:对网络的主动认知和行动						
	平方和	自由度	均方	F	显著性	偏 Eta 平方
对比	33.942	2	16.971	28.566	0.000	0.013
误差	2650.278	4461	0.594			

与父母的亲密程度不同,青少年对信息的辨析和批判能力也不同 F＝4.330,SIG＝0.000,显著影响(见图 2－194、表 2－168)。

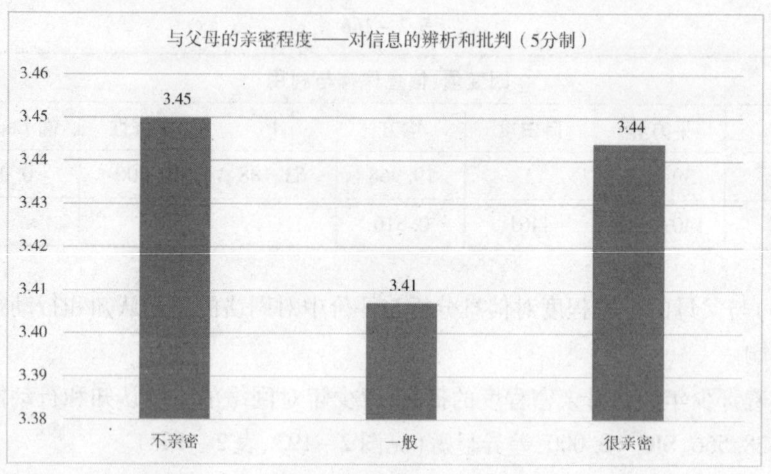

图 2 - 194

表 2 - 168

因变量:对信息的辨析和批判						
	平方和	自由度	均方	F	显著性	偏 Eta 平方
对比	1.465	2	0.733	4.330	0.013	0.002
误差	754.806	4461	0.169			

(4)与父母的亲密程度对青少年印象管理中的两个维度均有显著影响。

与父母的亲密程度最低的青少年利用社交媒体迎合他人能力最强,F = 3.767,SIG = 0.023,差异显著(见图 2 - 195、表 2 - 169)。

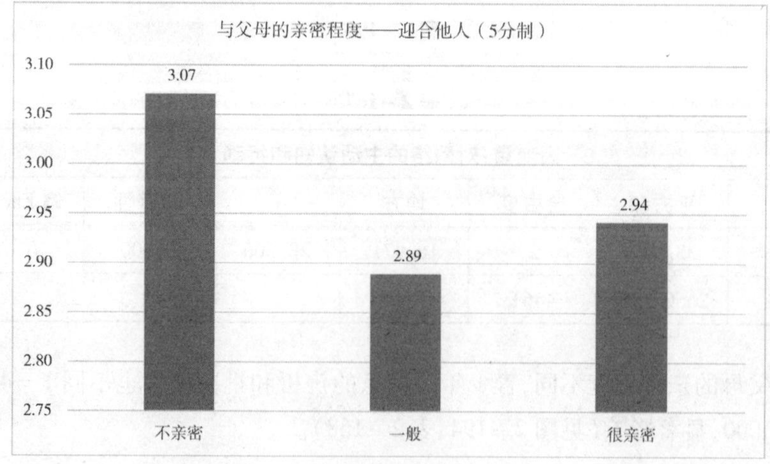

图 2 - 195

表 2－169

因变量:迎合他人						
	平方和	自由度	均方	F	显著性	偏 Eta 平方
对比	6.371	2	3.186	3.767	0.023	0.002
误差	3772.516	4461	0.846			

与父母亲密程度不同,青少年在社交媒体上的操控倾向能力也不同,F＝11.753,SIG＝0.000,差异显著(见图 2－196、表 2－170)。

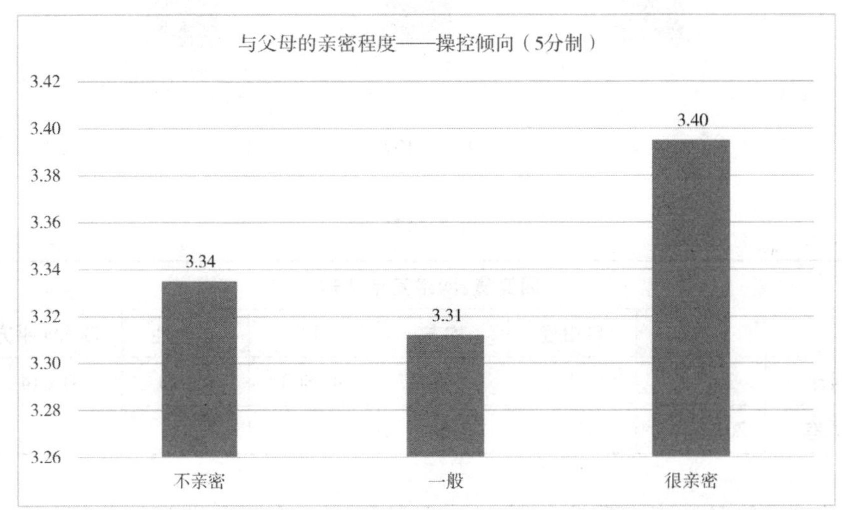

图 2－196

表 2－170

因变量:操控倾向						
	平方和	自由度	均方	F	显著性	偏 Eta 平方
对比	7.332	2	3.666	11.753	0.000	0.005
误差	1391.383	4461	0.312			

(5)与父母的亲密程度对安全认知和行为中的两个指标均有显著影响。整体上,随着青少年和父母亲密程度的提高,网络安全认知、自我隐私和安全保护能力都明显提高。

网络安全认知,F＝30.803,SIG＝0.000,差异显著(见图 2－197、表 2－171)。

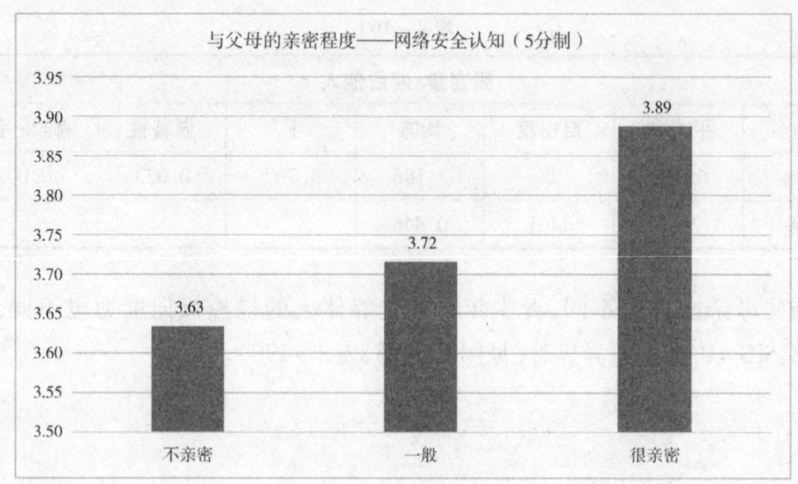

图 2-197

表 2-171

因变量:网络安全认知						
	平方和	自由度	均方	F	显著性	偏 Eta 平方
对比	36.095	2	18.048	30.803	0.000	0.014
误差	2613.735	4461	0.586			

在自我隐私和安全保护方面,F = 28.717,SIG = 0.000,差异显著(见图 2-198、表 2-172)。

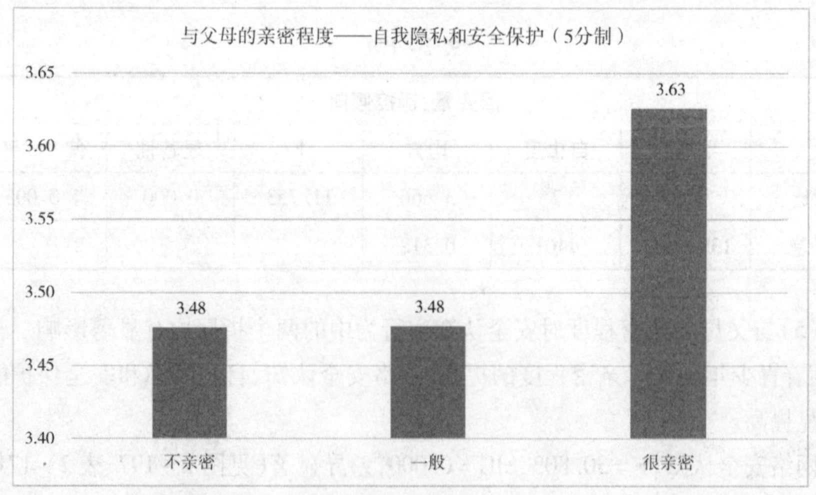

图 2-198

表 2－172

因变量:自我隐私和安全保护						
	平方和	自由度	均方	F	显著性	偏 Eta 平方
对比	24. 181	2	12. 090	28. 717	0. 000	0. 013
误差	1878. 173	4461	0. 421			

(6)与父母的亲密程度对道德认知和行为中的三个指标均有显著影响,而且都是随着与父母的亲密程度的升高而升高。

在知识产权认知和行为方面,F = 18. 281,SIG = 0. 000,差异显著(见图 2－199、表 2－173)。

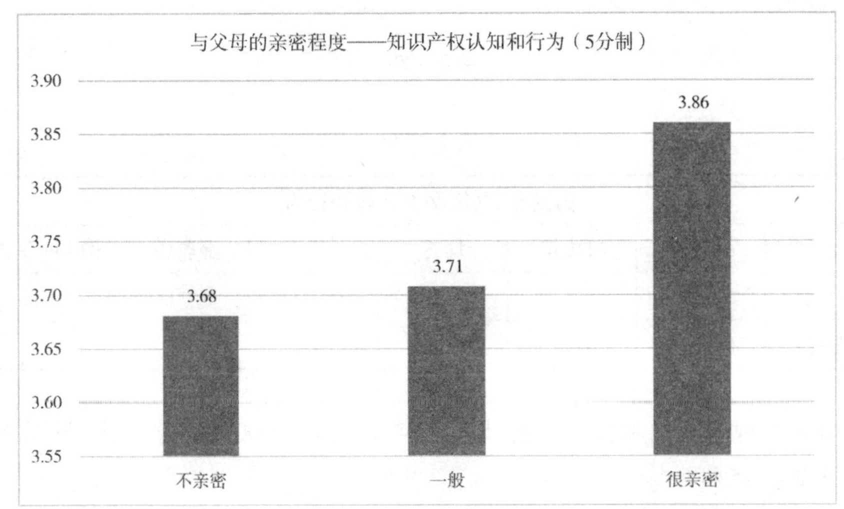

图 2－199

表 2－173

因变量:知识产权认知和行为						
	平方和	自由度	均方	F	显著性	偏 Eta 平方
对比	26. 135	2	13. 067	18. 281	0. 000	0. 008
误差	3188. 778	4461	0. 715			

在网络暴力认知和行为方面,F = 35. 935,SIG = 0. 000,差异显著(见图 2－200、表 2－174)。

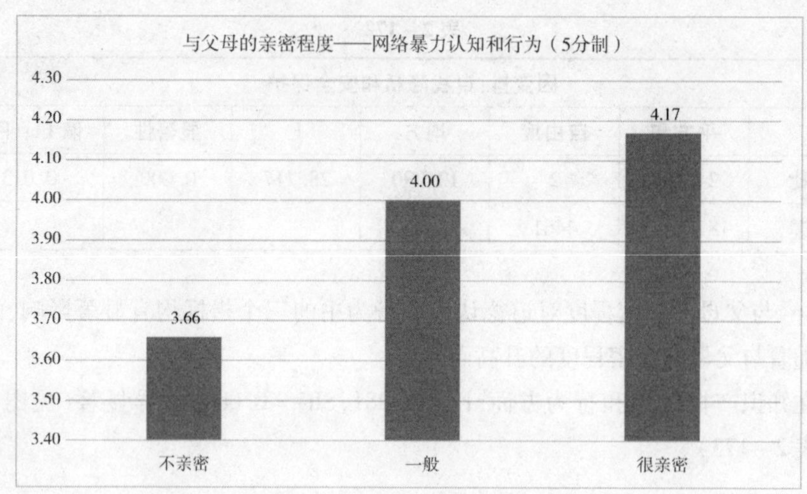

图 2-200

表 2-174

因变量:网络暴力认知和行为						
	平方和	自由度	均方	F	显著性	偏 Eta 平方
对比	59.033	2	29.516	35.935	0.000	0.016
误差	3664.133	4461	0.821			

在网络规范认知和行为方面,F = 36.479,SIG = 0.000,差异显著(见图 2-201、表 2-175)。

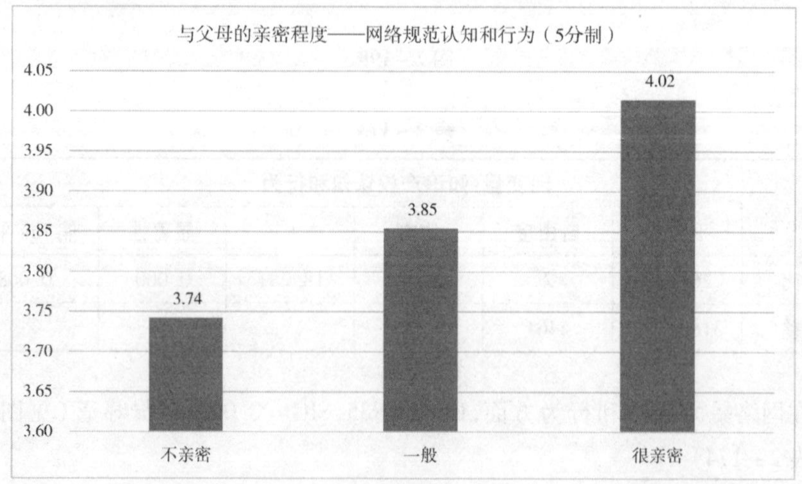

图 2-201

表 2－175

因变量:网络规范认知和行为						
	平方和	自由度	均方	F	显著性	偏 Eta 平方
对比	33.591	2	16.796	36.479	0.000	0.016
误差	2053.907	4461	0.460			

7. 父母干预青少年上网活动的频率

(1)父母对青少年上网的干预频率对网络注意力管理中的三个指标均有显著影响。

随着父母对青少年上网干预频率的提高,青少年的网络使用认知能力下降,F＝41.975,SIG＝0.000,差异显著(见图 2－202、表 2－176)。

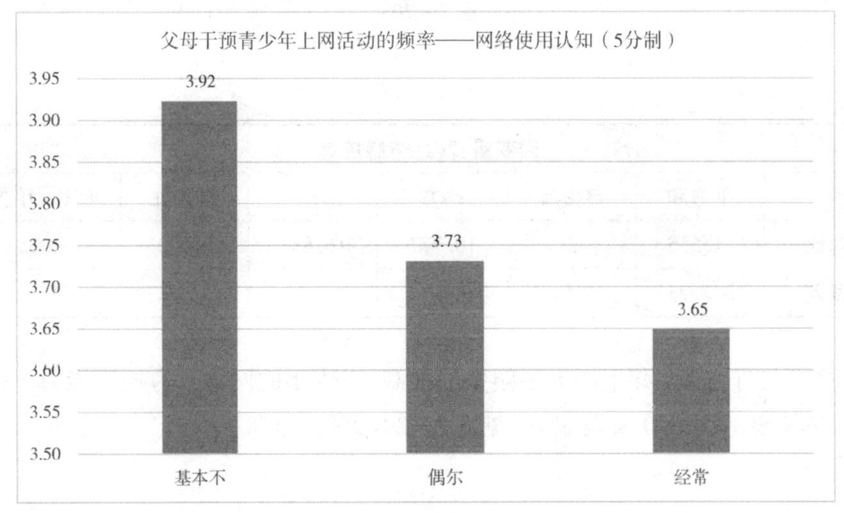

图 2－202

表 2－176

因变量:网络使用认知						
	平方和	自由度	均方	F	显著性	偏 Eta 平方
对比	30.404	2	15.202	41.975	0.000	0.018
误差	1615.613	4461	0.362			

随着父母对青少年上网干预频率的提高,青少年的网络情感控制能力下降,F＝16.883,SIG＝0.000,差异显著(见图 2－203、表 2－177)。

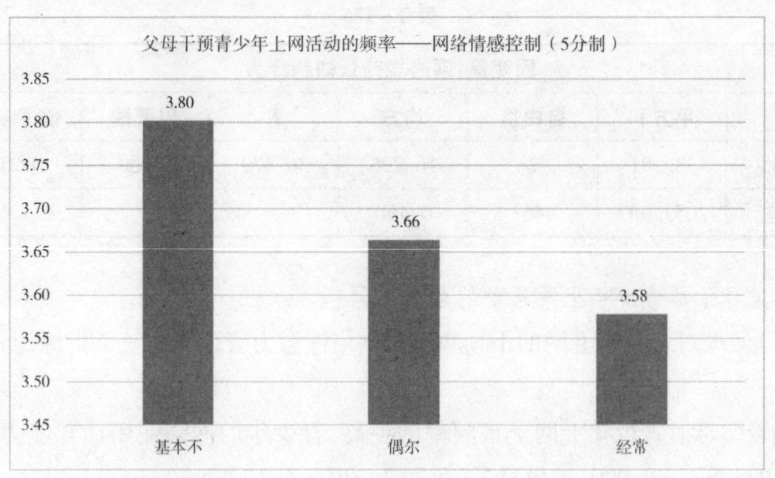

图 2－203

表 2－177

因变量:网络情感控制						
	平方和	自由度	均方	F	显著性	偏 Eta 平方
对比	21.555	2	10.777	16.883	0.000	0.008
误差	2847.734	4461	0.638			

随着父母对青少年上网干预频率的提高,青少年的网络行为控制能力下降,F＝3.748,SIG＝0.000,差异显著(见图 2－204、表 2－178)。

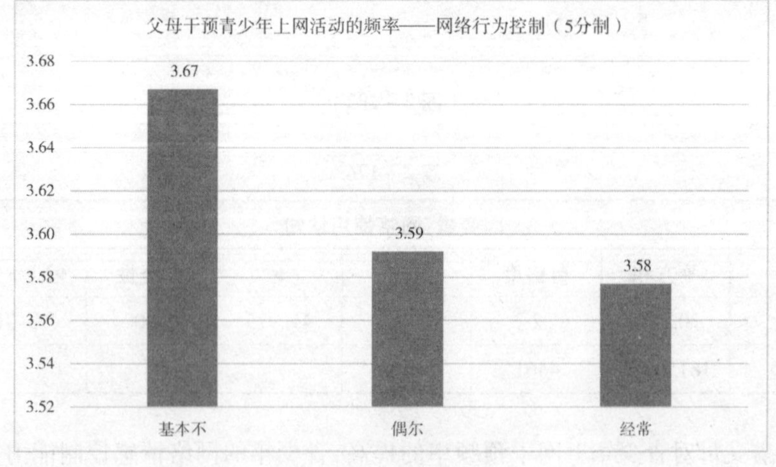

图 2－204

表 2 - 178

因变量:网络行为控制						
	平方和	自由度	均方	F	显著性	偏 Eta 平方
对比	3. 340	2	1. 670	3. 748	0. 024	0. 002
误差	1987. 522	4461	0. 446			

(2)随着父母对青少年上网干预频率的提高,青少年的网络信息搜索与利用中的两个指标能力均下降。

在信息搜索与分辨方面,F = 21. 072,SIG = 0. 000,差异显著(见图 2 - 205、表 2 - 179)。

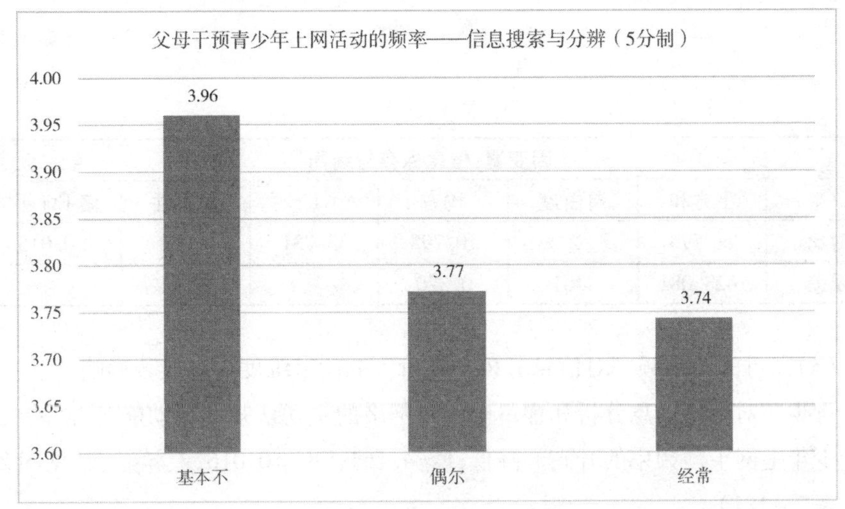

图 2 - 205

表 2 - 179

因变量:信息搜索与分辨						
	平方和	自由度	均方	F	显著性	偏 Eta 平方
对比	19. 336	2	9. 668	21. 072	0. 000	0. 009
误差	2046. 744	4461	0. 459			

在信息保存与利用方面,F = 33. 731,SIG = 0. 000,差异显著(见图 2 - 206、表 4 - 180)。

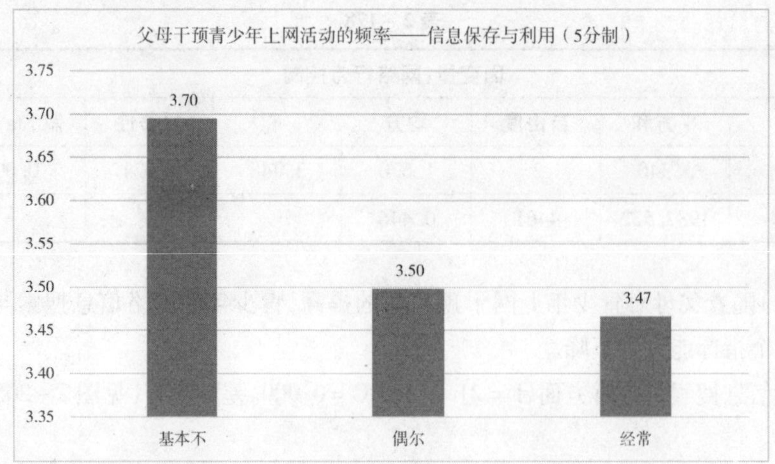

图 2 - 206

表 2 - 180

因变量:信息保存与利用						
	平方和	自由度	均方	F	显著性	偏 Eta 平方
对比	21.596	2	10.798	33.731	0.000	0.015
误差	1428.081	4461	0.320			

(3)父母的干预频率对信息分析与评价下的所有维度均有显著影响。

青少年对网络信息分析和评价中的对网络的主动认知和行动能力,随着父母对青少年上网干预频率的升高而降低,F = 4.164,SIG = 0.016,差异显著(见图 2 - 207、表 2 - 181)。

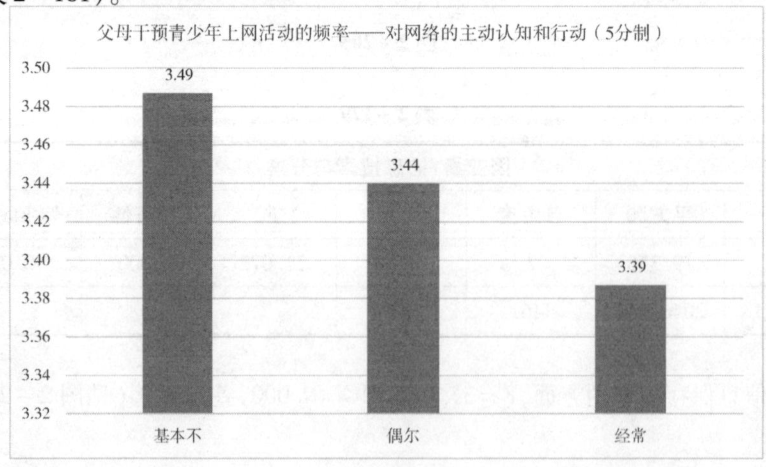

图 2 - 207

表 2－181

因变量:对网络的主动认知和行为						
	平方和	自由度	均方	F	显著性	偏 Eta 平方
对比	5.002	2	2.501	4.164	0.016	0.002
误差	2679.219	4461	0.601			

随着父母对青少年上网干预频率的提高,青少年对信息的辨析和批判能力下降,F＝17.375,SIG＝0.000,差异显著(见图 2－208、表 2－182)。

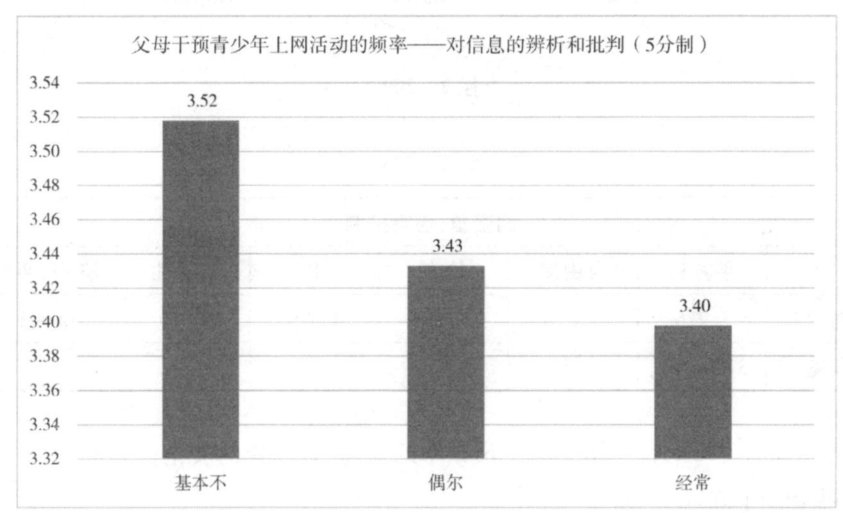

图 2－208

表 2－182

因变量:对信息的辨析和批判						
	平方和	自由度	均方	F	显著性	偏 Eta 平方
对比	5.846	2	2.923	17.375	0.000	0.008
误差	750.426	4461	0.168			

(4)父母干预青少年上网活动的频率对于印象管理中的指标有显著影响。

被父母偶尔干预上网的青少年伤害控制能力最高,F＝4.576,SIG＝0.010,差异显著(见图 2－209、表 2－183)。

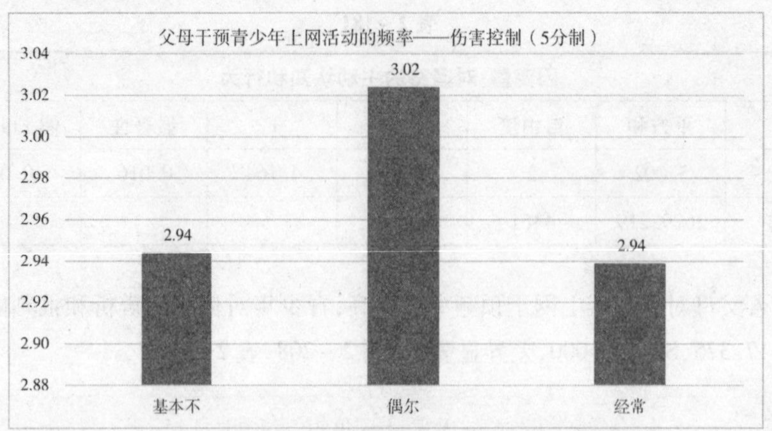

图 2-209

表 2-183

因变量:伤害控制						
	平方和	自由度	均方	F	显著性	偏 Eta 平方
对比	7. 776	2	3. 888	4. 576	0. 010	0. 002
误差	3790. 181	4461	0. 850			

(5)随着父母对青少年上网干预频率的提高,青少年的安全认知和行为中的两个指标均下降。

在网络安全认知方面,F = 15. 894,SIG = 0. 000,差异显著(见图 2 - 210、表 2 - 184)。

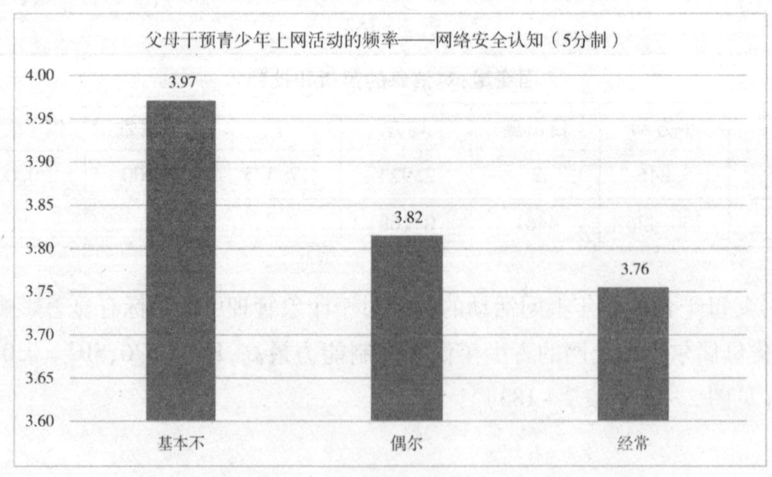

图 2-210

表 2－184

因变量:网络安全认知						
	平方和	自由度	均方	F	显著性	偏 Eta 平方
对比	18.748	2	9.374	15.894	0.000	0.007
误差	2631.082	4461	0.590			

在自我隐私和安全保护方面,F =7.663,SIG =0.000,差异显著(见图 2－211、表 2－185)。

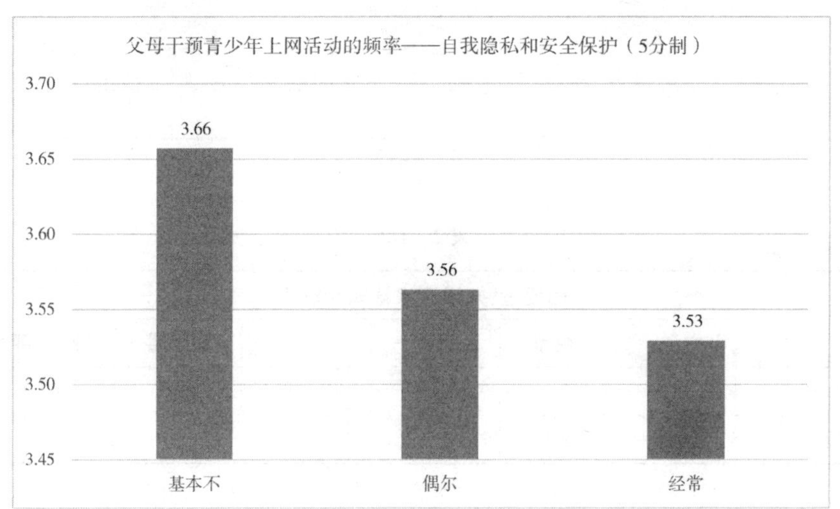

图 2－211

表 2－185

因变量:自我隐私和安全保护						
	平方和	自由度	均方	F	显著性	偏 Eta 平方
对比	6.513	2	3.257	7.663	0.000	0.003
误差	1895.840	4461	0.425			

(6)父母干预青少年上网活动的频率对于道德认知和行为中的三个指标均有显著影响。

随着父母对青少年上网干预频率的提高,青少年的知识产权认知和行为能力下降,F =17.413,SIG =0.000,差异显著(见图 2－212、表 2－186)。

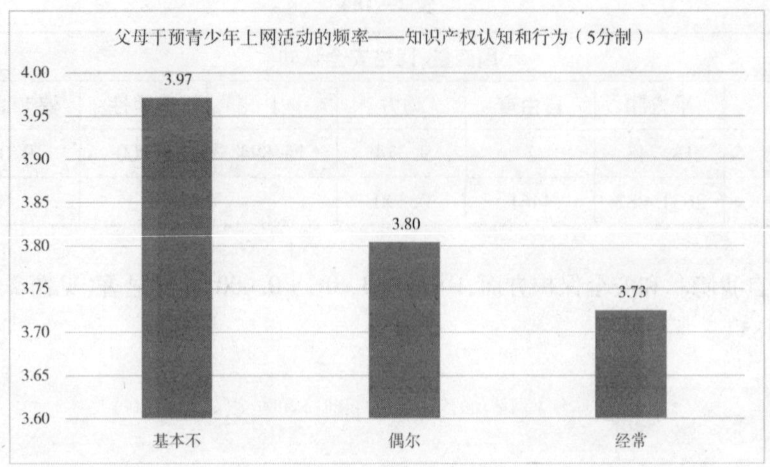

图 2 - 212

表 2 - 186

因变量:知识产权认知和行为						
	平方和	自由度	均方	F	显著性	偏 Eta 平方
对比	24.904	2	12.452	17.413	0.000	0.008
误差	3190.009	4461	0.715			

基本不被父母干预上网的青少年的网络暴力认知和行为能力最强,F = 3.616,SIG = 0.027,影响显著(见图 2 - 213、表 2 - 187)。

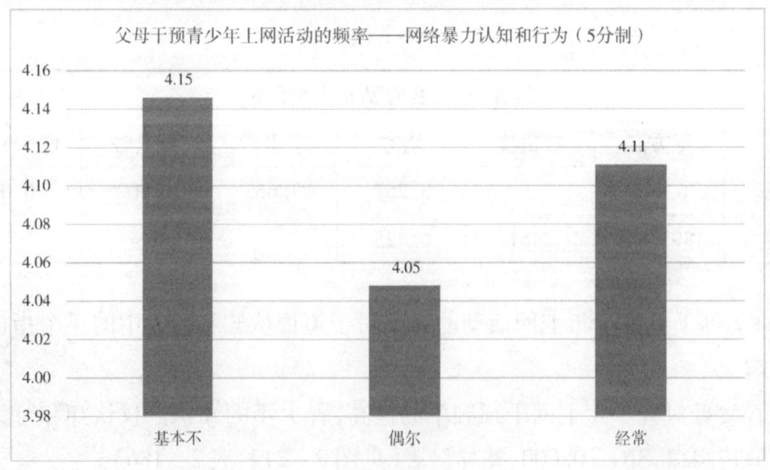

图 2 - 213

表 2－187

因变量:网络暴力认知和行为						
	平方和	自由度	均方	F	显著性	偏 Eta 平方
对比	6.027	2	3.013	3.616	0.027	0.002
误差	3717.139	4461	0.833			

父母干预青少年上网的频率对青少年网络规范认知和行为有显著影响,F = 7.406,SIG = 0.001(见图 2－214、表 2－188)。

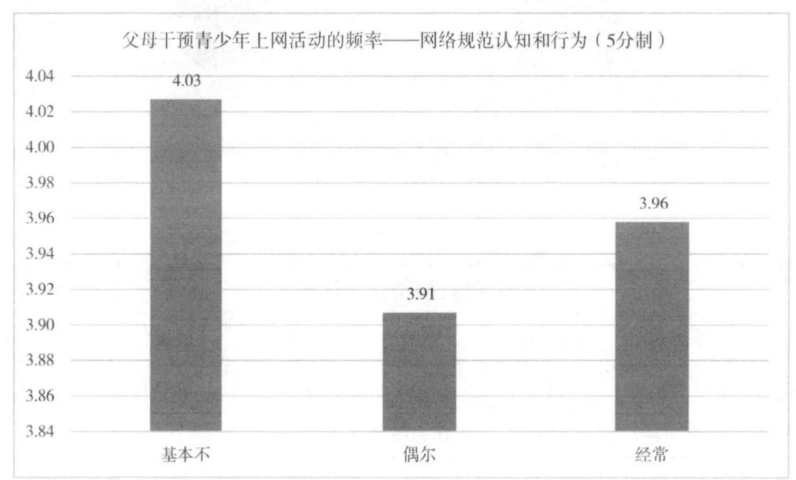

图 2－214

表 2－188

因变量:网络规范认知和行为						
	平方和	自由度	均方	F	显著性	偏 Eta 平方
对比	6.908	2	3.454	7.406	0.001	0.003
误差	2080.590	4461	0.466			

(四)学校影响因素分析

1. 学校是否开设网络或媒介信息技术、素养类课程

(1)学校是否开设多媒体网络素养课程对网络注意力管理中的三个指标均有显著影响,而且都是学习了相关课程的青少年得分高于未学习相关课程的青少年。

在网络使用认知方面,F = 24.444,SIG = 0.000,差异显著(见图 2－215、表 2－189)。

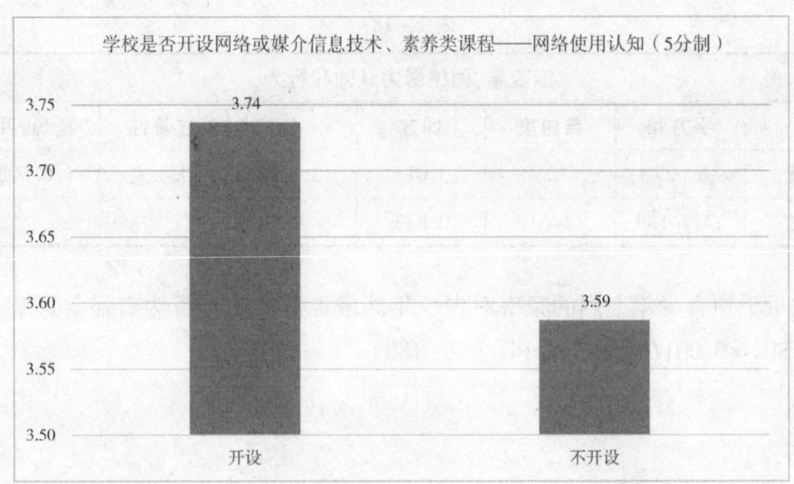

图 2 - 215

表 2 - 189

因变量:网络使用认知						
	平方和	自由度	均方	F	显著性	偏 Eta 平方
对比	8.968	1	8.968	24.444	0.000	0.005
误差	1637.049	4462	0.367			

在网络情感控制方面,F = 29.013,SIG = 0.000,差异显著(见图 2 - 216、表 2 - 190)。

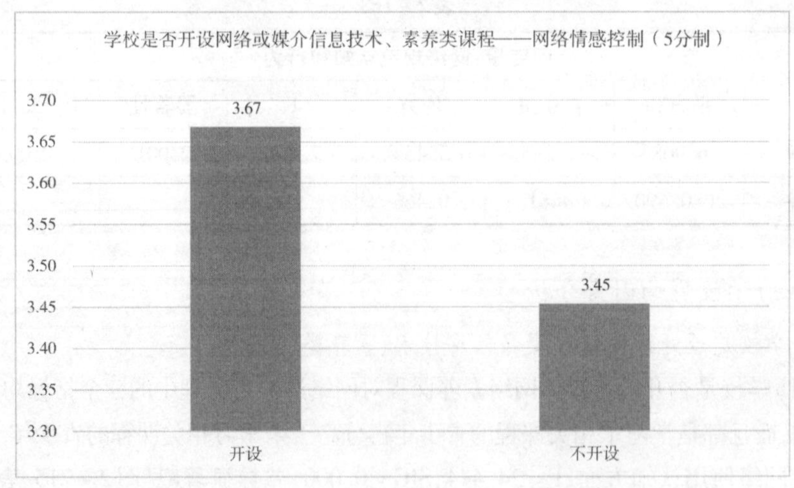

图 2 - 216

表 2－190

因变量:网络情感控制						
	平方和	自由度	均方	F	显著性	偏 Eta 平方
对比	18.536	1	18.536	29.013	0.000	0.006
误差	2850.752	4462	0.639			

在网络行为控制方面,F＝30.759,SIG＝0.000,差异显著(见图 2－217、表 2－191)。

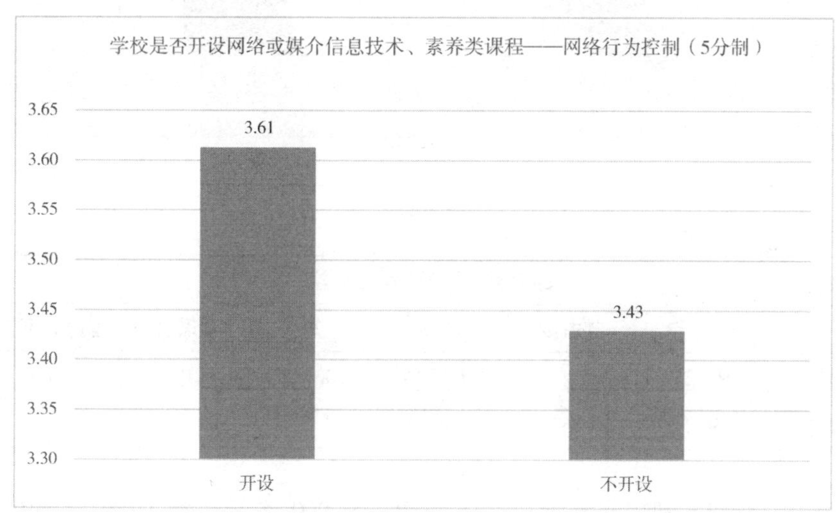

图 2－217

表 2－191

因变量:网络行为控制						
	平方和	自由度	均方	F	显著性	偏 Eta 平方
对比	13.630	1	13.630	30.759	0.000	0.007
误差	1977.232	4462	0.443			

(2)网络信息搜索与利用

学校是否开设多媒体网络素养课程对信息搜索和利用中的两个指标均有显著影响,而且都是学习了相关课程的青少年得分高于未学习相关课程的青少年。

在信息搜索与分辨方面,F＝20.661,SIG＝0.000,差异显著(见图 2－218、表 4－192)。

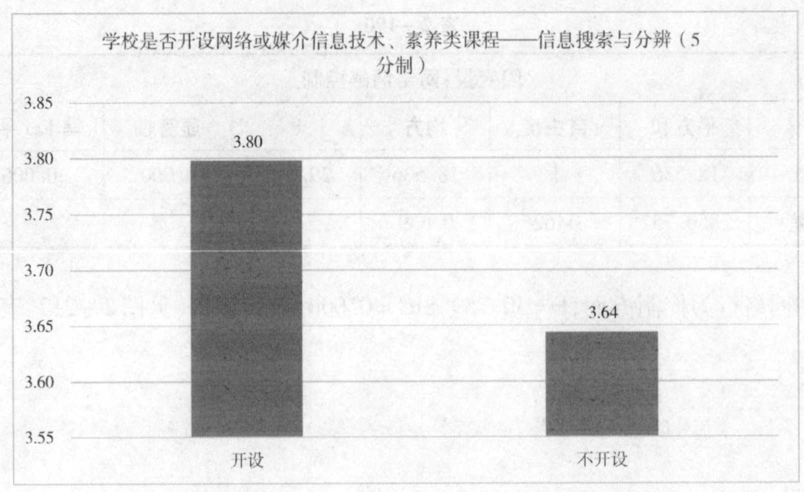

图 2－218

表 2－192

因变量:信息搜索与分辨						
	平方和	自由度	均方	F	显著性	偏 Eta 平方
对比	9. 523	1	9. 523	20. 661	0. 000	0. 005
误差	2056. 557	4462	0. 461			

在信息保存与利用方面,F＝30. 988,SIG＝0. 000,差异显著(见图 2－219、表 4－193)。

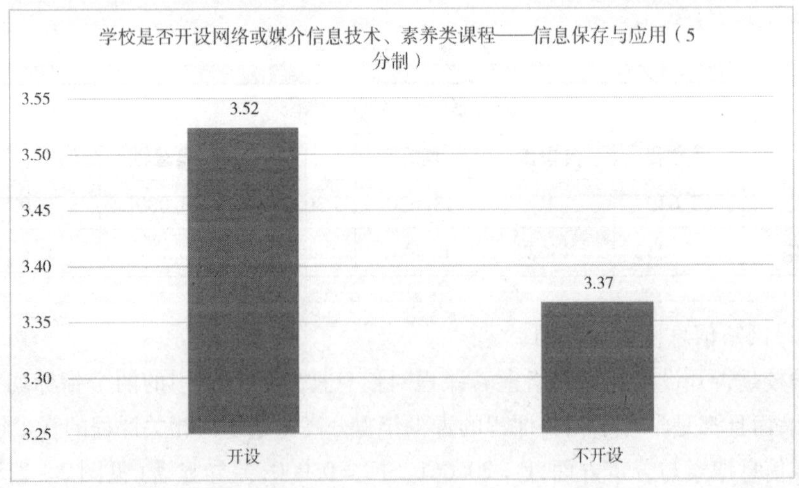

图 2－219

表 2 - 193

因变量:信息保存与利用						
	平方和	自由度	均方	F	显著性	偏 Eta 平方
对比	9.998	1	9.998	30.988	0.000	0.007
误差	1439.678	4462	0.323			

(3)学校是否开设多媒体网络素养课程对网络信息分析和评价中的网络的主动认知和行动指标有显著影响,学习了相关课程的青少年对网络的主动认知和行动能力强于未学习相关课程的青少年,F = 19.846,SIG = 0.000,差异显著(见图 4 - 220、表 2 - 194)。

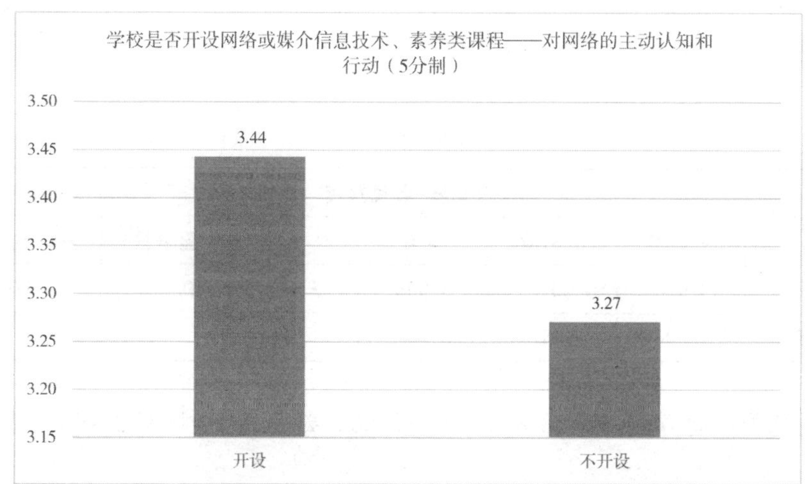

图 2 - 220

表 2 - 194

因变量:对网络的主动认知和行动						
	平方和	自由度	均方	F	显著性	偏 Eta 平方
对比	11.886	1	11.886	19.846	0.000	0.004
误差	2672.335	4462	0.599			

(4)学校开设多媒体网络素养课程对青少年印象管理中的两个指标有显著影响,而且都是学习了相关课程的青少年的能力高于未学习相关课程的青少年。

在自我宣传方面,F = 5.412,SIG = 0.020,差异显著(见图 2 - 221、表 2 - 195)。

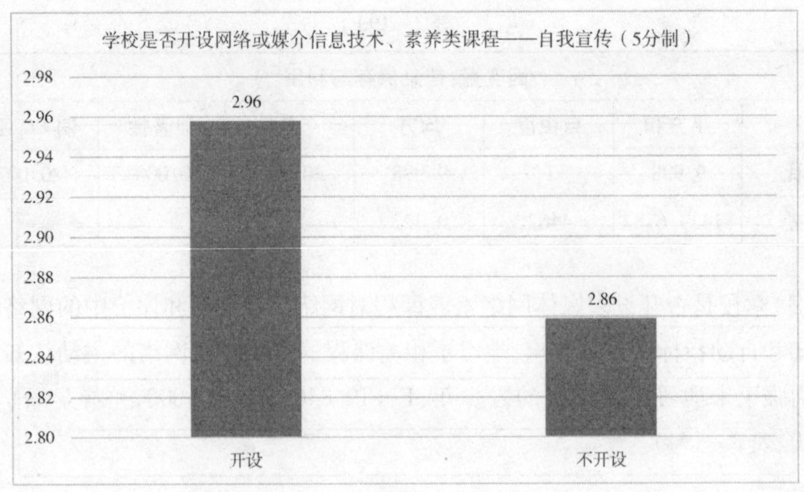

图 2 - 221

表 2 - 195

因变量:自我宣传						
	平方和	自由度	均方	F	显著性	偏 Eta 平方
对比	3.958	1	3.958	5.412	0.020	0.001
误差	3263.529	4462	0.731			

在操控倾向方面,F = 18.832,SIG = 0.000,差异显著(见图 2 - 222、表 2 - 196)。

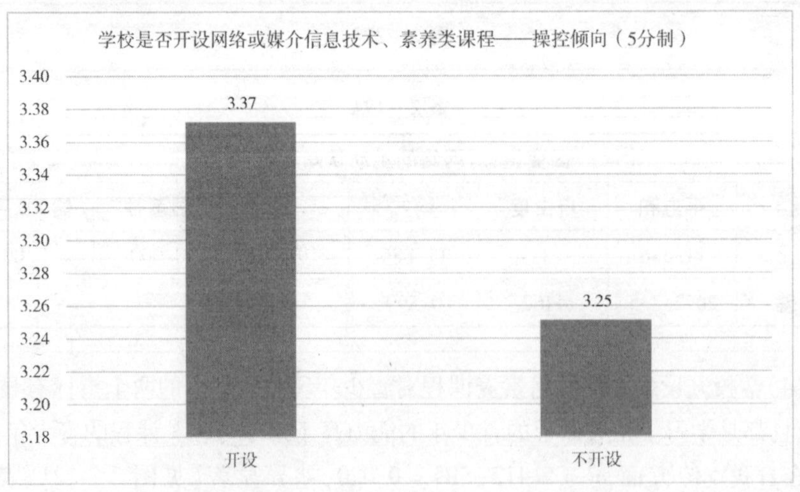

图 2 - 222

表 2－196

因变量:操控倾向						
	平方和	自由度	均方	F	显著性	偏 Eta 平方
对比	5.879	1	5.879	18.832	0.000	0.004
误差	1392.836	4462	0.312			

(5)学校是否开设多媒体网络素养课程对安全认知和行为中的两个指标均有显著影响,而且都是学习了相关课程的青少年的能力高于未学习相关课程的青少年。

在网络安全认知方面,F＝35.616,SIG＝0.000,差异显著(见图 2－223、表 2－197)。

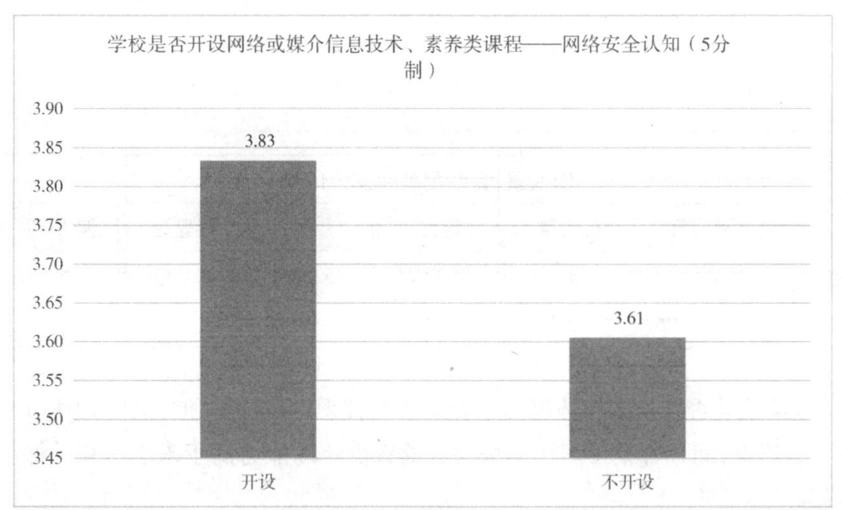

图 2－223

表 2－197

因变量:网络安全认知						
	平方和	自由度	均方	F	显著性	偏 Eta 平方
对比	20.984	1	20.984	35.616	0.000	0.008
误差	2628.847	4462	0.589			

在自我隐私和安全保护方面,F＝35.385,SIG＝0.000,差异显著(见图 2－224、表 2－198)。

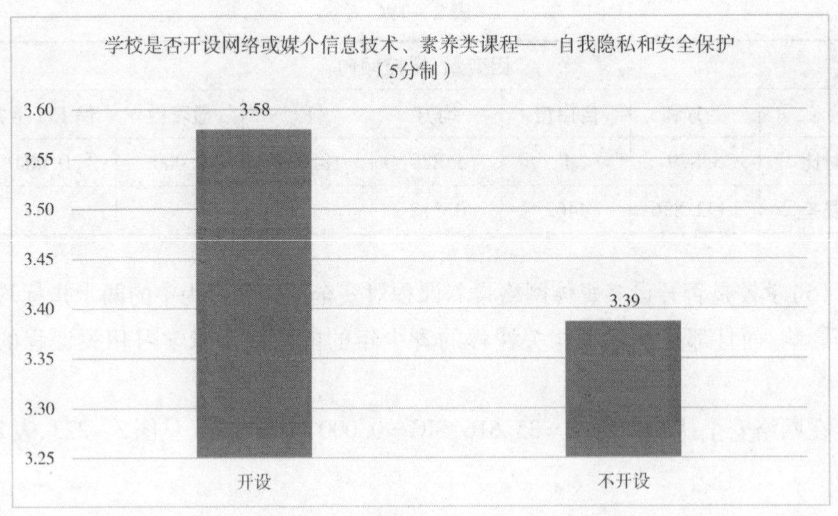

图 2-224

表 2-198

因变量:自我隐私和安全保护						
	平方和	自由度	均方	F	显著性	偏 Eta 平方
对比	14.967	1	14.967	35.385	0.000	0.008
误差	1887.386	4462	0.423			

(6)学校是否开设多媒体网络素养课程对知识产权认知和行为中的所有指标均有显著影响,而且都是学习了相关课程的青少年的能力高于未学习相关课程的青少年。

在知识产权认知和行为方面,F = 11.844,SIG = 0.001,差异显著(见图 2-225、表 2-199)。

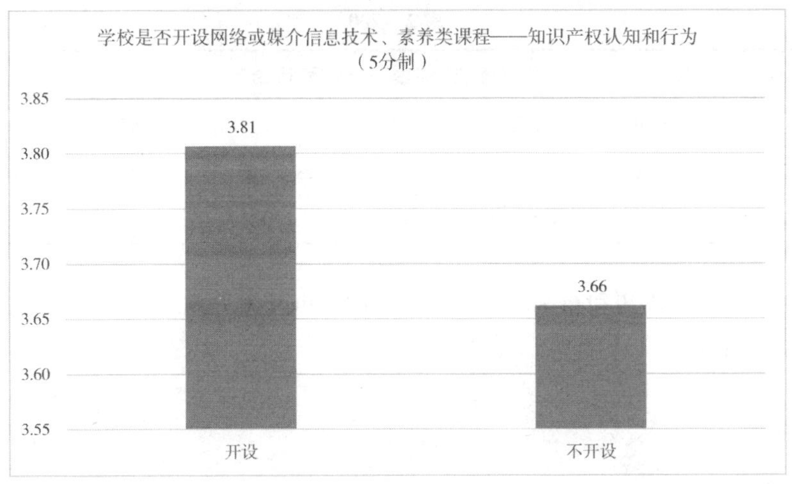

图 2-225

表 2-199

因变量:知识产权认知和行为						
	平方和	自由度	均方	F	显著性	偏 Eta 平方
对比	8.511	1	8.511	11.844	0.001	0.007
误差	3206.402	4462	0.719			

在网络暴力认知和行为方面，F = 29.355，SIG = 0.000，差异显著（见图 2-226、表 2-200）。

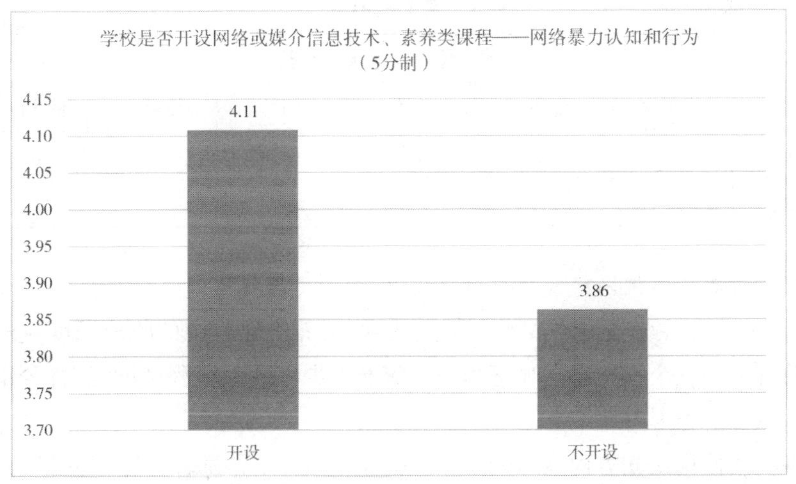

图 2-226

表 2-200

因变量:网络暴力认知和行为						
	平方和	自由度	均方	F	显著性	偏 Eta 平方
对比	24.334	1	24.334	29.355	0.000	0.007
误差	3698.831	4462	0.829			

在网络规范认知和行为方面,F = 44.853,SIG = 0.000,差异显著(见图 2-227、表 2-201)。

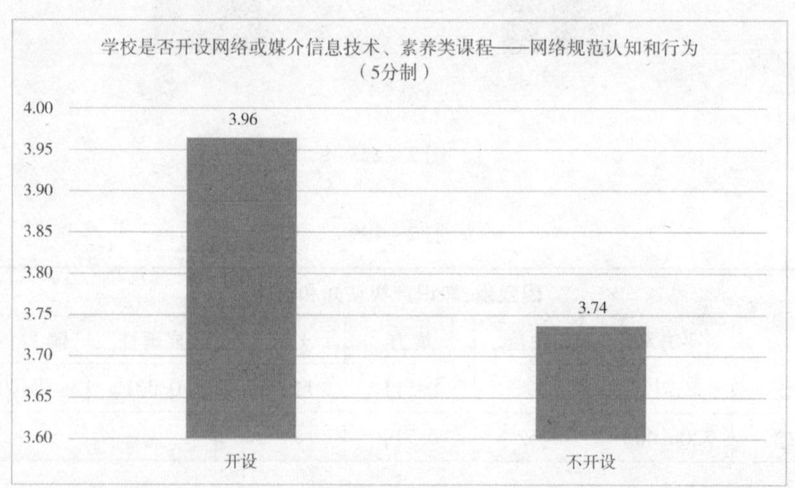

图 2-227

表 2-201

因变量:网络规范认知和行为						
	平方和	自由度	均方	F	显著性	偏 Eta 平方
对比	20.775	1	20.775	44.853	0.000	0.010
误差	2066.723	4462	0.463			

2. 青少年在学校网络或媒介信息技术、素养类课程中的收获程度

(1)青少年在学校网络或媒介信息技术、素养类课程中的收获程度对网络注意力管理中的三个指标均有显著影响。随着青少年的收获程度增强,青少年的网络使用认知能力上升。

在网络使用认知方面,F = 96.718,SIG = 0.000,差异显著(见图 2-228、表 2-202)。

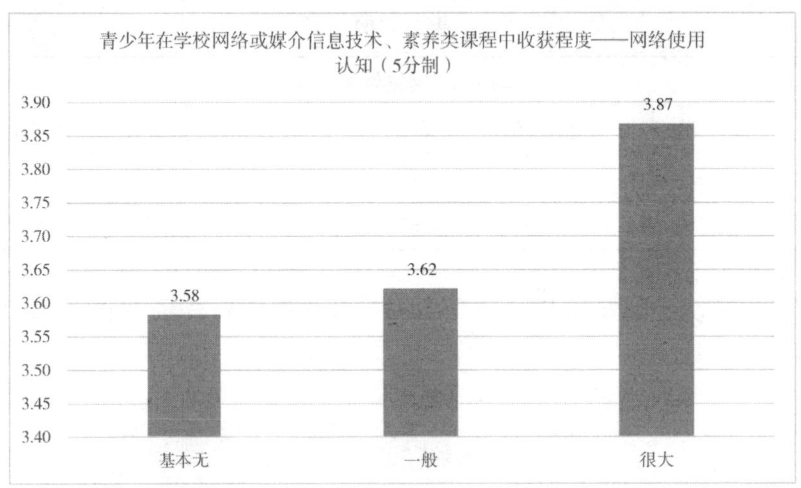

图 2－228

表 2－202

因变量:网络使用认知						
	平方和	**自由度**	**均方**	F	**显著性**	**偏 Eta 平方**
对比	68.408	2	34.204	96.718	0.000	0.042
误差	1577.609	4461	0.354			

在网络情感控制方面，F＝60.265，SIG＝0.000，差异显著（见图2－229、表2－203）。

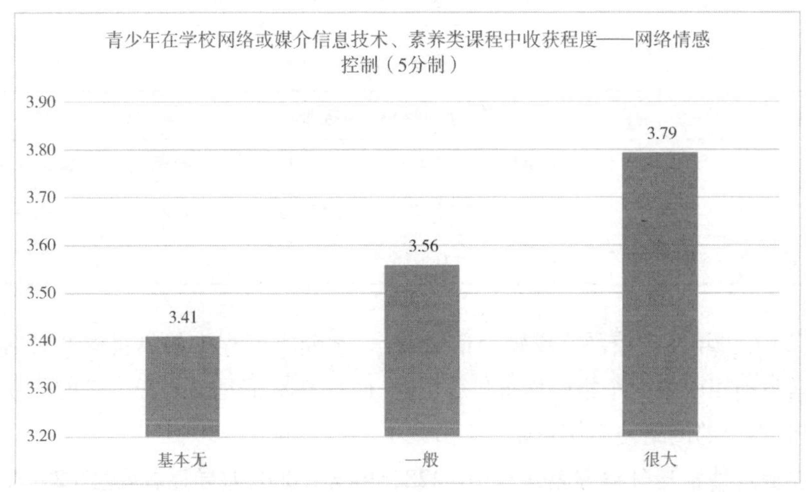

图 2－229

表 2－203

因变量:网络情感控制						
	平方和	自由度	均方	F	显著性	偏 Eta 平方
对比	75. 485	2	37. 743	60. 265	0. 000	0. 026
误差	2793. 804	4461	0. 626			

在网络行为控制方面,F＝174. 052,SIG＝0. 000,差异显著(见图 2－230、表 2－204)。

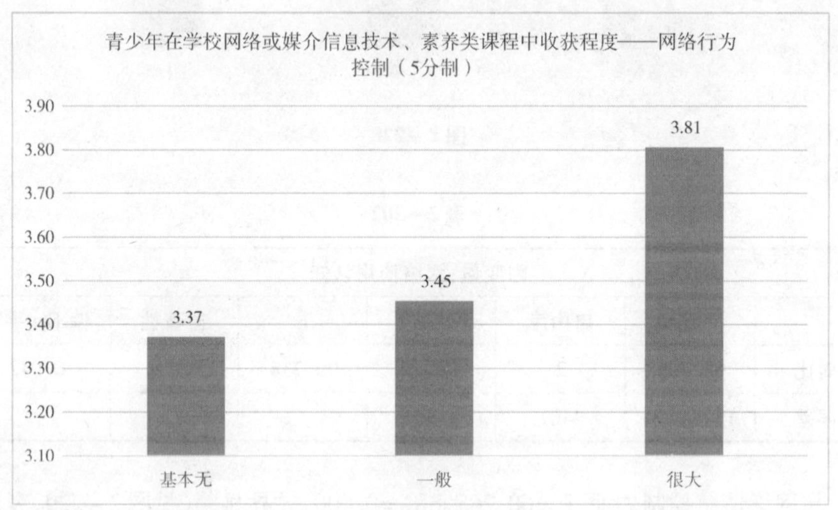

图 2－230

表 2－204

因变量:网络行为控制						
	平方和	自由度	均方	F	显著性	偏 Eta 平方
对比	144. 107	2	72. 054	174. 052	0. 000	0. 072
误差	1846. 754	4461	0. 414			

(2)青少年在学校网络或媒介信息技术、素养类课程中的收获程度对网络信息搜索与利用中的两个指标均有显著影响,而且基本都是随着青少年的收获程度增强,青少年的网络使用认知能力上升。

在信息搜索与分辨方面,F＝101. 428,SIG＝0. 000,差异显著(见图 2－231、表 2－205)。

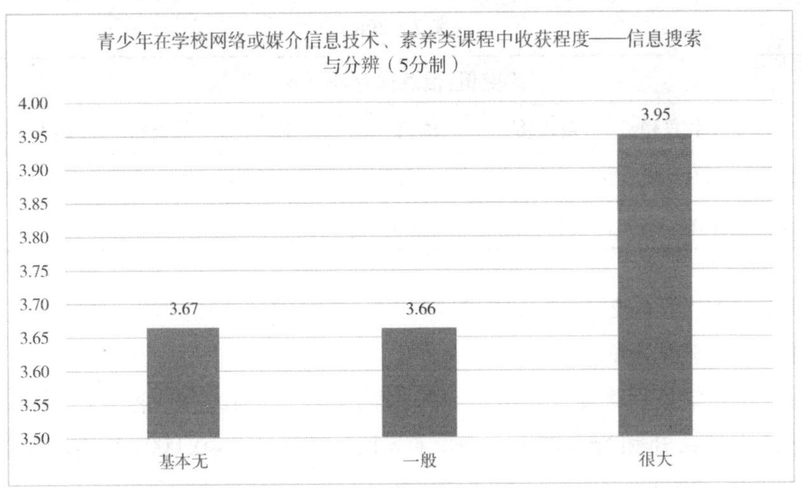

图 2-231

表 2-205

因变量:信息搜索与分辨						
	平方和	自由度	均方	F	显著性	偏 Eta 平方
对比	89.865	2	44.932	101.428	0.000	0.043
误差	1976.215	4461	0.443			

在信息保存与利用方面，F=97.497，SIG=0.000，差异显著（见图 2-232、表 4-206）。

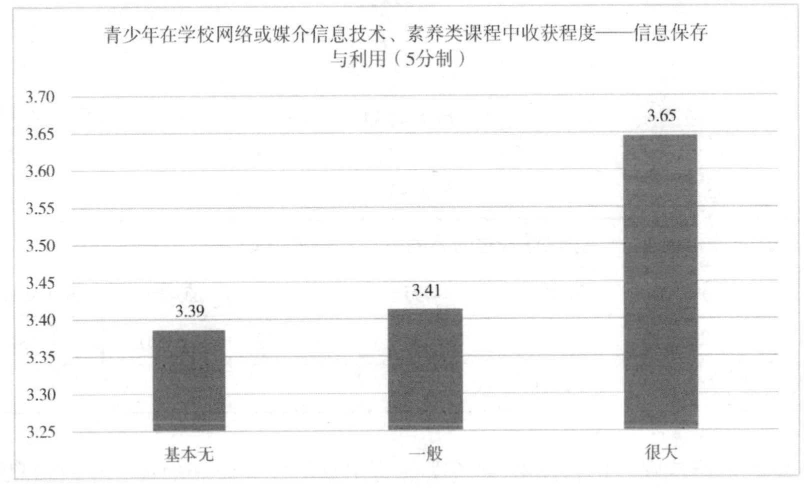

图 2-232

表 2－206

因变量:信息保存与利用						
	平方和	自由度	均方	F	显著性	偏 Eta 平方
对比	60.713	2	30.357	97.497	0.000	0.042
误差	1388.964	4461	0.311			

(3)青少年在学校网络或媒介信息技术、素养类课程中的收获程度对信息分析与评价有较显著影响。

青少年在学校网络或媒介信息技术、素养类课程中的收获程度增强,青少年对网络的主动认知和行动能力上升。F = 112.272,SIG = 0.000,差异显著(见图 4－233、表 2－207)。

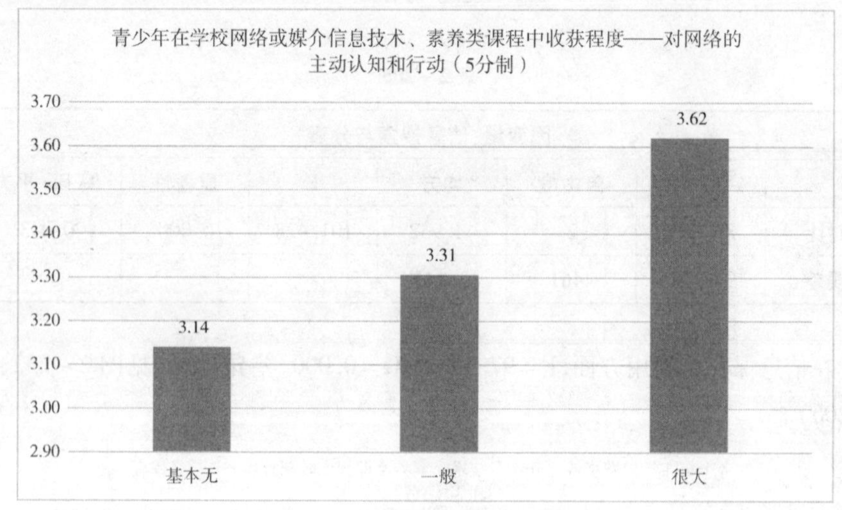

图 2－233

表 2－207

因变量:对网络的主动认知和行动						
	平方和	自由度	均方	F	显著性	偏 Eta 平方
对比	128.636	2	64.318	112.272	0.000	0.048
误差	2555.585	4461	0.573			

在学校网络或媒介信息技术、素养类课程中基本没有收获的青少年对信息的辨析和批判能力最强,F =4.300,SIG =0.014,差异显著(见图 2－234、表 2－208)。

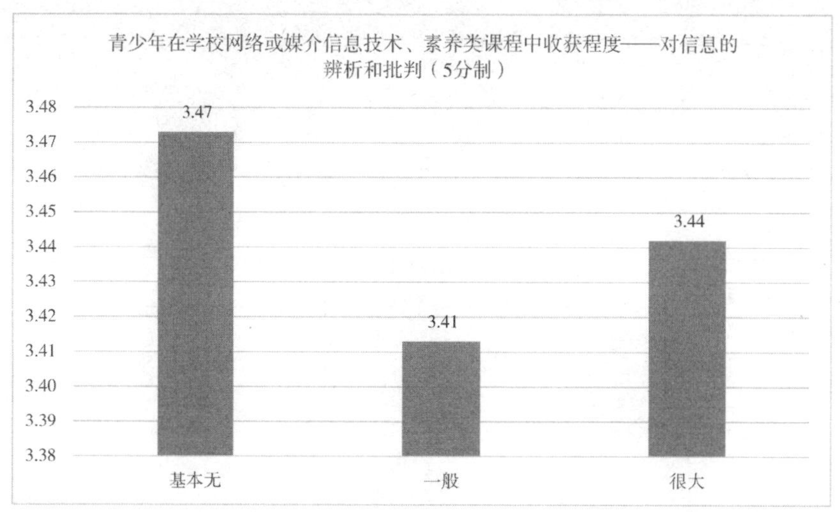

图 2－234

表 2－208

因变量:对信息的辨析和批判						
	平方和	**自由度**	**均方**	F	**显著性**	**偏 Eta 平方**
对比	1. 455	2	0. 727	4. 300	0. 014	0. 002
误差	754. 817	4461	0. 169			

(4)青少年在学校网络或媒介信息技术、素养类课程中的收获程度对印象管理中的三个指标均有显著影响。均随着青少年的收获程度增强而上升。

在伤害控制方面,F = 24. 431,SIG = 0. 000,差异显著(见图 2 －235、表 2 －209)。

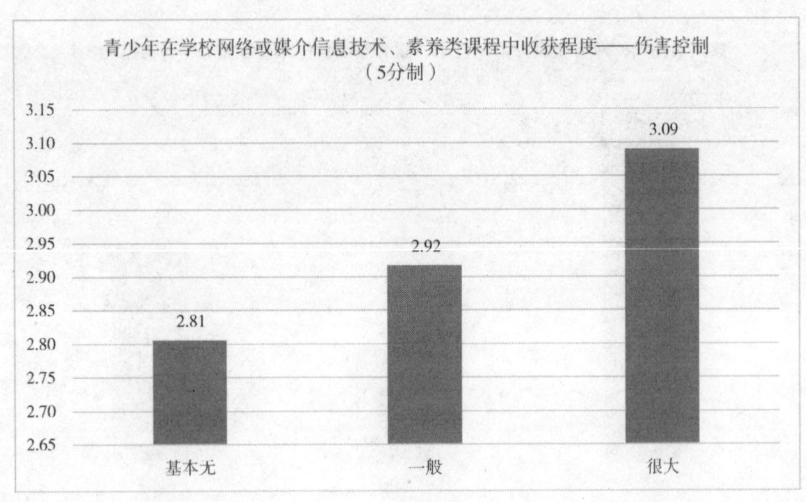

图 2 – 235

表 2 – 209

因变量:伤害控制						
	平方和	自由度	均方	F	显著性	偏 Eta 平方
对比	41. 149	2	20. 575	24. 431	0. 000	0. 011
误差	3756. 808	4461	0. 843			

在自我宣传方面,F = 8. 964,SIG = 0. 000,差异显著(见图 2 – 236、表 2 – 210)。

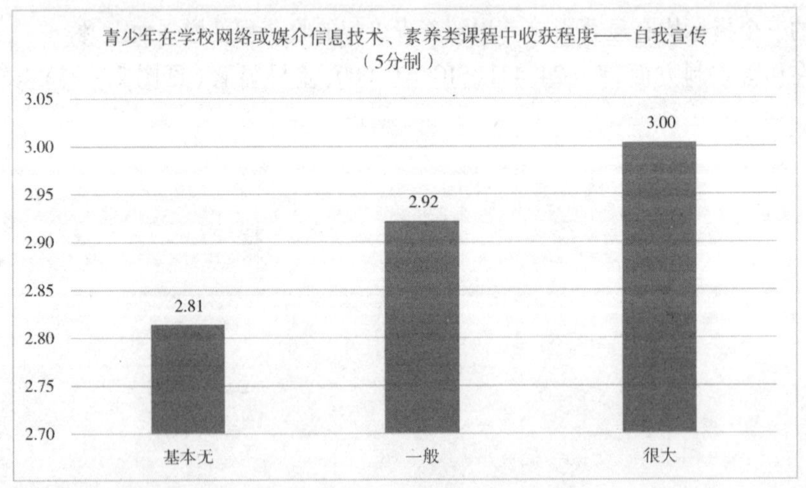

图 2 – 236

表 2 - 210

因变量:自我宣传						
	平方和	自由度	均方	F	显著性	偏 Eta 平方
对比	13. 080	2	6. 540	8. 964	0. 000	0. 004
误差	3254. 408	4461	0. 730			

在操控倾向方面,F = 39. 139,SIG = 0. 000,差异显著(见图 2 - 237、表 2 - 211)。

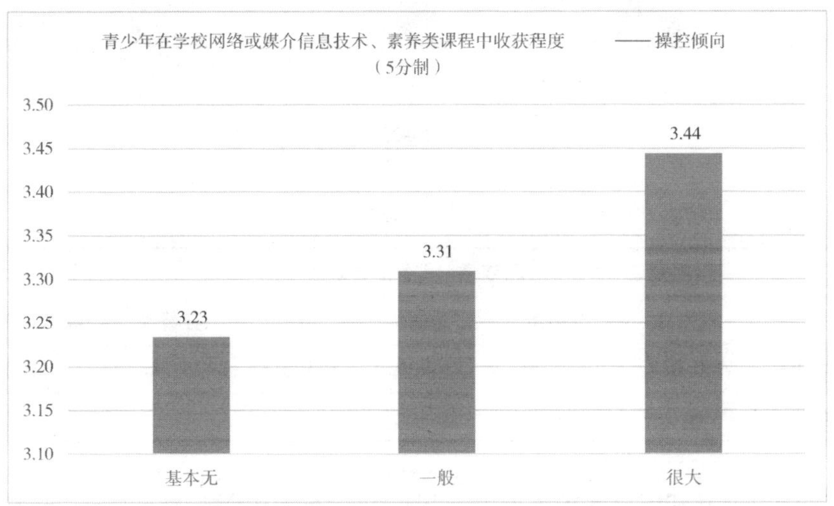

图 2 - 237

表 2 - 211

因变量:操控倾向						
	平方和	自由度	均方	F	显著性	偏 Eta 平方
对比	24. 120	2	12. 060	39. 139	0. 000	0. 017
误差	1374. 594	4461	0. 308			

(5)青少年在学校网络或媒介信息技术、素养类课程中的收获程度对安全认知和行为中的两个指标均有显著影响,而且它们均随着青少年的收获程度增强而上升。

在网络安全认知方面,F = 125. 243,SIG = 0. 000,差异显著(见图 2 - 238、表 4 - 212)。

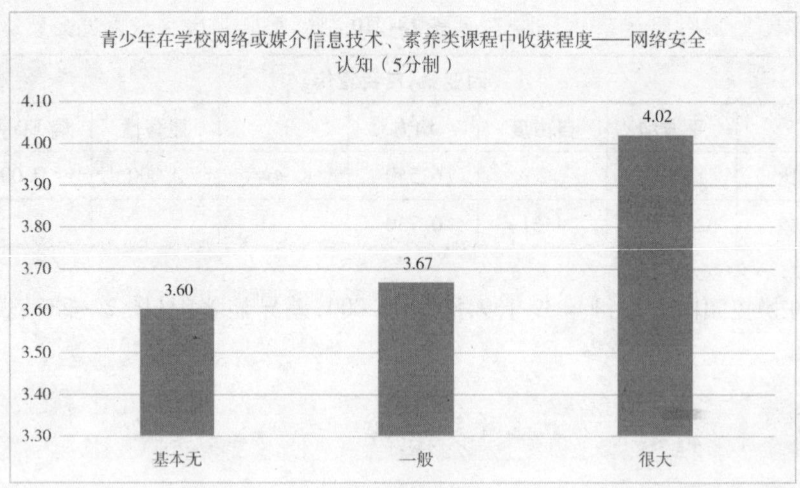

图 2-238

表 2-212

因变量:网络安全认知						
	平方和	自由度	均方	F	显著性	偏 Eta 平方
对比	140. 878	2	70. 439	125. 243	0. 000	0. 053
误差	2508. 953	4461	0. 562			

在自我隐私和安全保护方面,F = 142. 596,SIG = 0. 000,差异显著(见图 2-239、表 2-213)。

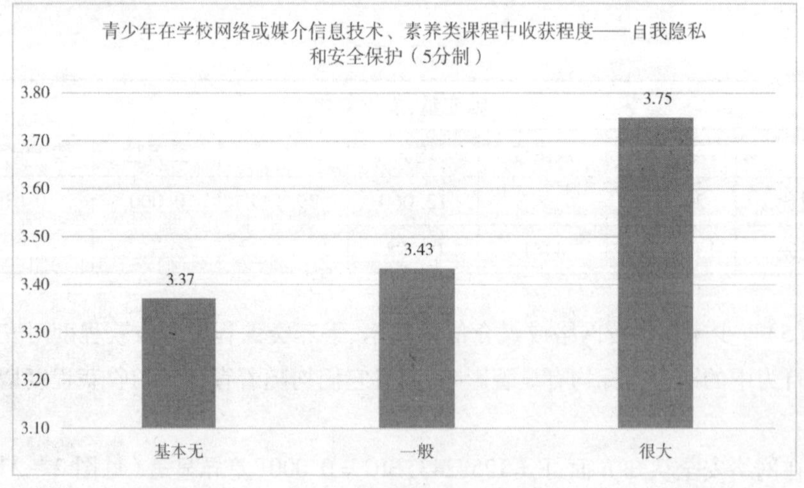

图 2-239

表 2－213

因变量:自我隐私和安全保护						
	平方和	自由度	均方	F	显著性	偏 Eta 平方
对比	114. 310	2	57. 155	142. 596	0. 000	0. 060
误差	1788. 043	4461	0. 401			

(6)青少年在学校网络或媒介信息技术、素养类课程中的收获程度对道德认知和行为中的三个指标均有显著影响,而且都随着青少年的收获程度增强而上升。

在知识产权认知和行为方面,F = 53. 503,SIG = 0. 000,差异显著(见图 2－240、表 2－214)。

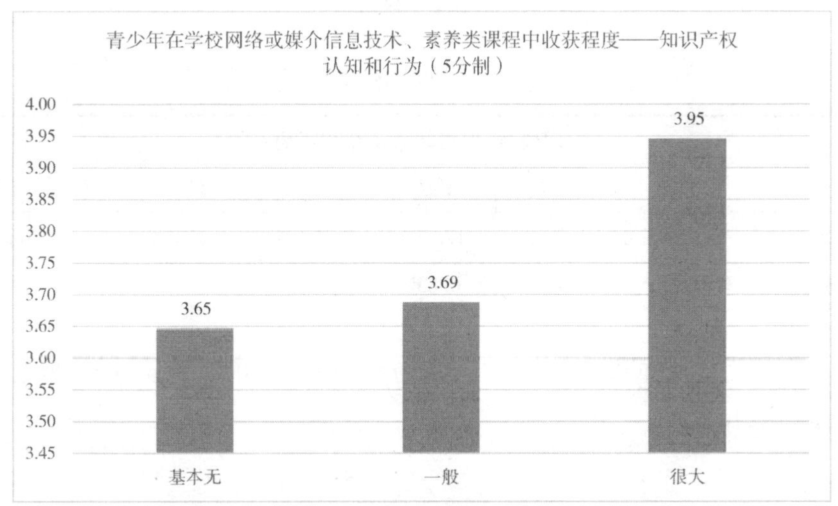

图 2－240

表 2－214

因变量:知识产权认知和行为						
	平方和	自由度	均方	F	显著性	偏 Eta 平方
对比	75. 310	2	37. 655	53. 503	0. 000	0. 023
误差	3139. 603	4461	0. 704			

在网络暴力认知和行为方面,F = 12. 900,SIG = 0. 000,差异显著(见图 2－241、表 2－215)。

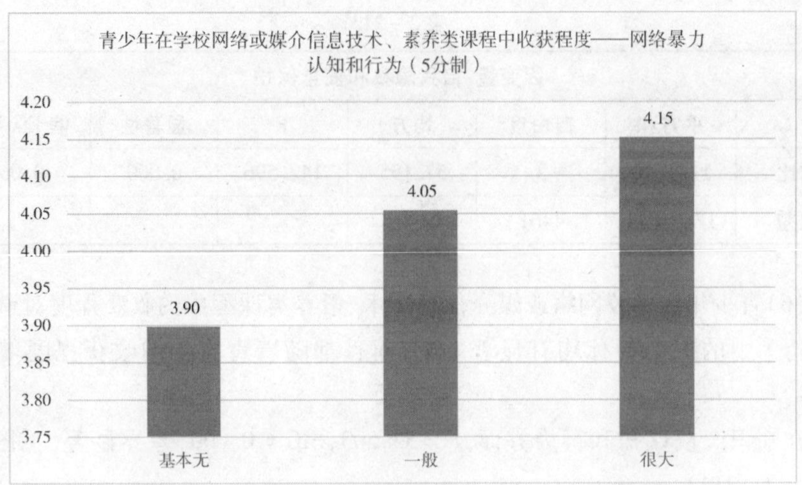

图 2 – 241

表 2 – 215

因变量:网络暴力认知和行为						
	平方和	自由度	均方	F	显著性	偏 Eta 平方
对比	21. 409	2	10. 704	12. 900	0. 000	0. 006
误差	3701. 757	4461	0. 830			

在网络规范认知和行为方面,F = 52. 880,SIG = 0. 000,差异显著(见图 2 – 242、表 2 – 216)。

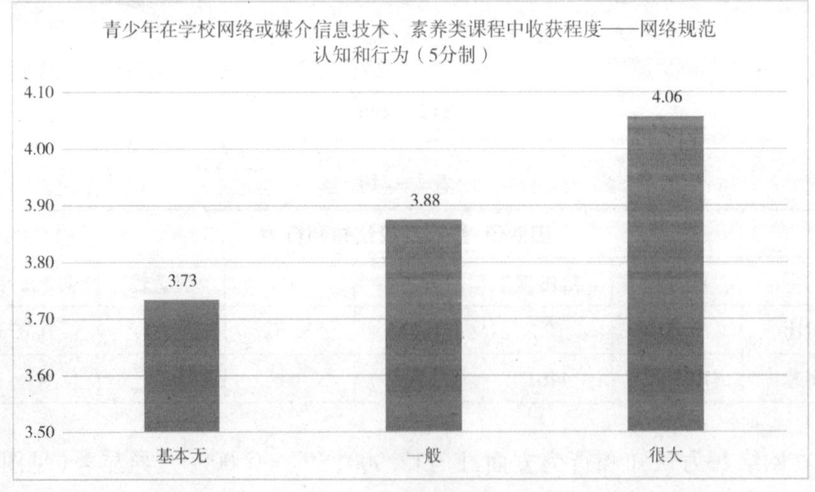

图 2 – 242

表 2－216

因变量:网络规范认知和行为						
	平方和	自由度	均方	F	显著性	偏 Eta 平方
对比	48.343	2	24.172	52.880	0.000	0.023
误差	2039.155	4461	0.457			

3. 与同学讨论网络内容的频率

(1)与同学讨论网络内容的频率对网络注意力管理中的两个指标均有显著影响。

网络情感控制,F＝36.693,SIG＝0.000,差异显著(见图 2－243、表 2－217)。

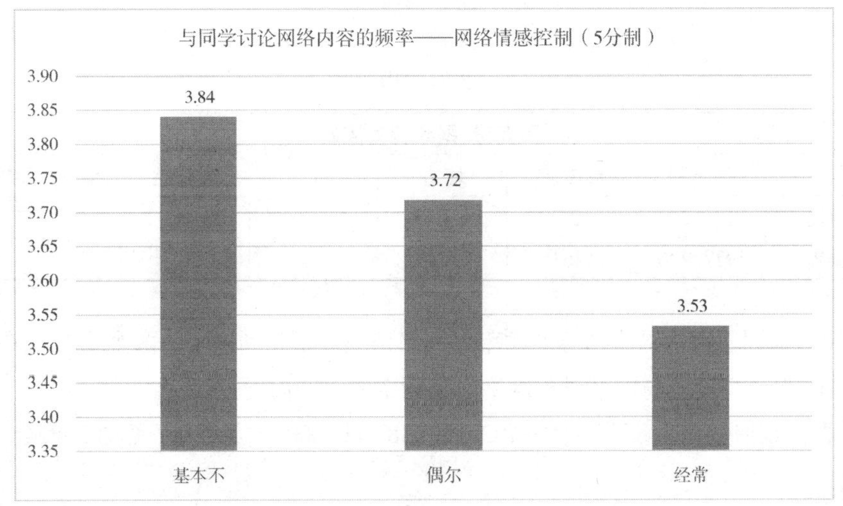

图 2－243

表 2－217

因变量:网络情感控制						
	平方和	自由度	均方	F	显著性	偏 Eta 平方
对比	46.437	2	23.219	36.693	0.000	0.016
误差	2822.852	4461	0.633			

在网络行为控制方面,F＝14.804,SIG＝0.000,差异显著(见图 2－244、表 2－218)。

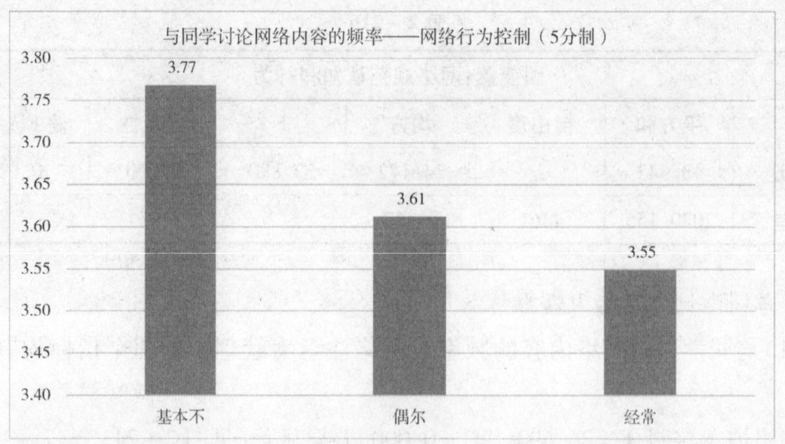

图 2－244

表 2－218

因变量:网络行为控制						
	平方和	自由度	均方	F	显著性	偏 Eta 平方
对比	13.126	2	6.563	14.804	0.000	0.007
误差	1977.736	4461	0.443			

(2)与同学讨论网络内容的频率对网络信息搜索与利用中的两个指标均有显著影响,而且都随着与同学讨论网络内容频率的上升而增强。

在信息搜索与分辨方面,F＝103.199,SIG＝0.000,差异显著(见图 2－245、表 2－219)。

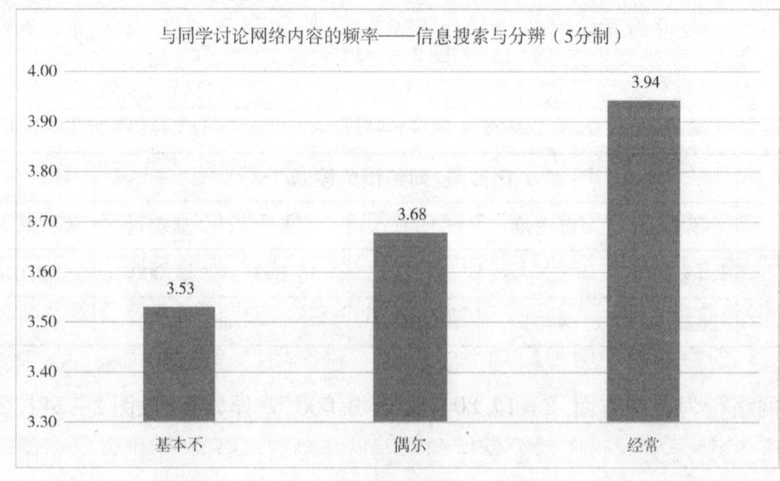

图 2－245

表 2－219

因变量:信息搜索与分辨						
	平方和	自由度	均方	F	显著性	偏 Eta 平方
对比	91. 365	2	45. 682	103. 199	0. 000	0. 044
误差	1974. 715	4461	0. 443			

在信息保存与利用方面，F＝25. 331，SIG＝0. 000，差异显著（见图 2－246、表 4－220）。

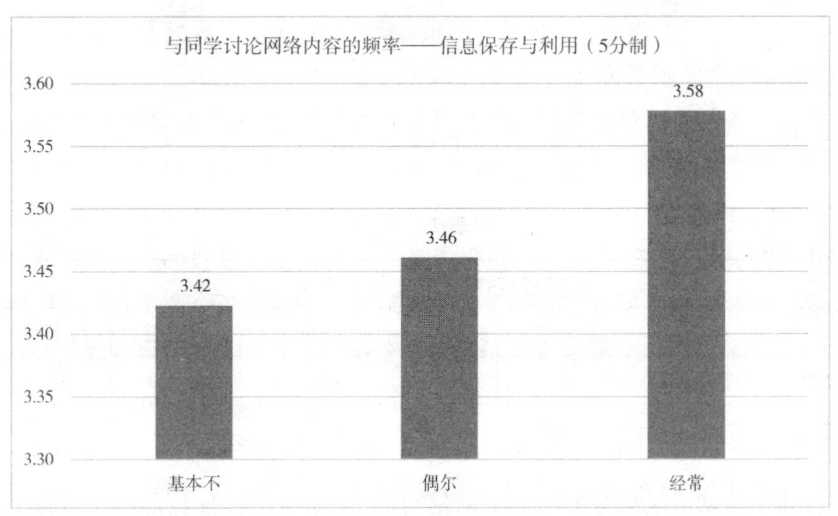

图 2－246

表 2－220

因变量:信息保存与利用						
	平方和	自由度	均方	F	显著性	偏 Eta 平方
对比	16. 278	2	8. 139	25. 331	0. 000	0. 011
误差	1433. 398	4461	0. 321			

（3）与同学讨论网络内容的频率对信息分析与评价中的两个指标均有显著影响。

随着与同学讨论网络内容的频率升高，青少年对网络的主动认知和行动的能力也提高。F＝68. 312，SIG＝0. 000，差异显著（见图 2－247、表 2－221）。

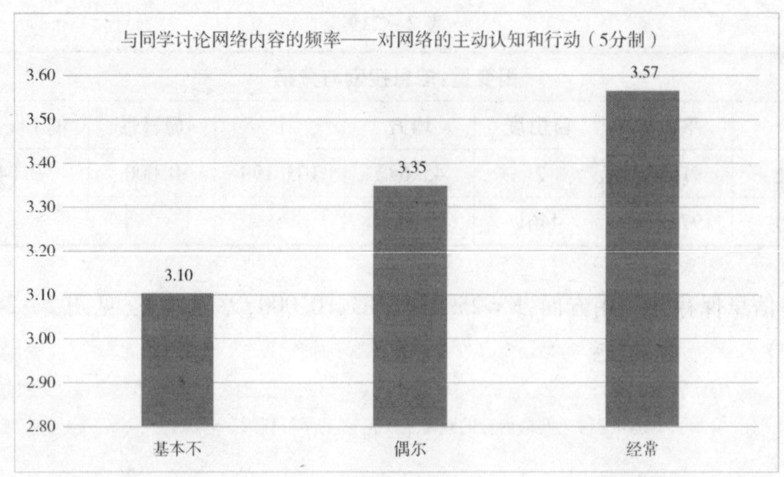

图 2-247

表 2-221

因变量:对网络的主动认知和行动						
	平方和	自由度	均方	F	显著性	偏 Eta 平方
对比	79.765	2	39.883	68.312	0.000	0.030
误差	2604.455	4461	0.584			

经常与同学讨论网络内容的青少年,对信息的辨析和批判的能力最高。F = 13.789,SIG = 0.000,差异显著(见图 2-248、表 2-222)。

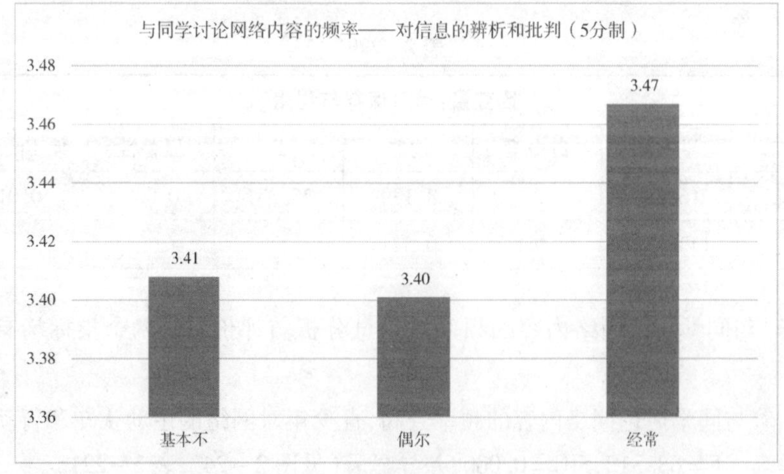

图 2-248

表 2－222

因变量:对信息的辨析和批判						
	平方和	自由度	均方	F	显著性	偏 Eta 平方
对比	4.647	2	2.323	13.789	0.000	0.006
误差	751.625	4461	0.168			

(4)与同学讨论网络内容的频率对印象管理中的四个指标均有显著影响,而且都随着与同学讨论网络内容频率的上升而增强。

在迎合他人方面,F = 79.989,SIG = 0.000,差异显著(见图 2－249、表 2－223)。

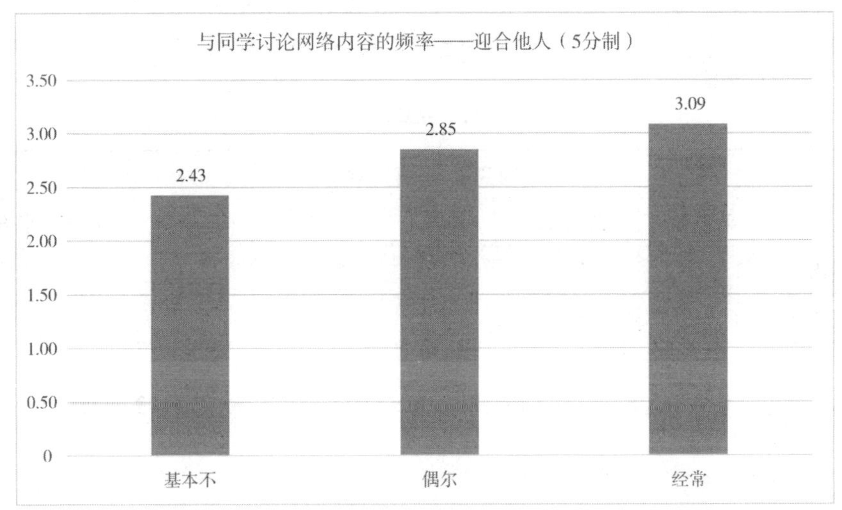

图 2－249

表 2－223

因变量:迎合他人						
	平方和	自由度	均方	F	显著性	偏 Eta 平方
对比	130.825	2	65.413	79.989	0.000	0.035
误差	3648.062	4461	0.818			

在伤害控制方面,F = 80.529,SIG = 0.000,差异显著(见图 2－250、表 2－224)。

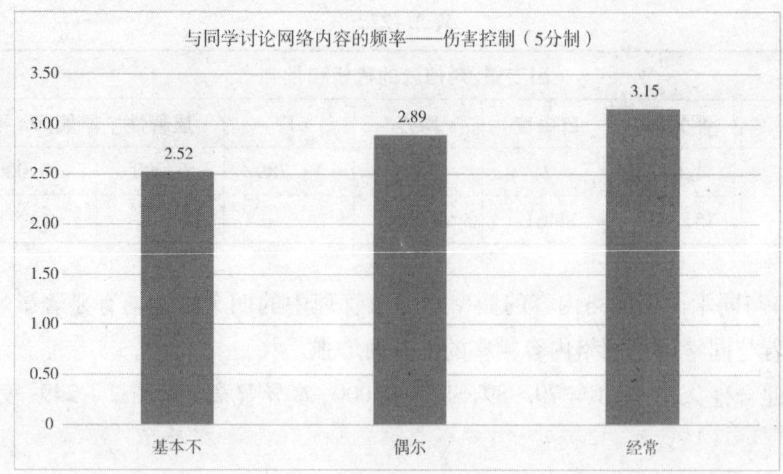

图 2-250

表 2-224

因变量:伤害控制						
	平方和	自由度	均方	F	显著性	偏 Eta 平方
对比	132.342	2	66.171	80.529	0.000	0.035
误差	3665.615	4461	0.822			

在自我宣传方面,F = 109.645,SIG = 0.000,差异显著(见图 2-251、表 2-225)。

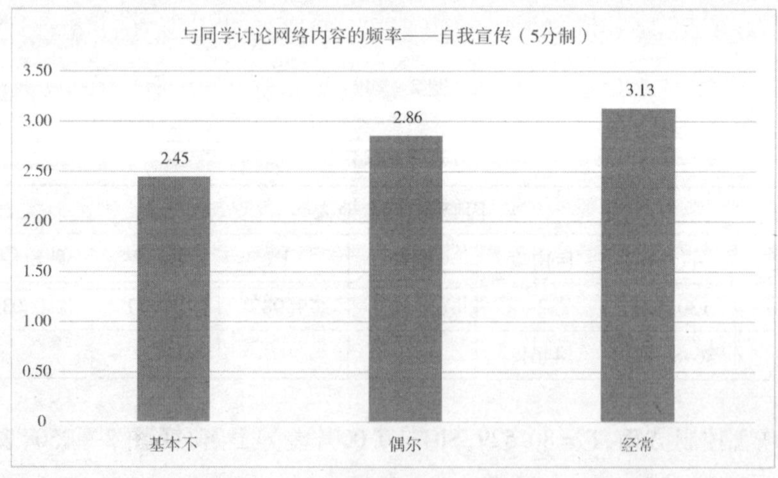

图 2-251

表 2-225

因变量:自我宣传						
	平方和	自由度	均方	F	显著性	偏 Eta 平方
对比	153. 095	2	76. 547	109. 645	0. 000	0. 047
误差	3114. 393	4461	0. 698			

在操控倾向方面,F=25. 634,SIG=0. 000,差异显著(见图 2-252、表 2-226)。

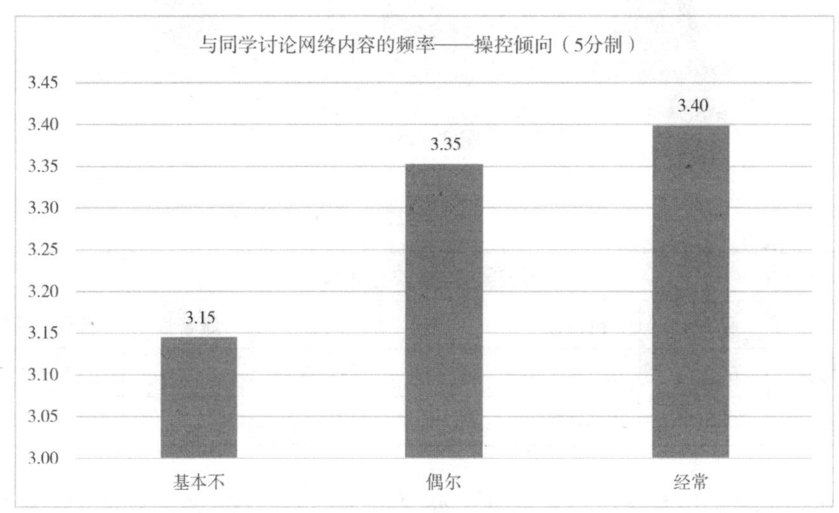

图 2-252

表 2-226

因变量:操控倾向						
	平方和	自由度	均方	F	显著性	偏 Eta 平方
对比	15. 892	2	7. 946	25. 634	0. 000	0. 011
误差	1382. 822	4461	0. 310			

(5)与同学讨论网络内容的频率对青少年安全认知和行为中的两个指标均有显著影响,而且都随着与同学讨论网络内容频率的上升而增强。

在网络安全认知方面,F=54. 201,SIG=0. 000,差异显著(见图 2-253、表 2-227)。

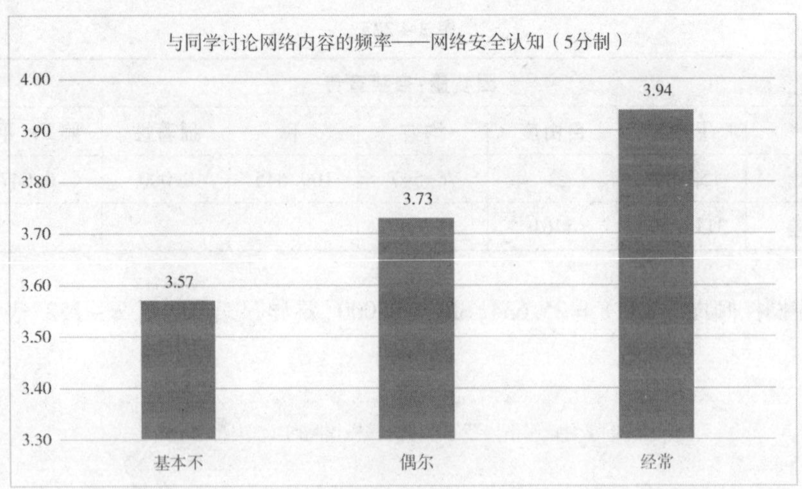

图 2 - 253

表 2 - 227

因变量:网络安全认知						
	平方和	自由度	均方	F	显著性	偏 Eta 平方
对比	62. 863	2	31. 431	54. 201	0. 000	0. 024
误差	2586. 967	4461	0. 580			

在自我隐私和安全保护方面,F = 46. 222,SIG = 0. 000,差异显著(见图 2 - 254、表 2 - 228)。

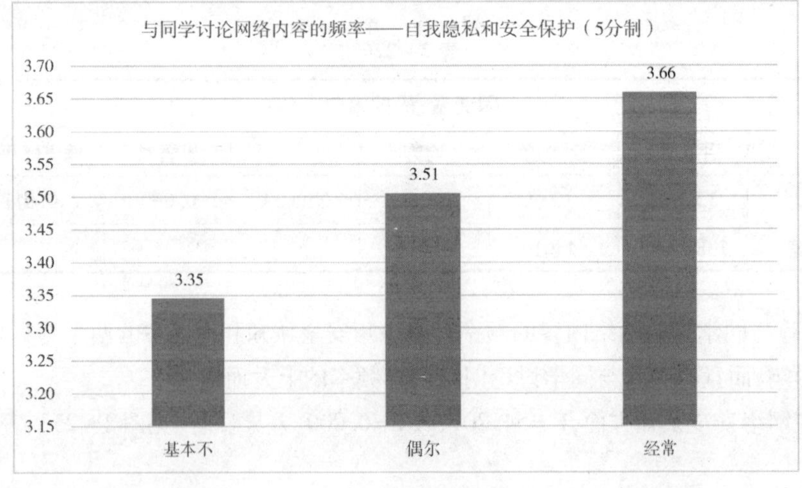

图 2 - 254

表 2－228

因变量:自我隐私和安全保护						
	平方和	自由度	均方	F	显著性	偏 Eta 平方
对比	38. 621	2	19. 311	46. 222	0. 000	0. 020
误差	1863. 732	4461	0. 418			

(6)与同学讨论网络内容的频率对青少年道德认知和行为中的两个指标均有显著影响。

青少年的知识产权认知和行为能力随着与同学讨论网络内容的频率的升高而增强。F＝37. 267,SIG＝0. 000,差异显著(见图 2－255、表 2－229)。

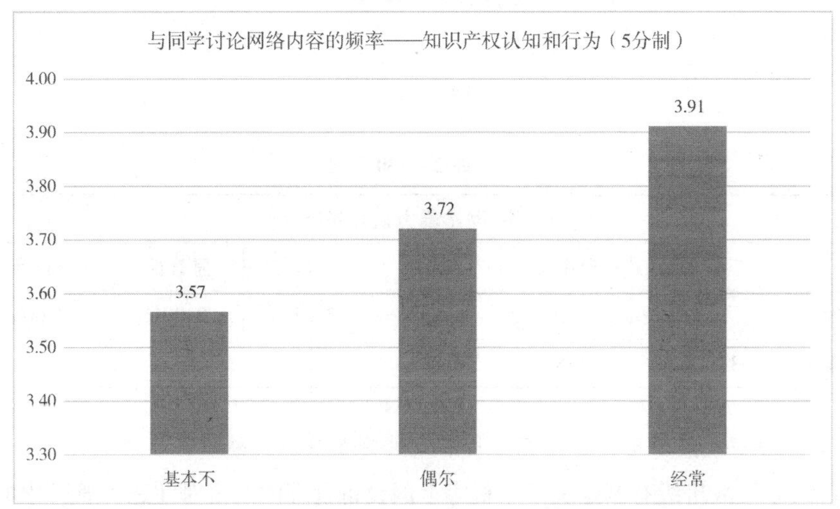

图 2－255

表 2－229

因变量:知识产权认知和行为						
	平方和	自由度	均方	F	显著性	偏 Eta 平方
对比	52. 832	2	26. 416	37. 267	0. 000	0. 016
误差	3162. 081	4461	0. 709			

偶尔与同学讨论网络内容的青少年的网络暴力认知和行为能力最高。F＝7. 017,SIG＝0. 001,差异显著(见图 2－256、表 2－230)。

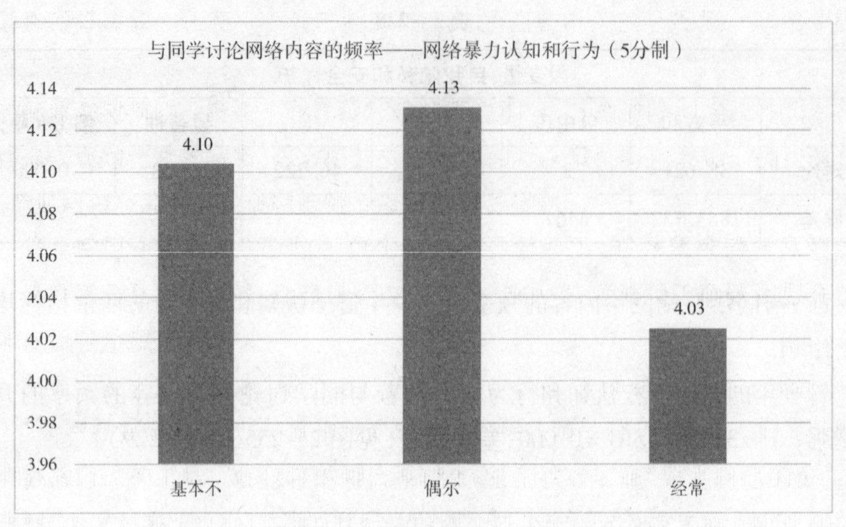

图 2-256

表 2-230

因变量:网络暴力认知和行为						
	平方和	自由度	均方	F	显著性	偏 Eta 平方
对比	11.676	2	5.838	7.017	0.001	0.003
误差	3711.490	4461	0.832			

4. 学校或班级是否制定关于手机等上网设备管理的规定

(1)学校或班级有制定关于手机等上网设备管理的规定对注意力管理中的两个指标均有显著影响。

学校或班级有制定关于手机等上网设备管理的规定对青少年的网络情感控制能力有所增强,F=4.398,SIG=0.036,差异显著(见图 2-257、表 2-231)。

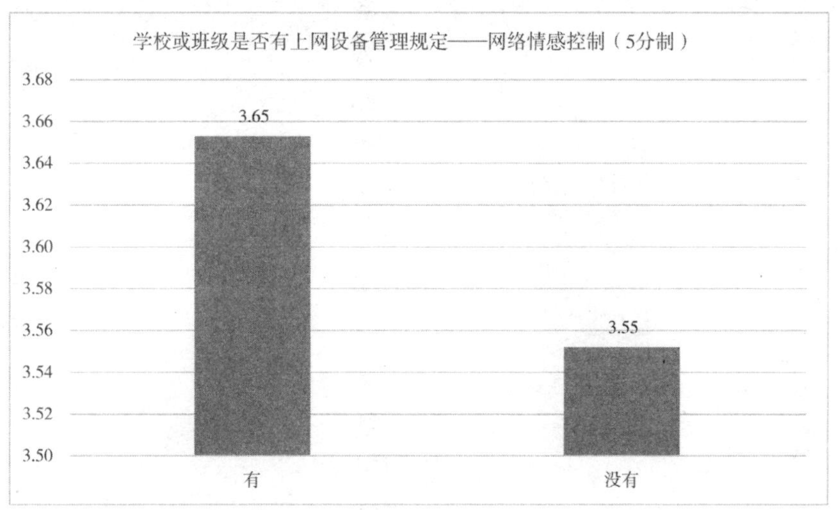

图 2-257

表 2-231

因变量:网络情感控制						
	平方和	自由度	均方	F	显著性	偏 Eta 平方
对比	2.825	1	2.825	4.398	0.036	0.001
误差	2866.464	4462	0.642			

学校或班级是否制定关于手机等上网设备管理的规定对青少年的网络行为控制能力有显著影响,有规定的青少年群体网络情感控制能力更强。F = 13.443, SIG = 0.000,差异显著(见图 2-258、表 2-232)。

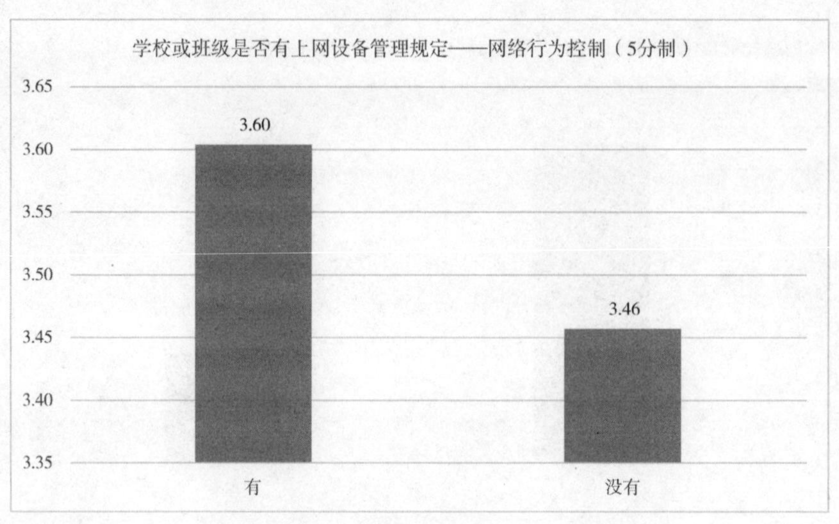

图 2－258

表 2－232

因变量:网络行为控制						
	平方和	自由度	均方	F	显著性	偏 Eta 平方
对比	5. 980	1	5. 980	13. 443	0. 000	0. 003
误差	1984. 882	4462	0. 445			

(2)学校或班级是否制定关于手机等上网设备管理的规定对青少年的网络信息搜索与利用能力中的两个指标均有显著影响,而且均是有规定的青少年群体的能力更强。

在信息搜索与分辨方面,F＝9. 891,SIG＝0. 002,差异显著(见图 2－259、表 4－233)。

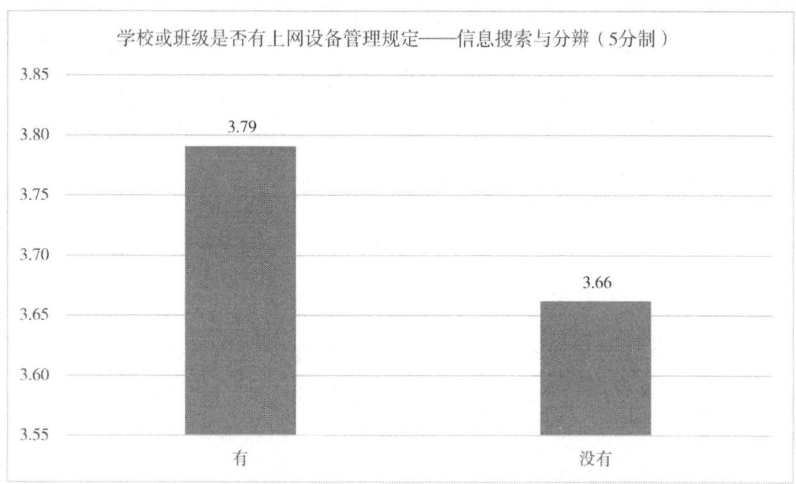

图 2-259

表 2-233

因变量:信息搜索与分辨						
	平方和	自由度	均方	F	显著性	偏 Eta 平方
对比	4.570	1	4.570	9.891	0.002	0.002
误差	2061.510	4462	0.462			

在信息保存与利用方面，F = 8.701，SIG = 0.003，差异显著（见图 2-260、表 4-234）。

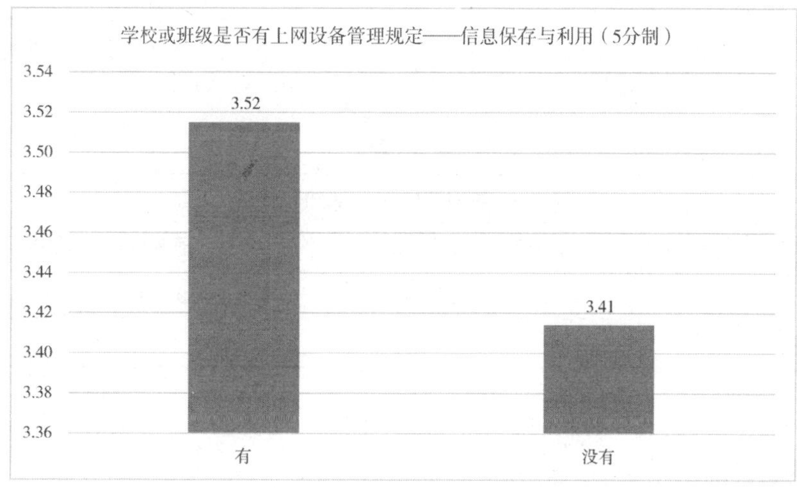

图 2-260

表 2 - 234

因变量:信息保存与利用						
	平方和	自由度	均方	F	显著性	偏 Eta 平方
对比	2.821	1	2.821	8.701	0.003	0.002
误差	1446.855	4462	0.324			

(3)学校或班级是否制定关于手机等上网设备管理的规定对青少年信息分析与评价能力中的指标有显著影响,而且有规定的青少年群体的能力更强。

在网络的主动认知和行动方面,F = 13.247,SIG = 0.002,差异显著(见图 2 - 261、表 2 - 235)。

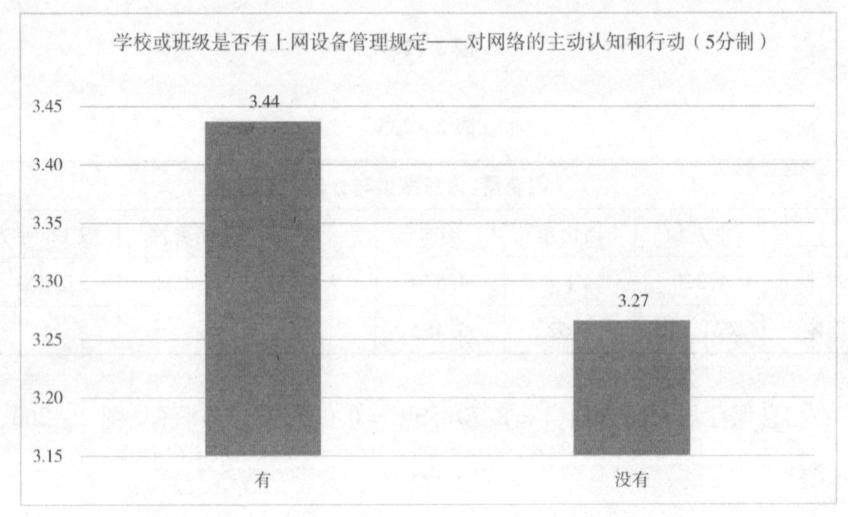

图 2 - 261

表 2 - 235

因变量:对网络的主动认知和行动						
	平方和	自由度	均方	F	显著性	偏 Eta 平方
对比	7.945	1	7.945	13.247	0.000	0.003
误差	2676.275	4462	0.600			

(4)学校或班级是否制定关于手机等上网设备管理的规定仅对青少年印象管理中的自我宣传有显著影响。

学校或班级有制定关于手机等上网设备管理的规定对青少年自我宣传能力

有所增强,F = 4.977,SIG = 0.026,差异显著(见图 2 - 262、表 2 - 236)。

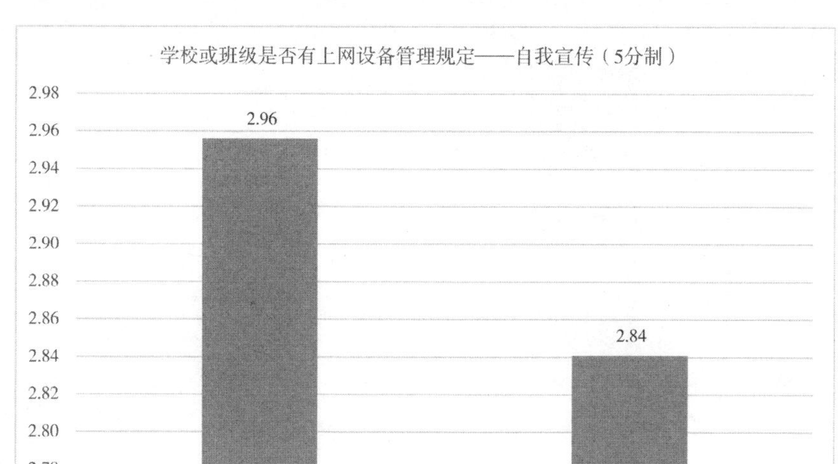

图 2 - 262

表 2 - 236

因变量:自我宣传						
	平方和	自由度	均方	F	显著性	偏 Eta 平方
对比	3.640	1	3.640	4.977	0.026	0.001
误差	3263.848	4462	0.731			

(5)学校或班级是否制定关于手机等上网设备管理的规定对青少年安全认知和行为能力中的两个指标均有显著影响,而且都是有规定的青少年群体的能力更强。

在网络安全认知方面,F = 12.190,SIG = 0.000,差异显著(见图 2 - 263、表 2 - 237)。

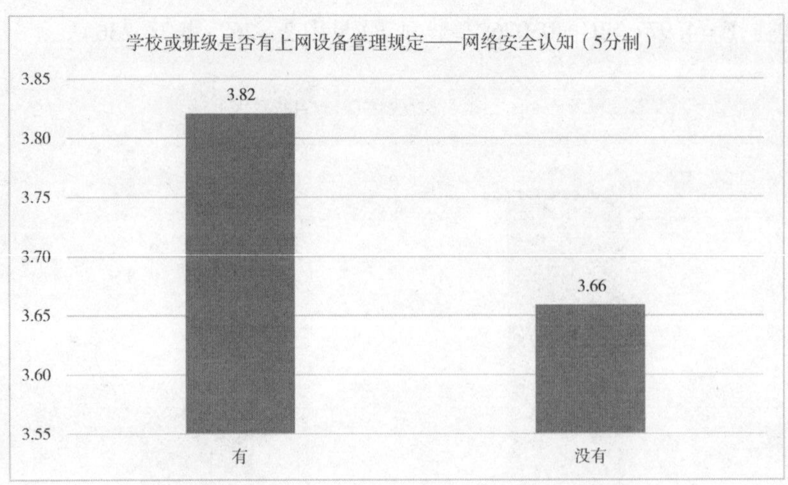

图 2－263

表 2－237

因变量:网络安全认知						
	平方和	自由度	均方	F	显著性	偏 Eta 平方
对比	7.219	1	7.219	12.190	0.000	0.003
误差	2642.611	4462	0.592			

在自我隐私和安全保护方面，F＝18.846，SIG＝0.000，差异显著（见图 2－264、表 2－238）。

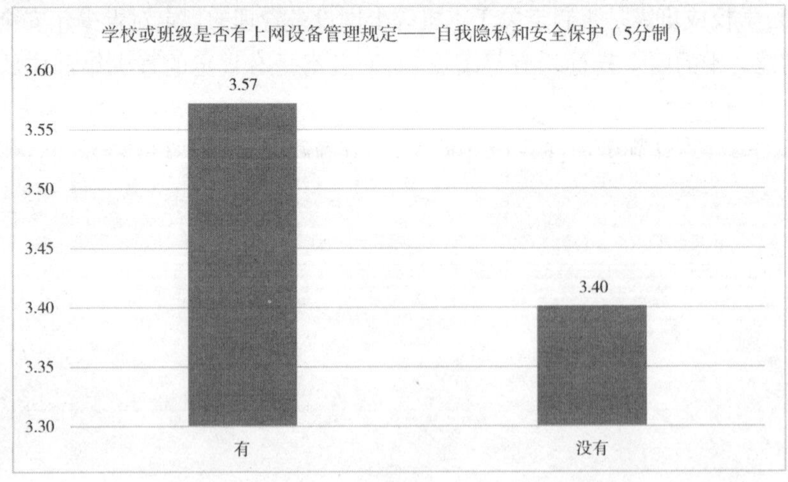

图 2－264

表 2－238

因变量:自我隐私和安全保护						
	平方和	自由度	均方	F	显著性	偏 Eta 平方
对比	8.001	1	8.001	18.846	0.000	0.004
误差	1894.352	4462	0.425			

(6)学校或班级是否制定关于手机等上网设备管理的规定对青少年道德认知和行为能力中的三个指标均有显著影响,而且都是有规定的青少年群体的能力更强。

在知识产权认知和行为方面,F＝17.073,SIG＝0.000,差异显著(见图 2－265、表 2－239)。

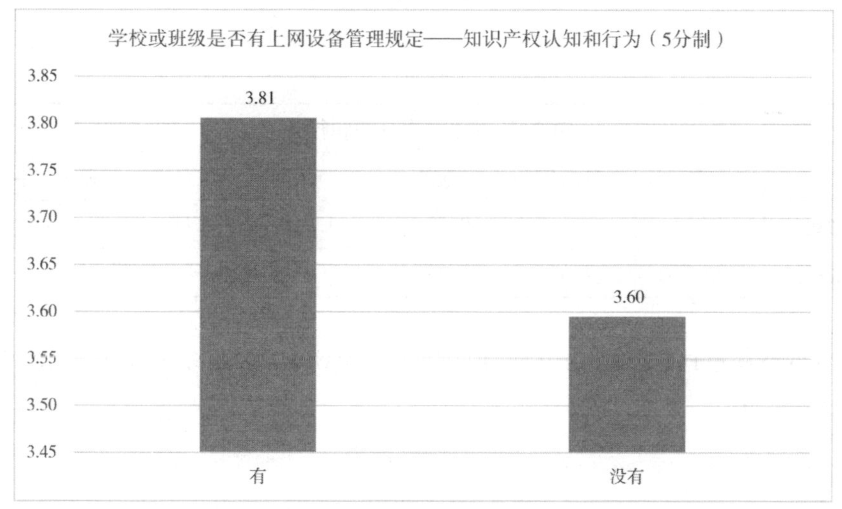

图 2－265

表 2－239

因变量:知识产权认知和行为						
	平方和	自由度	均方	F	显著性	偏 Eta 平方
对比	12.255	1	12.255	17.073	0.000	0.004
误差	3202.659	4462	0.718			

在网络暴力认知和行为方面,F＝11.215,SIG＝0.001,差异显著(见图 2－266、表 2－240)。

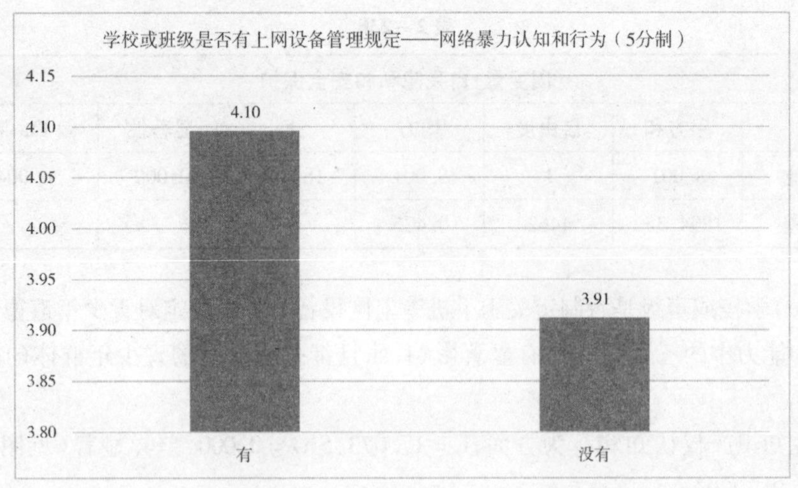

图 2-266

表 2-240

因变量:网络暴力认知和行为						
	平方和	自由度	均方	F	显著性	偏 Eta 平方
对比	9.334	1	9.334	11.215	0.001	0.003
误差	3713.831	4462	0.832			

在网络规范认知和行为方面,F = 25.984,SIG = 0.000,差异显著(见图 2-267、表 2-241)。

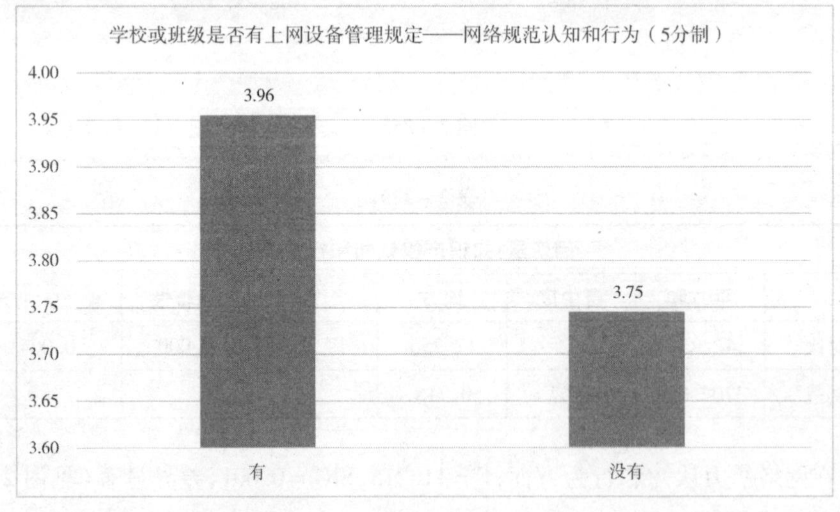

图 2-267

表 2－241

因变量:网络规范认知和行为						
	平方和	自由度	均方	F	显著性	偏 Eta 平方
对比	12.086	1	12.086	25.984	0.000	0.006
误差	2075.412	4462	0.465			

5.在上课时间使用个人手机的频率

(1)青少年在上课时间使用个人手机的频率对其网络注意力管理中的三个指标均有显著影响。

在上课时间从不使用个人手机的青少年群体的网络使用认知能力最强。F = 29.248,SIG = 0.000,差异显著(见图 2－268、表 2－242)。

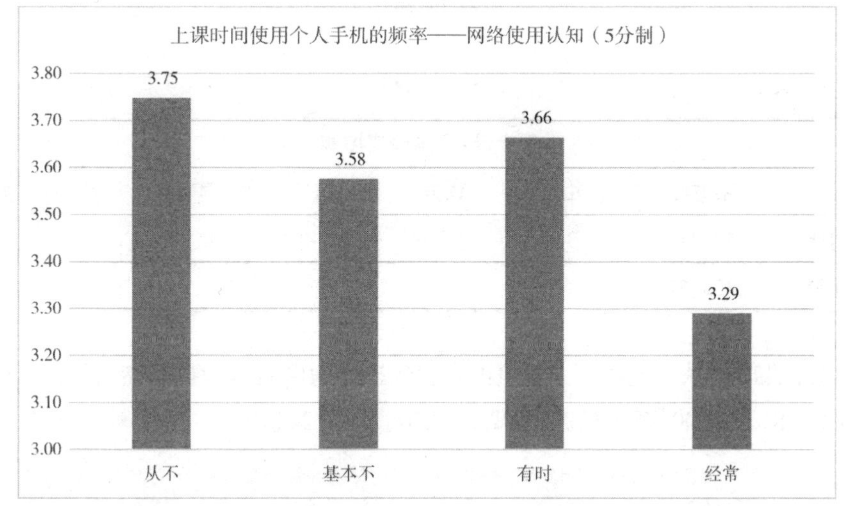

图 2－268

表 2－242

因变量:网络使用认知						
	平方和	自由度	均方	F	显著性	偏 Eta 平方
对比	31.759	3	10.586	29.248	0.000	0.019
误差	1614.258	4460	0.362			

在上课时间从不使用个人手机的青少年群体的网络情感控制能力最强。F = 22.483,SIG = 0.000,差异显著(见图 2－269、表 2－243)。

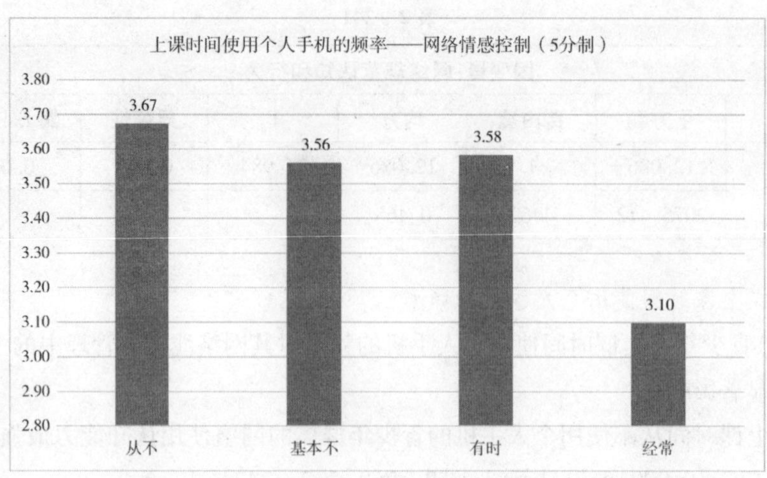

图 2-269

表 2-243

因变量:网络情感控制						
	平方和	自由度	均方	F	显著性	偏 Eta 平方
对比	42.747	3	14.249	22.483	0.000	0.015
误差	2826.542	4460	0.634			

在上课时间从不使用个人手机的青少年群体的网络行为控制能力最强。F = 18.982,SIG = 0.000,差异显著(见图 2-270、表 2-244)。

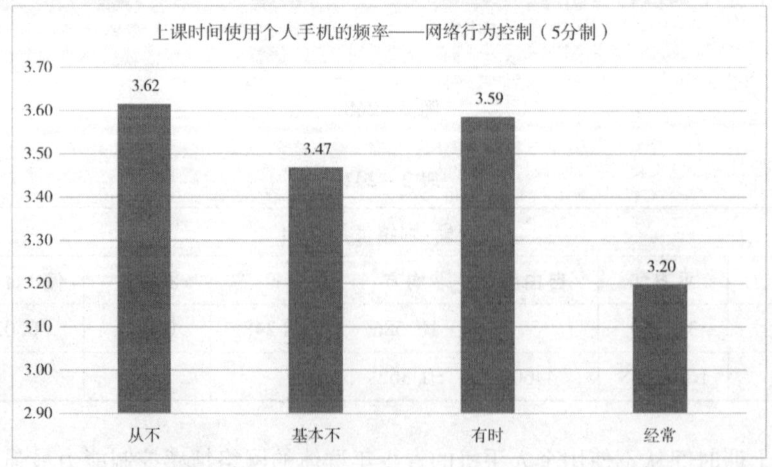

图 2-270

表 2 －244

因变量:网络行为控制						
	平方和	自由度	均方	F	显著性	偏 Eta 平方
对比	25. 099	3	8. 366	18. 982	0. 000	0. 013
误差	1965. 763	4460	0. 441			

(2)青少年在上课时间使用个人手机的频率对其网络信息搜索与利用能力中的三个指标均有显著影响,而且都是从不在上课时间使用个人手机的青少年群体,能力最强。

在信息搜索与分辨方面,F = 8. 951,SIG = 0. 000,差异显著(见图 2 －271、表 4 －245)。

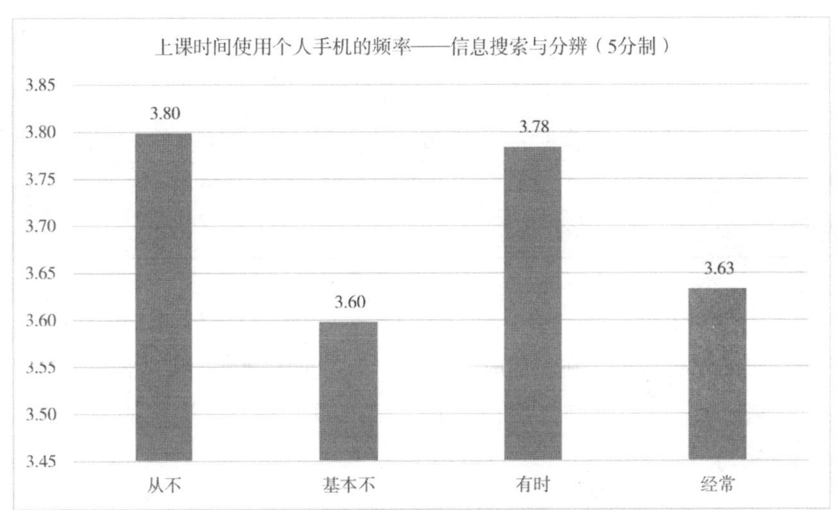

图 2 －271

表 2 －245

因变量:信息搜索与分辨						
	平方和	自由度	均方	F	显著性	偏 Eta 平方
对比	12. 365	3	4. 122	8. 951	0. 000	0. 006
误差	2053. 715	4460	0. 460			

在信息保存与利用方面,F = 4. 446,SIG = 0. 004,差异显著(见图 2 －272、表 4 －246)。

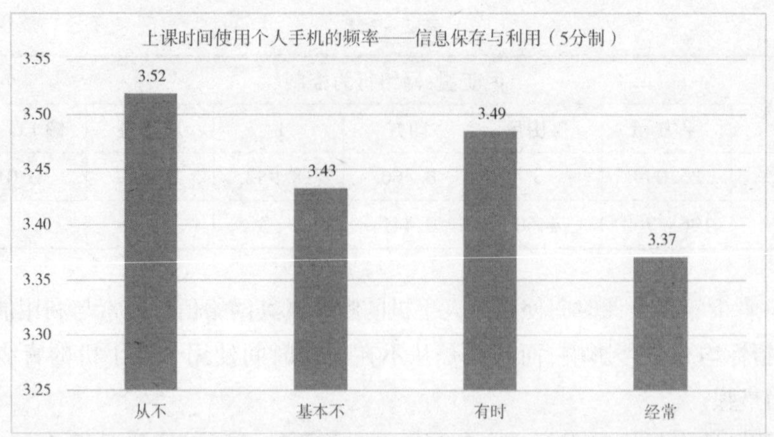

图 2-272

表 2-246

因变量:信息保存与利用						
	平方和	自由度	均方	F	显著性	偏 Eta 平方
对比	4.323	3	1.441	4.446	0.004	0.003
误差	1445.354	4460	0.324			

(3)青少年在上课时间使用个人手机的频率对其信息分析与评价中的指标有显著影响,而且随着青少年在上课时间使用个人手机的频率的降低而增强。

在对信息的辨析和批判方面,F = 10.710,SIG = 0.000,差异显著(见图 2-273、表 2-247)。

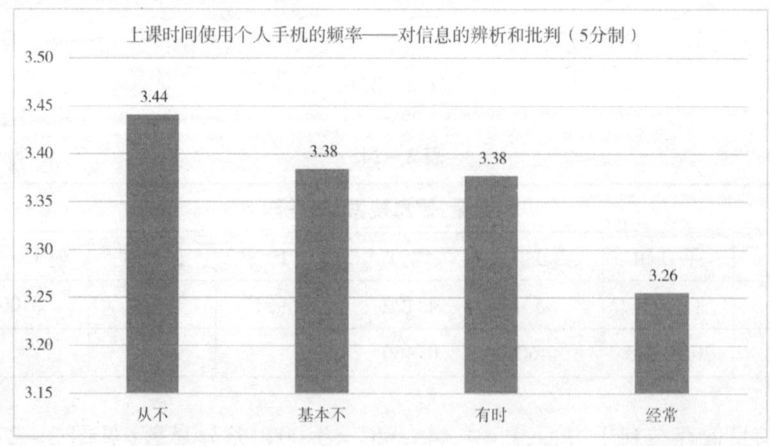

图 2-273

表 2－247

因变量:对信息的辨析和批判						
	平方和	自由度	均方	F	显著性	偏 Eta 平方
对比	5. 409	3	1. 803	10. 710	0. 000	0. 007
误差	750. 862	4460	0. 168			

(4)青少年在上课时间使用个人手机的频率对其印象管理中的所有指标均有显著影响。

随着青少年在上课时间使用个人手机的频率的升高，青少年利用社交媒体迎合他人的程度增强。F =5. 565，SIG =0. 001，差异显著(见图 2－274、表 2－248)。

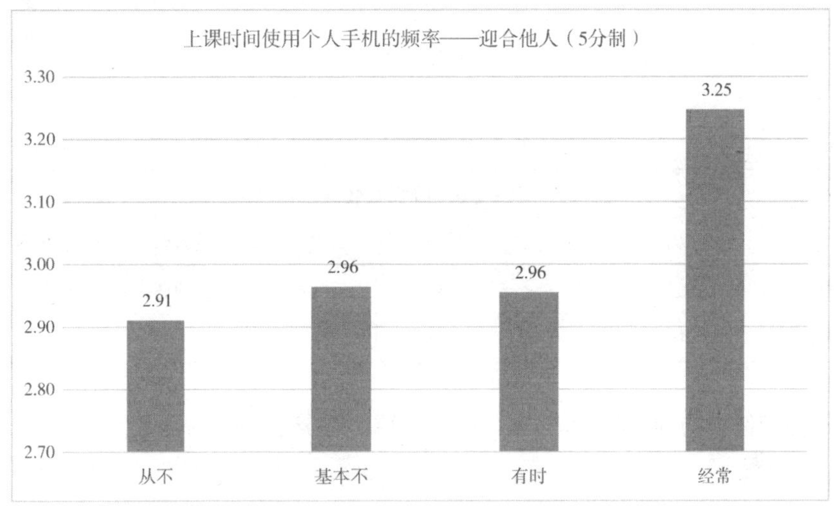

图 2－274

表 2－248

因变量:迎合他人						
	平方和	自由度	均方	F	显著性	偏 Eta 平方
对比	14. 094	3	4. 698	5. 565	0. 001	0. 004
误差	3764. 794	4460	0. 844			

随着青少年在上课时间使用个人手机的频率的升高，青少年在社交媒体上的自我宣传能力增强。F =4. 560，SIG =0. 003，差异显著(见图 2－275、表 2－249)。

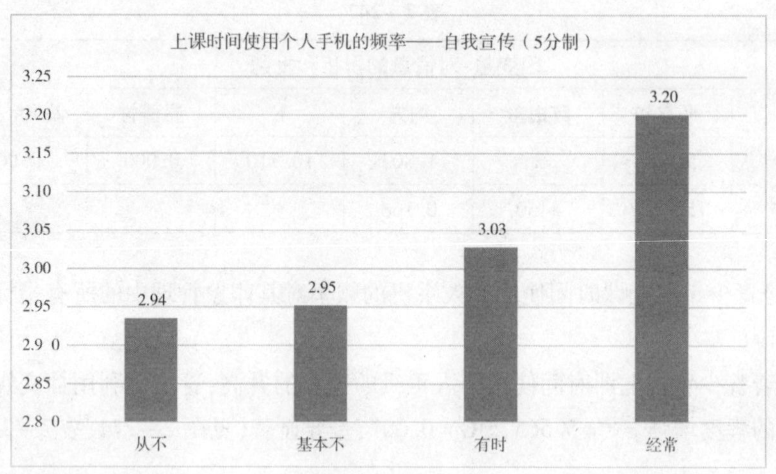

图 2-275

表 2-249

因变量:自我宣传						
	平方和	自由度	均方	F	显著性	偏 Eta 平方
对比	9.992	3	3.331	4.560	0.003	0.003
误差	3257.496	4460	0.730			

在操控倾向方面，F=4.549，SIG=0.003，差异显著（见图 2-276、表 2-250）。

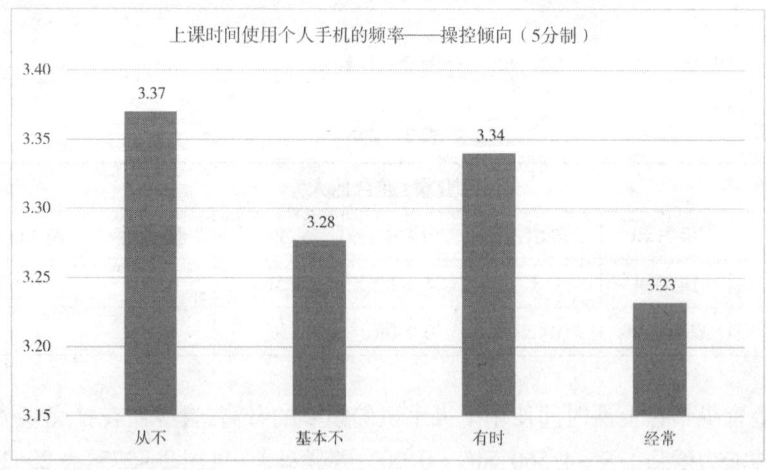

图 2-276

表 2－250

因变量:操控倾向						
	平方和	自由度	均方	F	显著性	偏 Eta 平方
对比	4.267	3	1.422	4.549	0.003	0.003
误差	1394.447	4460	0.313			

(5)青少年在上课时间使用个人手机的频率对安全认知和行为中的所有指标均有显著影响。

在上课时间有时使用个人手机的青少年在安全认知和行为中的网络安全认知能力最强,F＝4.217,SIG＝0.005,差异显著(见图 2－277、表 2－251)。

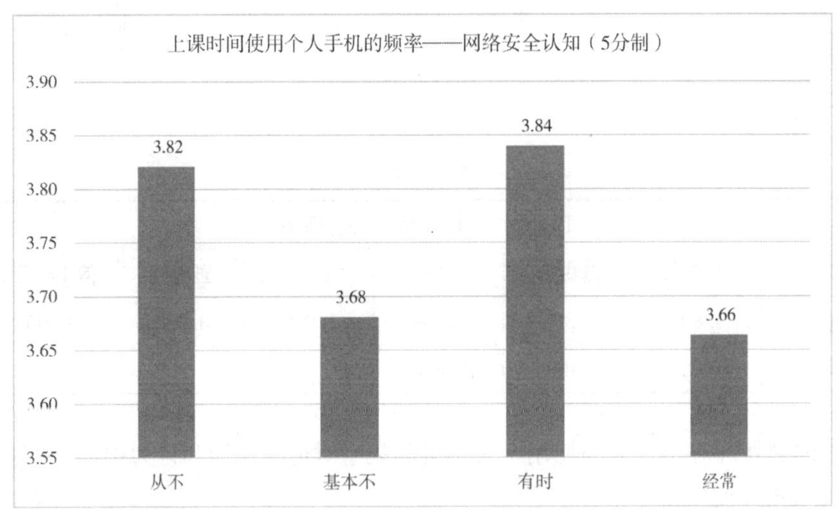

图 2－277

表 2－251

因变量:网络安全认知						
	平方和	自由度	均方	F	显著性	偏 Eta 平方
对比	7.495	3	2.498	4.217	0.005	0.003
误差	2642.335	4460	0.592			

在上课时间有时使用个人手机的青少年的自我隐私和安全保护能力最强,F＝2.979,SIG＝0.030,差异显著(见图 2－278、表 2－252)。

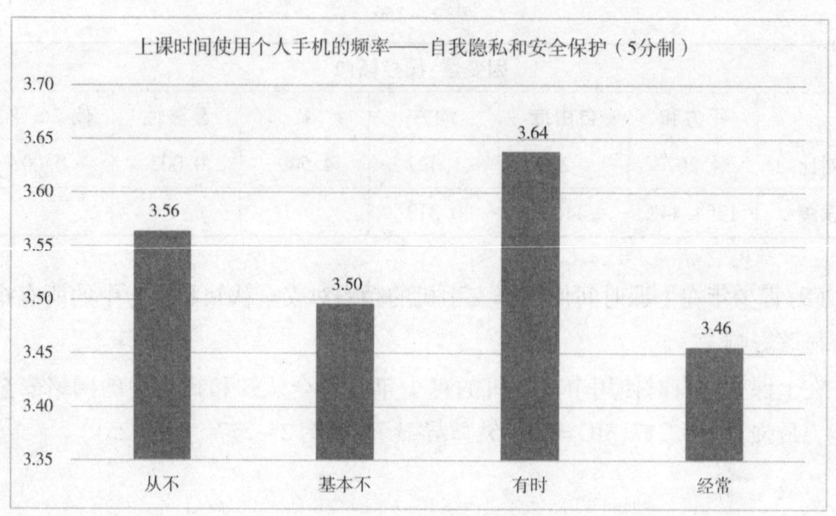

图 2-278

表 2-252

因变量:自我隐私和安全保护						
	平方和	自由度	均方	F	显著性	偏 Eta 平方
对比	3.804	3	1.268	2.979	0.030	0.002
误差	1898.549	4460	0.426			

(6)青少年在上课时间使用个人手机的频率对道德认知和行为中的所有指标均有显著影响。

从不在上课时间使用个人手机的青少年群体在知识产权认知和行为方面能力最强,F=4.944,SIG=0.002,差异显著(见图 2-279、表 2-253)。

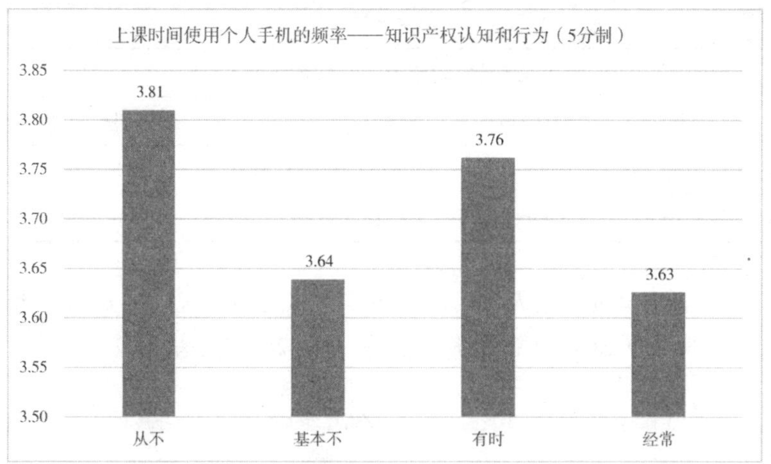

图 2－279

表 2－253

因变量:知识产权认知和行为						
	平方和	自由度	均方	F	显著性	偏 Eta 平方
对比	10.656	3	3.552	4.944	0.002	0.003
误差	3204.257	4460	0.718			

青少年对于网络暴力认知和行为能力,随着青少年在上课时间使用个人手机的频率的升高减弱。F＝43.672,SIG＝0.000,差异显著(见图 2－280、表 2－254)。

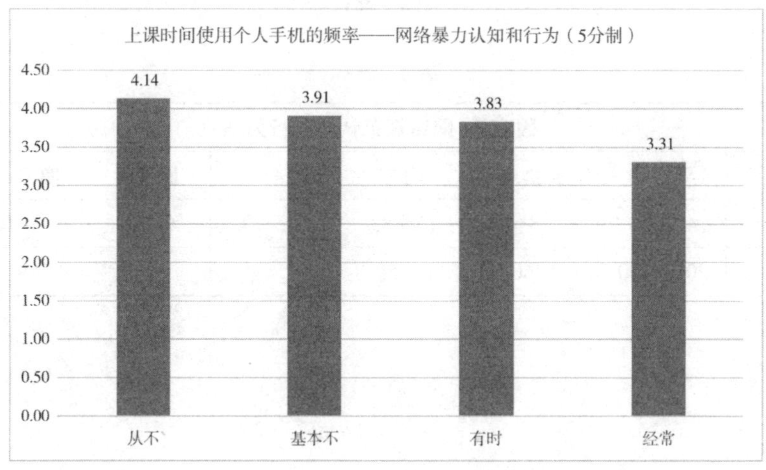

图 2－280

表 2 - 254

因变量:网络暴力认知和行为						
	平方和	自由度	均方	F	显著性	偏 Eta 平方
对比	106. 251	3	35. 417	43. 672	0. 000	0. 029
误差	3616. 915	4460	0. 811			

从不在上课时间使用个人手机的青少年群体在网络规范认知和行为方面能力最强。F = 34. 279, SIG = 0. 000, 差异显著(见图 2 - 281、表 2 - 255)。

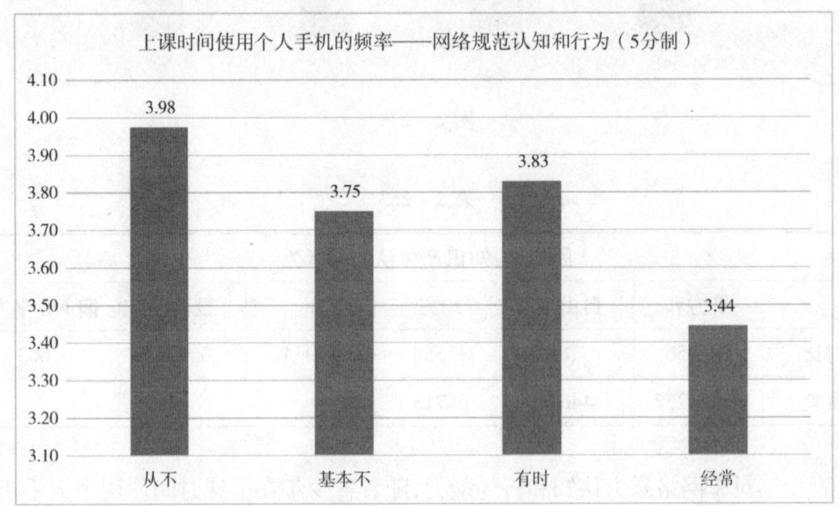

图 2 - 281

表 2 - 255

因变量:网络规范认知和行为						
	平方和	自由度	均方	F	显著性	偏 Eta 平方
对比	47. 048	3	15. 683	34. 279	0. 000	0. 023
误差	2040. 450	4460	0. 458			

第三章

青少年网络素养提升建议

一、“赋权”“赋能”“赋义”是青少年网络素养的核心理念

互联网在中国飞速发展了20余年，由网络化、数字化演进到今天的智能化，互联网以“连接一切”的方式作用于社会，极大地激活了个体，深度嵌入我国社会经济和人民生活，成为影响中国未来发展的重要因素。

基于青少年网络素养的量化研究成果，结合青少年成长发展的现实语境和社会土壤，针对青少年的网络素养的培养和发展这一议题，我们认为“赋权”“赋能”和“赋义”是网络素养培育的核心理念。

“赋权”即青少年作为网络原住民，从出生起便生活在网络世界和现实世界交融的独特生存空间中。“赋权”就是要赋予青少年在实践中提升自我发展能力的权利，除了鼓励青少年去认知和接触现实世界，也应该顺应青少年在网络世界中探索未知的天性，帮助青少年通过网络与现实世界建立与社会的联系，强调实践对认知和综合能力的提升作用，尊重青少年的自由精神与探究本能。

“赋能”是一种能力构建教育，有利于使青少年利用网络自我发展为“智慧网络人”，即培养青少年的上网注意力管理能力、网络信息搜索与利用能力、网络信息分析与评价能力、网络印象管理能力、网络安全认知和行为能力、网络道德认知能力等，使青少年可以娴熟地使用网络媒体，也让他们能够更好地参与社会活动和发声，并利用互联网在虚拟和现实的交互中便捷解决复杂问题，让网络真正为青少年所用。

“赋义”是要在更深层次上进行网络价值教育，挖掘优秀传统文化中道德教育资源，使青少年能够正确认识和理解网络使用的价值和意义，把握网络伦理道德，自觉遵守网络行为规范。网络“赋义”，是一个长期的过程，需要通过家庭、学校和社会共同的教育引导，挖掘中国优秀传统文化中的道德要求和伦理规范，与社会主义核心价值观相结合，形成网络道德规范，使其深入青少年心中，内化为具体网络行为准则，培养其网络信息筛选、目标定位与意义建构的能力，从而使他们能够

在纷繁复杂的网络环境中识别、剔除有害信息,在网络探索和使用的过程中发现内在的意义与自我成长的价值。

二、实施青少年网络素养个人能力提升行动计划

在互联网发展环境下,青少年不是被动接受网络保护,而是要成为积极主动的参与者、推动者、引领者。青少年应认识到网络素养的重要性,从而提高自身网络素养,以达成安全、健康和高效地使用网络的目标。

(一)为青少年构建网络学习社区

在信息网络环境中,应为青少年构建网络学习社区,更好地提升青少年的自身素质和能力;互联网为使用者提供了其行动的主要条件和发展空间,青少年也可以根据自己关于互联网的知识结构和能力,参与网络上关于社会话题的讨论,参加利于自己发展的网络团体,在公共领域累积更丰富的知识和行动经验,从而成长为一个完全的社会人。

(二)学会安全、健康地使用互联网

一是保护信息和隐私安全。青少年应该学习和了解网络安全的相关知识,掌握基础的网络安全常识与问题处理能力,例如下载官方正版软件、软件杀毒等;要注意提高信息安全和隐私防范意识,特别在社交媒体、网上交易、需要填写个人账户密码或真实信息的情境中,如果面对自己陌生又不能确定安全性的网络信息时,应告诉父母或其他监护人。

二是加强注意力管理,谨防网络成瘾。青少年处在需要接收有益信息的关键时期,应该主动地将注意力放在与自己生活息息相关的高质量、高价值的信息上;加强上网的目标定位,避免迷失在网络信息“海洋”中,甚至影响正常生活。

三是提升网络道德修养,遵守网络规范。青少年在使用网络时,会接收到海量的信息,应该学会辨别筛选,自觉抵制网络媒介中尤其是网络游戏中的不文明话语与暴力色情场景;树立理性上网的习惯,避免群体极化与认知偏见;尊重知识产权,不剽窃、盗用他人的知识成果或网络账号;不参与任何形式的网络暴力。

四是警惕数字压力。青少年应检验自己是否存在一定的数字压力,学会时间管理、有计划地上网、减轻对社交媒体的依赖;定期监测屏幕使用时间、手机打开次数等,形成注意力管理曲线;制定目标并开始改变,定期反省网络使用情况,当阶段性地完成目标时给予自己奖励,直到养成新的习惯。如果感到超出自身消解能力的数字压力,应及时告知家长或其他监护人或老师,寻求帮助。

(三)提高网络信息分析与评价能力

通过互联网获取有效的信息并对信息进行鉴别与分析是互联网用户的一项必备技能。数据分析结果显示,青少年的网络信息分析与评价能力随年级升高而提高。在当前的互联网环境下,青少年除了需要掌握必要的媒介技能以适应社会之外,还需要形成一定的信息分析与评价能力。学会批判地解读互联网媒介所传递的信息,包括理性对待网络广告、意识到网络所构建的是一个拟态环境、认真鉴别信息真伪、学会运用多种渠道对信息进行核实。

(四)提高网络印象管理能力

网络世界与真实世界交叠程度不断加深,青少年作为网生代,更多地通过网络平台分享生活、呈现自我、维系人际关系,在网络平台塑造、完善个人形象已成为其必备的网络素养。

青少年在网络探索的过程中,要形成更加独立的自主意识,从自身出发,正确地认识自己,剖析自我,管理自己在网络中的形象;正确认识网络平台的双刃剑作用,具备批判精神、良好的思维、辩证与分析能力;充分发挥主观能动性,随着网络平台的迭代发展,不断提升自己使用网络的能力和效能感,根据不同网络平台与各自受众的特点,选择合适的方式和内容进行创造、发布,学会利用不同策略维护、管理自己的网络印象。

三、实施青少年家庭网络素养教育计划

家庭教育对青少年的成长起着潜移默化的作用。2021 年 2 月公布的《中华人民共和国家庭教育法(草案)》,明确规定未成年人的父母或者其他监护人是实施家庭教育的责任主体。对于网络素养教育而言,一方面,以血缘为纽带的家庭教育具有独特的感染性优势,家长对孩子的性格特点、行为习惯、教育状况、思想动态等相对比较了解,他们的教育引导更具针对性;另一方面,家长的思想观念、上网习惯会对青少年的上网行为产生直接的影响。

(一)家长需自我训练,提高自身的网络素养水平

在网络素养的家庭教育方面,家长首先要提高自身的网络素养水平,如管理自己使用网络的时间、增强对网络信息的分析鉴别能力、客观认识网络的利与弊。对于孩子的上网行为,不能一味地采用禁止态度或认为网络是“洪水猛兽”,也不能对孩子的网络使用行为放任不管,要理性看待,学会换位思考,认识到孩子上网的原因和需求,合理引导。

父亲、母亲在青少年网络信息分析与评价、网络印象管理、网络道德认知和行

为方面存在较为显著的责任和角色差异。因此,要有针对性地提高自身的网络素养水平,共同承担起陪伴青少年成长、发展的责任。

(二)注重沟通,善于发现青少年使用网络时的问题

调研数据显示,青少年与父母亲密程度越高,网络素养也越高;父母干预上网活动的频率越低,青少年网络素养越高;整体而言,家庭氛围越好,青少年网络素养越高,家庭氛围一般的青少年,网络素养相对较低。

作为家长,在青少年网络素养的培育过程中,要主动搭建起亲子沟通的平台,父母应承担起相应的责任。对青少年的上网行为,建议父母抱以宽容、理解的态度,建立与青少年平等讨论和分享的良好习惯,正确引导青少年的上网行为。

家长要多观察青少年使用网络的时间和状态,善于倾听孩子对网络行为的困惑。在尊重隐私的前提下,通过与孩子的沟通交流发现问题,如是否存在网络成瘾的倾向或现象,孩子是否缺乏相应的注意力管理能力等。

父母要适度干预青少年的上网行为,应采取多种形式和方法,多维度地介入,必要时可以制定科学的家庭上网规则,比如与孩子商量制定网络使用计划表,让孩子养成先完成学习任务再上网的习惯。

(三)安全上网,引导青少年识别垃圾信息

青少年作为数字原住民,对于信息缺少足够的鉴别能力,家长要培养孩子在信息整理、分类技巧以及辨别垃圾信息方面的能力,培养孩子正确的价值观,避免有害信息对青少年造成伤害。家长也要足够重视网络安全问题,并在日常生活中向孩子讲解网络安全的相关知识,包括避免泄露自己的真实信息、通过社交网络聊天时的注意事项等。

(四)引导孩子正确参与网络互动、文明上网

青少年拥有利用互联网进行自由表达、参与网络互动的权利。家长要指导孩子文明上网,合理地利用网络进行知识学习、信息获取、交流沟通与娱乐休闲,积极参加网络上一些规范的学习社群和兴趣小组;教导孩子注意上网规范,不传播未经核实的信息、不侮辱欺骗他人、不浏览不良信息、不发表极端言论、不盲从“站队”等。

印象管理作为网络素养的组成部分,是青少年网络互动的表现,家长应承担起榜样模范、陪伴引导的作用,教导孩子恰当利用网络为自己塑造良好形象,发现孩子在网络平台发布的内容不合时宜或有损自身形象时及时提醒、制止。

(五)在平等对话中提升青少年对网络信息的分析评价能力

对媒介信息的分析评价能力是网络素养的重要组成部分,它更侧重于信息的

认知过程。家长要与孩子进行平等对话和交流，指导他们正确认识网络上的信息，例如可以与孩子讨论网络广告，包括这则网络广告是怎样运作的，为我们营造了一个怎样的环境，它为什么会让我们产生购买的欲望，等等，从而让他们成为理智的消费者。

（六）建设网络素养家长课堂

建设网络素养家长课堂，开设家庭教育通识类课程，以指导父母加强青少年网络素养家庭教育，具体措施可包括：政府或社会组织牵头研制家庭教育指导读本，开办网络素养教育培训班，帮助家长指导孩子如何正确使用网络，着重培养孩子的鉴别力；大中小学举办线上网络素养教育讲座和研讨会，为学生家长提供讨论与分享如何指导孩子使用互联网的在线交流平台；高校与社会科研机构等共同开发定制家长网络素养教育课程与指导手册；政府与企业深度合作，鼓励互联网信息供应商开发并推广绿色家庭上网系统，帮助特定年龄群体过滤不良信息等。

四、构建青少年网络素养教育生态系统

学校是教书育人的场所，也是青少年成长发展的主阵地，学校教育是媒介素养教育的基础和关键，没有一种教育方式可以与学校系统化、规模化、正规化的教育方式相提并论，学校的责任需要进一步强化，将其纳入青少年网络保护的重要责任主体。

（一）完善网络素养教育体系

目前，我国中小学尚未形成统一的网络素养教育课程体系，有些学校尚未开展网络教育课程，课程设置、教学内容、师资培训、教学方式等都还有待加强。学校的网络素养教育中，网络行为规范知识、网络防沉迷知识、网络相关法律知识、信息网络安全知识等的学习需要尽快弥补短板。

（二）改善课程设置

调研数据显示，学校是否有移动设备管理规定，以及青少年在网络技术、素养类课程中的收获程度，对青少年网络素养有显著影响。建议政府相关部门根据不同年龄阶段的学生，制定明确的网络素养能力要求，学校据此设立课程大纲与具体教学目标，开设网络素养教育的独立式课程或融入式课程。

现有学校网络课程的设置多聚焦于网络使用能力培养，在此基础上，应该适当增加网络行为规范、信息辨别、信息搜索与利用、网络安全、网络道德等知识的教学培养；兼顾理论学习和实践应用，使青少年能够将知识建构、技能培养与思维发展融入运用数字化工具解决问题过程中，体验知识的社会性建构；重视网络素

养课程的教学效果,建立多元化的课程评价体系,强调过程评价,注重评价的全面性与综合性;注意网络素养教育的跨学科合作,可以将网络素养教育融入美育、思想道德等课程之中,通过融入式的课程教育提升青少年的网络素养。调研数据显示,年级对网络素养中的不同指标均有显著影响,因此学校要注意不同学段青少年的网络素养特点,进行差异化教育。

具体的教学策略(如课程单元、课时安排等)需要进行媒介教育研究的专业部门以及教育学、心理学等方面的专家在调查研究的基础上,根据不同地区与学校的具体情况进行共同商定。

(三)加强教师培训

在网络素养教育体系建设中,教师处于第一线和十分重要的位置上。建议进一步提升教师的网络素养水平,在教师的职前培养培训和在职进修中增加网络素养模块。

在对教师的网络素养培训中,要重视媒体应用方面的教学方法,教师应积极主动帮助学生提升适应和辨析网络的能力,可以就学生最常接触到的社交媒体、游戏、广告等的生产制作流程,为学生进行客观和理智的分析,让他们对网络保持谨慎和开放心态,更加理性地看待自身接触到的媒介环境。教育相关部门应编写教师网络素养指导手册,帮助教师提升网络素养与教学能力。

(四)发挥社会大课堂育人的作用

数据显示,青少年所在地区、城市等级与户口的差异对其网络素养不同指标有所影响,这种差异的改善更需要社会的参与。学校要积极引入媒体、社区、企业、公益组织等第三方力量,开展媒体进校园、进课堂、进社团等系列活动。同时鼓励青少年进行参与式、交流式、拓展式的媒介体验和社会实践活动。

五、政府完善法制、监管与社会保障

(一)提供制度和政策保障

政府相关部门可借鉴西方发达国家关于青少年网络素养教育的经验,在制度和政策制定方面进行规范,推行切实有效的网络素养教育政策,此为解决青少年乃至全民网络素养教育问题的最根本途径。地方政府部门推动设立家庭教育指导服务中心。同时,教育部门也要制定相应的学校网络素养教育政策,提供该类学科与教材建设的指导意见,尤其需要制定阶梯式网络素养框架,明晰各年龄段青少年网络素养的能力标准,以此为基础积极引导学校进行网络素养教育课程设置等创新性教学改革。另外,除了培养未成年人的安全上网意识外,还应全面提升包括未成年人、监护人和学校教师等在内的大众网络素养教育水平，建议尽快研究制定全民网络素养教育规划，通过提高公众整体网络素养，构建积极向上的网络文化，为青少年正确认识、使用互联网创造良好的社会氛围。

（二）建立健全网络监管机制

针对“网络素养的培养与提升”这一解决青少年相关网络问题的关键，目前我国一些政策与规定仍比较缺乏。政府相关部门需加速网络法制建设，不断完善相应的法律法规，让公共网络管理切实做到有法可依、有法必依、执法必严、违法必究，坚决抵制暴力、色情等多种不良网络信息，重拳打击隐私泄露与网络诈骗等违法行为，为青少年营造出文明、和谐、清朗的网络环境。

2021 年 1 月，教育部印发的《关于加强中小学生手机管理工作的通知》明确不得将个人手机带入校园，学校应将手机管理纳入学校日常管理。相关部门还应研究并推广青少年网络保护机制，建立标准明确的“青少年网络内容准入”体系，严厉打击传播暴力色情等有害信息、宣传低俗媚俗网络文化、煽动网络群体对立、散播网络谣言、在网络空间对青少年实施伤害的违法犯罪行为；对传媒企业进行有效监管，引导龙头企业积极配合政府监管部门，构建有利于青少年网络素养提升的行业规则，从源头为青少年创造安全健康的网络环境。

3. 成立各级各类网络健康指导委员会

成立各级各类网络健康指导委员会，旨在协调政府各部门资源推动网络健康计划。提倡互联网企业和社会公共部门共同合作开展网络健康项目，如通过建立种子基金的方式，用以：建立专业的青少年网络素养培训机构，向青少年及其家庭和学校提供专业性服务；鼓励和支持开展青少年网络素养的基础和应用研究；建立青少年网络素养提升与干预专业网站，向有需要的青少年、家庭和学校提供各种在线服务。各级各类网络健康指导委员会应协助并支持互联网企业以及社会相关组织，为青少年及其家长举办公益网络素养教育项目，最大范围地促进公民网络素养的提升。

六、传媒企业形成行业自律与行业规范

在青少年网络素养的培育过程中，传媒企业必须落实主体责任，重视青少年网络安全以及青少年网络素养提升，切实履行自律规范，兼顾社会效益与经济效益，探索如何利用数字技术为青少年打造健康友好的网络环境。

在 2016 年 10 月国家互联网信息办公室发布的《未成年人网络保护条例（草案征求意见稿）》以及 2020 年 10 月修订后的《中华人民共和国未成年人保护法》

中,都对传媒企业在青少年网络素养培养中所担责任及具体要求做了明确规定。其中提出:网络产品和服务提供者不得向未成年人提供诱导其沉迷的产品和服务;网络游戏、网络直播、网络音视频、网络社交等网络服务提供者应当针对未成年人使用其服务设置相应的时间管理、权限管理、消费管理等功能;网络游戏服务提供者应当按照国家有关规定和标准,对游戏产品进行分类,做出适龄提示,并采取技术措施,不得让未成年人接触不适宜的游戏或者游戏功能;网络游戏服务提供者应当建立、完善预防未成年人沉迷网络游戏的游戏规则,对可能诱发未成年人沉迷网络游戏的游戏规则进行技术改造;网络游戏服务提供者不得在每日22时至次日8时向未成年人提供网络游戏服务;网络游戏服务提供者应当要求未成年人以真实身份信息注册并登录网络游戏;等等。

许多传媒企业积极履行企业责任,落实相关规定和保护的作用。例如腾讯、网易、三七互娱等厂在游戏中实施未成年人防沉迷系统,达到了一定成效。但是,在现实操作层面,仍有许多孩子利用家长手机绑定账号,绕开监管,进行违规游戏登录、直播打赏等行为;即使在部分媒体平台的青少年模式,也仍充斥着色情暴力等低俗内容;许多互联网厂商的后期处理措施与服务效率也一直为大众所诟病,不能对相关问题进行及时处理。因此,传媒企业仍需不断提升针对青少年的网络保护能力,依据相关法律法规,进一步完善保护机制与监管体系,加大对负面信息的屏蔽力度,限制青少年持续上网时间;推动游戏分级,在相关游戏和产品开发中避免仅追求用户留存时间与充值率的行为,应兼顾娱乐性与教育性,从设计根源上防止青少年网络成瘾;与家长积极配合,设置显著有效的青少年不良内容举报投诉通道和反馈机制,切实履行传媒企业所担责任,在媒介传播中服务于网络素养教育的要求。

七、集结社会各界力量共同促进青少年网络素养提升

(一)社会公共组织联合企业开展青少年网络素养项目、计划、活动等

中国青少年宫协会“E成长计划”公益项目、腾讯DN. A计划、各大互联网企业的网络素养学院等,均是以社会力量提升青少年网络素养的有力手段。但目前存在的问题是单点成绩突出、普遍性成就不足,过于依靠互联网龙头企业与专业青少年教育组织。因此,下一步需要依靠政府牵头,动员互联网企业,加强对青少年网络素养教育的重视,开展青少年网络素养项目,推动实施绿色网络健康计划,完善适用于青少年网络素养水平衡量的测评体系,研制关于青少年网络素养培养的家长行动指南,提供热线咨询、指导、评价和预警服务;设立青少年网络素养公

益教育基金，实施数字时代全民网络素养教育行动计划，以线下或线上的具体形式将青少年网络素养教育切实落地，营造全社会重视和提升网络素养的环境。

（二）强化、规范化各地青少年网络素养教育基地的建设

青少年网络素养教育基地是直接提升当地青少年网络素养水平的强效手段，如浙江、安徽等省近年来通过网络素养基地的建设，积累了丰富的青少年网络素养教育经验。目前国内各地已有不少青少年网络素养教育基地处于建设过程之中，但从整体来讲仍存在供不应求的问题，因此，需进一步加强各地基地建设的普及性。在建设的同时，一定要严守科学化、规范化的教育原则，强化基地建设审核与监管标准，杜绝违法违规类社会机构的出现。

（三）发挥大众传媒的引导功能，营造良好媒介环境

大众传媒具有舆论导向、道德引领、教育大众的功能，对于青少年网络素养的塑造具有重要意义，必须发挥其引导作用。目前媒体多以网络成瘾的危害和个别严重案例为主要报道内容，实际上大量有关成瘾行为的研究已经证明，只强调行为的危害对于改变人们的成瘾行为效果甚微。并且，仅聚焦于网络成瘾也不利于多维度网络素养水平的提升。建议媒介组织与网络素养相关学术机构合作，基于调研成果开展全面、科学的新闻宣传和报道，加大有关网络对促进青少年发挥积极作用的报道力度，引导青少年积极关注和使用网络的正向功能。

具体而言，针对青少年网络素养教育，新闻媒体可以聚焦中小学开展网络素养知识传播活动，或者以当前的网络热点问题作为切入口开设互动平台，在和师生的深度互动交流中潜移默化地渗透网络素养教育。而校园媒体则可以利用校园网、广播台、校刊微信公众号、微博等渠道，开展网络素养教育普及与宣传，借助校园媒体受众群体稳定的特点和优势，打造良好的校园教育宣传环境，力争促成"润物细无声"的传播与引导效果。社交媒体平台上的意见领袖、网络红人也都具有广泛的社会影响力和粉丝流量，对于青少年群体的价值选择与判断具有巨大的引导作用。因此，意见领袖和网络红人们自身的网络素养和价值观倾向至关重要，这要求他们在网络发布相关言论时，必须承担起与自身影响力相匹配的引导责任，遵守网络道德规范，积极倡导正能量的社会舆论。具体到每一位网络用户，也应该加强自身的网络素养建设，给予青少年健康的价值观指引，传递正能量，形成风清气正、健康和谐的网络环境。

附录1

发达国家青少年网络素养教育的实践探索

方增泉　季晓旭　李琨　王佳鑫　朴玟帅　王秋懿

摘要:互联网越来越成为青少年生活中不可缺少的组成部分,我国的青少年网络素养教育发展仍处于起步、萌芽阶段。一些发达国家在青少年的网络素养教育上,起步早,发展快,已经有了经过实践验证的比较成熟的青少年网络素养教育体系和方法。本文通过梳理英国、美国、新加坡、澳大利亚、芬兰等网络素养教育较为发达国家的实践探索,为提升我国的青少年网络素养提出相关建议。

关键词:青少年　网络素养教育　发达国家

随着网络通信技术的发展和移动电子设备的普及,媒介、网络已经成为人类日常生活中不可缺少的一部分,人们开始接触网络的年龄正在不断降低。“千禧”一代作为“网生代”,是数字网络原住民,他们的生活与网络息息相关。然而网络环境的复杂性和庞大的内容信息,对于青少年网民来说,仍是一把双刃剑。在我国,网络素养教育仍处于萌芽和起步阶段,尚不成熟。一些发达国家在青少年的网络素养教育上,起步早,发展快,已经有了经过实践验证的比较成熟的青少年网络素养教育体系和方法。

一、学校中的青少年网络素养教育

学校目前作为青少年网络素养教育的承担主体,是网络素养教育中最为基础、重要的一部分。包含网络素养的青少年媒介素养教育在国外已有九十多年历史,英国、美国、加拿大、澳大利亚等是青少年媒介素养教育起步早,发展比较成熟的国家,进入新世纪后,以芬兰为代表的北欧国家的青少年媒介素养教育也逐渐得到了全面的发展。青少年媒介素养发展较早的国家都已将媒介素养纳入国家教育体系,从而确保青少年媒介素养教育的确切落实。青少年的网络素养教育需要学校在潜移默化中,整体培养提升学生的媒介素养。目前,国外学校的青少年媒介素养教育主要包括三种形式:独立课程模式、融入式课程模式、课后活动模式。

(一)独立式课程

英国是较早进行媒介素养教育的国家之一,其媒介素养教育课程已经相当成熟。它涵盖了从小学到大学教育体系的全过程,并逐步成为终生学习的重要内容,成为正式教育体系中的教学科目,并有完整的评价系统。联合国文明联盟报告指出,人口不断接触到媒体,这对教育提出了挑战,在电子和数字时代这一挑战有所增加。评估信息源需要技能和批判性思维,是一项教育责任,应在学校,特别是中学实施媒体素养项目,帮助培养媒体消费者对新闻报道的洞察力和批判性态度,提高媒体意识和发展互联网素养,以消除误解、偏见和仇恨言论。

英国所开设的有关媒介素养教育的单独课程名为"媒介研究",是专门为14—16岁学生开设的选修课。课程目标和内容均包含网络素养的教育。

"媒介研究"的课程目标是加强学生对自我以及自我所存在的世界的认知,并培养学生对于事物、问题等的批判、鉴赏和探究能力;培养学生在日常生活中对媒介的批判性理解和使用;以及各种有关媒介的实践活动,包括理解运用媒介的概念、分析和解释媒介的制作、评价媒介的产品和过程等。互联网作为目前使用最普遍的媒介,是课程的关注重点。

"媒介研究"的课程实施方式多样,主要以学生讨论为主。包括课堂活动小组讨论、全班讨论、教师的直接讲授、角色扮演和模仿、内容分析、写作和媒介制作等。课程中,媒介的制作在媒介素养教学中承担了很重要的角色,其目的是让学生通过媒介制作来加深对媒介内容的理解,从而将理论付诸实践,以便达到"通过个人参与和创造性的表达来培养学生实践技能"的要求。

(二)融入式课程

大多数媒介素养教育课程还是以融入式课程为主,使学生通过日常的学习,在潜移默化中提升自己的网络素养。2006年,加拿大安大略省为1~8年级的学生开设新的语言课程大纲,媒介素养成为新的课程目标,要求教师在课程教学设计中,将重点融入日常教学,媒介素养教育正式进入安大略省的学校教育体系中。加拿大的数字素养框架重点提出了学生的网络素养目标。如在2~3年级,学生仍然无法独立进行批判性的思考,而是相信网络环境中人、事、物的表面行为。然而,他们正在网上寻找更多信息,开始将计算机和互联网纳入他们的日常生活中。考虑到这一点,现在是开展网络素养教育的好时机,可以教他们:网络搜索策略的技巧;认识到网站上的品牌如何通过品牌角色、游戏和活动建立品牌忠诚度;如何在商业网站上保护自己的隐私;自己发布到互联网上的信息和资料会被永久留存等相关知识。加拿大的魁北克省将网络素养教育融入初级和中级英语语言艺术课程中,其课程目标之一就是“在不同媒体中展现媒介素养”。通过学习,使学生能够运用适当的策略来理解网络信息传达的内容;通过媒体构建自己的世界观;可以为特定目的与特定对象进行沟通,制作文本;能够对作为媒体文本浏览者的自己和作为制作者的自己的发展做出自我评价等。

美国的媒介素养教育自20世纪60年代开始起步,到了80年代,全美通信协会正式颁布制定了K—12年级教师媒介素养标准和媒介教学大纲(1988),这也意味着美国的媒介素养教育正式纳入了国家教育体系之中。其中,加利福尼亚州对10～12年级学生明确提出了具有评估“数字信息、广播、印刷媒体及互联网作为美国政治传播手段”的能力,以及判断“政府公共官员如何运用媒体与市民交流以及如何引导公众舆论”的能力方面的要求。美国的媒介素养教育通常与语言艺术课程、社会研究课程、数学课程等融合,其中语言艺术课程是美国各州选择融入媒介素养教育最多的课程类型。而美国的媒介素养教育所涉及的媒介也非常广泛,除去书籍、报纸、电视等传统媒介,新兴的互联网媒介也是其关注的重点对象。马里兰州在美国境内率先将媒介素养教育课程全面整合到多门课程中。它将媒介素养与语言表达、社会研究、数学等学科相结合,并在州教育部网站上提供关于将媒介素养教育观念融入课程之中的各种教学资源和工具。明尼苏达州制定的《K—12语言艺术课程学术标准》中明确规定了进行媒介素养教育的课程标准。得克萨斯州将媒介素养课程合并在公立学校4～12年级的英语语言艺术课程中,并制定了一套详细的媒介素养课程体系,课程主要培养学生调查媒介立场以及媒介内容生产来源的能力。加利福尼亚州也将媒介素养教育融入3～12年级的语言艺术课程中。

澳大利亚在20世纪70年代便开始了全面的媒介素养教育,并在“多元文化主义”口号下推行“文化融合”的媒介素养教育理念。1999年,澳大利亚的媒体素养教育作为艺术的一种形式纳入国家课程。澳大利亚的青少年媒介素养教育多以融入课程的方式纳入正式的学校教育课程之中,与英语教育、艺术教育等结合。而随着年级的增加,网络素养教育会逐渐成为媒介素养教育的重点。9～10年级学生的媒介素养的目标要求为能够对网络媒介中的文本进行批判性阅读,并对证据进行筛选以及对文本进行相应评价。其教学方式包含以下几种:

1. 媒介原作分析:学生在视觉符号分析课程中学习符号分析的基本技巧,进而将这些技巧运用到对视觉图像的分析,以鉴别媒介原作表达中蕴含的价值观和态度。

2. 媒体产品制作:学生学习电影、录像、绘画、录音、摄影等媒体产品的制作技巧,主要包括制订计划、设计作品、编辑管理、录制记录、产品发布等过程。学生还可以利用计算机进行实践操作演练。

3. 基础理论学习:教授学生流行媒体的实用理论知识,涉及社会、人文、艺术、历史和文化研究等领域。

4. 实践训练:为学生提供媒介分析能力训练,进行一系列关于艺术、戏剧、意识形态和道德价值的媒体材料选择训练,以及媒介作品的创作、赏析能力培训。

5. 相关知识拓展:拓展学生的知识层面,学习政治、工业、经济、澳大利亚广播及媒体工业等相关知识。

将媒介素养教育融入其他课程,能够以更为自然的方式,使学生正确认识媒介,处理自身与媒介的关系,能够正确利用媒介,创造媒介内容。

(三)项目实践活动

与媒介素养教育以及日常课程融合相比,媒介素养教育通过与日常活动融合的呈现方式相对较少,这种深入渗透式的媒介素养教育对于提高学生的媒介素养有很大帮助,但实现起来也比较困难。目前,芬兰的媒介素养教育涉及学生的日常活动中,并取得较好效果。

芬兰政府在2006年初推行了一项创新计划——媒体松饼项目(Media Muffin Project),目的是提高8岁及以下儿童的媒介素养,以及支援专业教育工作者和家长进行媒介教育。该项目旨在提高小学低年级学龄儿童的媒介素养意识,以及让家长了解学龄儿童的媒介教育。实施"媒体松饼项目"的出发点是与媒体一起学习和成长。媒介教育包括幼儿园和学校的早晨、下午的日常活动,其目标是培养低年级学龄儿童对媒体中不同信息的处理能力和参与媒体文化的能力。特别是在网络时代,学龄儿童接触媒介更频繁,接触到的网络信息也更复杂,因此利用该计划加强学龄儿童的网络素养教育是非常必要的。该项目强调,没有学习媒体素养的最低年龄,教育工作者的任务是熟悉儿童的媒体环境,并提供安全的传统媒体体验与网络媒体体验。

该项目组织培训和制作媒介素养所需的教育材料,并在全国范围进行培训教师和其他教育工作者,来学习媒介教育的基本概念、工作方法以及安全使用媒体的基本知识。针对专业教育工作者的材料被送到日托中心、小学和负责儿童上午和下午活动的人员手中。2006年,大约有9000个材料包被分发。这些材料包括练习册、媒体教育者手册和电影教育资料。

练习册"Muffe"和"Lost Key"可以通过在幼儿园、俱乐部和学校使用基本设备来进行阅读。这本书通过Milla和朋友Muffe的冒险故事,向孩子们介绍各种媒体工具和媒体现象。还有一个与书相关的CD,里面是相关的音视频。本书中媒介教育的一个重要领域是儿童早期的图像世界。有人指出,即使对幼儿来说,对图像的解释和批判性分析也十分重要。该材料表明,可以通过使用图片作为写作的灵感来实现对图片的分析,可以将这些故事和图片在家长会上发布。通过这些作品,老师可以与家长共同来讨论媒介素养教育的问题。

芬兰将媒介素养教育定位到更为年幼的儿童身上,媒介素养教育从娃娃抓起。选择适合儿童的方式,让孩子们在日常活动中,就接触到正确认识媒介的理念和正确使用媒介的方法。

加拿大亚伯达省实施"带上自己的设备"(Bring Your Own Device,BYOD)项目。"学习是复杂的过程,与其他技术型和科技型工作一样,它需要人们充分地理解和熟悉自己的工具",在这样的理念基础上,亚伯达省实施"带上自己的设备"这一项目(下文简称BYOD)。BOYD指南提供了在Albertan学校实施BOYD项目的典型案例与模型,它架起了学校和游戏之间的桥梁,可以让学生在使用网络设备的情况下,在教室里得到放松。教师会在学生使用设备过程中提供监督和指导,因此有机会在这一过程中适时地加入有关适当使用电子设备和提高判断力的相关教育内容,同时这一项目强调合作与交流,彼此分享有利的使用经验。在传统的教育中,这样的做法是不被接受的,但作为数字化时代的公民,学会对技术设备的适当使用并具备社会责任感是十分重要的,BYOD项目改变了过去传统教育的做法,将学生日常生活文化与学校文化连接起来,旨在培养学生的公民意识、网络礼仪和社交能力。

二、家庭教育中的青少年网络素养教育

社交媒体时代,青少年接触信息的渠道更为多样,面对不良信息的挑战也更为严峻。在对孩子使用互联网的态度上,不少家长容易采取两种极端的处理方式,一种是完全杜绝,忽略了新媒体对儿童青少年的积极作用;另一种是放任自流,对其使用完全不加以监管与约束,导致他们沉迷于网络,或是接触到一些不良信息。① 但其实这两种方式都不可取,正确的家庭教育方式对青少年网络素养的形成不可或缺。美国和加拿大的家庭在孩子媒介素养的教育上,同样起步较早且发展较为成熟,我国应该充分借鉴其他国家的经验,使中国家庭网络素养教育更具针对性与指导性。

---

① 陈若葵.提高孩子"媒介素养" 需从家庭入手[N].中国妇女报.(2018-10-21)http://baby.163.com/18/1031/10/DVEIER8800367V0V.html.

美国马里兰州教育局支持通过立法，要求州教育委员会应至少包含两名子女就读于公立学校的家长；鼓励各个层次的教育委员会和工作小组至少吸纳两名家长作为其成员；为学区和学校制定标准，促进家庭和社区参与学校教育工作的成效和进展，并向公众报告；为家长编写培训教材，使他们有均等机会参与教育决策过程。并且专门制作了“家长指南”手册，将教育目标、学校改进工作及家长须知等作为其内容，①《家长须知》共分为13条，其中第8条、第9条明确规定了孩子的媒介使用，具体如下：

第4条：每天至少抽出15分钟时间与您的孩子交谈，并一起阅读书刊；

第8条：限制孩子看电视的时间，并与孩子讨论所收看的电视节目内容；

第9条：监控孩子玩电子游戏和上网的时间。

马里兰州的《家长须知》对于家长来说具有很强的操作性，要求具体也更易实现，也为学校、社会组织的媒介素养教育提供了有力的支撑。

在加拿大，家长主要通过日常生活中孩子在接触媒介信息的时候，例如看电视、上网的时候引导孩子避免媒介不良信息和正确使用媒介的能力。在孩子看电视的时候，家长先要对节目频道有所筛选，使年幼的孩子避免看到关于暴力、色情等方面的频道。现在的孩子对于网络接触更多，因此受网络影响甚至超过电视，加拿大的家长在这方面通常通过给孩子制定规则来限制孩子随意浏览不良网站信息，包括规定上网时间、注意个人隐私不能随便泄露、不能随便见网友等。加拿大在“网络欺凌：鼓励道德的在线行为”课程中融入了家庭教育，在每个主题模块中涵盖了课程概览、学习目标、准备工作与学习材料、学习过程、家校连接五个部分，每个模块中还包含了相应的课堂工具包，包括网络欺凌的知识背景材料、父母指导手册和个人活动手册等。②除此之外，MediaSmarts还为家长提供了诸如“家长数据保护者指南”“数字公民家长指南”“充分利用视频游戏”“帮助我们的孩子处理网络欺凌”“帮助我们的孩子安全地使用智能手机”“Instagram家长指南”等一系列家长指南。③以“帮助我们的孩子安全地使用智能手机”的家长指南为例，其中明确提出了家庭上网规则，并列出了一些帮助家长制定更具体规则的想法：

1. 在网上发布任何个人信息之前，我总是会得到父母的许可。这包括我的名字、性别、电话号码、家庭或电子邮件地址、我学校的位置、我父母的工作地址、电

① 徐须实. 马里兰州教育部给家长的13条建议[J]. 妇女生活(现代家长)，2008(06)：59.

② 肖婉，张舒予. 加拿大反网络欺凌媒介素养课程个案研究与启示——基于“网络欺凌：鼓励道德的在线行为”课程的分析[J]. 外国中小学教育，2016(09)：5-10.

③ http://mediasmarts.ca/parents/find-resources?type_1%5B%5D=guide.

话号码、父母的信用卡号码信息和我或我的家人的照片。

2. 我不会访问任何我认为父母不会同意的网站。

3. 我不会和任何人分享我的密码(除了我的父母或一个值得信赖的成年人)甚至连我最好的朋友也不会。

4. 除非父母或我信任的成年人和我一起去,否则我不会安排面见在网上认识的朋友。

5. 我会先问一个成年人,然后再下载东西,打开附件。

一系列指南为加拿大家长参与青少年的媒介素养教育提供了具体的建议与指导。

在亚洲地区,新加坡主要通过依靠国家行政力量推进青少年的网络素养家庭教育。在组织层面加入社会组织力量,成立互联网家长顾问小组,在实践层面开设家长课堂,提供网络健康使用服务。成立于1999年的互联网家长顾问小组,旨在教育家长以及民众怎样正确使用互联网,发挥其积极作用。包括5项具体措施:

1. 政府出资开办"互联网安全"的辅导班,鼓励家长指导孩子正确使用互联网,强调培养孩子的鉴别力;

2. 举办在线互联网安全研讨会和讲座,提供父母分享和讨论如何管理孩子使用互联网的交流平台;

3. 开发定制家长网上安全课程;

4. 在全国开展网络安全路演,走进家长工作场所,利用午餐时间办讲座;

5. 与企业合作,鼓励供应商开发推广"家庭上网系统",帮助用户过滤色情和不良信息。①

同时,媒体发展局(MDA)成立媒介素养委员会,为了让父母掌握有关成为优秀在线榜样的知识,MDA于2016年1月15日在谷歌亚太地区办事处为家长影响者组织了一个网络会议。多达50位家长影响者分享了他们关于如何向儿童传授积极的在线价值观的想法和个人经历,并在2016年底,实现互联网接入服务提供商(IASP)提供的网络由家长控制,并由家长决定是否订阅相关服务。②

三、社会组织的青少年网络素养教育

伴随着社交媒体用户规模的逐年攀升以及虚假信息在复杂网络环境中的大

① 张建军,高启明. 新加坡互联网公共教育制度研究[J]. 教育传媒研究,2018(05):81-83.

② https://www.imda.gov.sg/-/media/imda/files/about/mda-ar-2016/public-education-for-digital-media-literacy.html.

量充斥,仅仅依靠政府以及学校教育的力量难以让网络素养成为所有公民的必备技能,各个国家也应该充分调动社会各方力量参与到网络素养教育当中。目前,在媒介素养教育体系较为完善的国家的社会组织在制定媒介素养教育框架,以及补充学校媒介素养教育力量等方面起到了积极的作用,在媒介素养教育框架中,也体现了对青少年网络素养的要求。

(一)制定媒介素养教育框架

首先,在制定媒介素养教育框架方面,不同国家对于媒介素养教育的标准也各不相同,但大部分国家在制定媒介素养教育标准时会根据学生年龄的不同制定不同的标准,随着年龄的增长,其标准也会循序渐进,由低到高。其中加拿大和美国观念明确、经验丰富,值得借鉴。

美国的媒介素养教育形成了以美国媒介素养中心(Centre for Media Literacy,CML)、美国媒介素养教育联盟(National Association for Media Literacy Education)、公民媒介素养(Citizens for Media Literacy)为代表的社会力量全方位介入的媒介素养培养模式,除全美通信协会(National Communication Association)正式颁布制定K-12年级教师媒介素养标准外,美国媒介素养中心的媒体素养基本框架也为儿童批判性思维和辨别力的内化提供了重要指南。CML方法的基础也在于其基本框架(见表1)。这一套分析框架与意识、分析、反思和行动的学习模型相结合被称为赋权螺旋,为开发培训和课程提供了支持,可随时随地解决任何问题。

表1 CML基本框架

序号	核心概念	关键问题
1	所有的媒介讯息都是被“建构”的	谁制造了这条讯息?
2	根据独立的规则通过使用创造性语言来建构讯息	使用了什么样的技巧来吸引了我的注意力?
3	对于同样的讯息不同的人有不同的体验	对于这条相同的讯息,别人和我的理解会有怎样的不同?
4	媒介在讯息中隐含了大量的价值和观点	在这条讯息中,包含和隐没了什么样的生活方式、价值和观点?
5	媒介是一种组织,目的是赢利或者获得权力	为什么会发出这条讯息?

除基本框架外,CML 还会制订相应的课程计划,诸如挑战媒体中的暴力行为;烟雾探测器——解构媒体中的烟草使用;行动准则:解构食品广告;超越责任:挑战媒体中的暴力等,一系列的课程实践用以解决 CML 的五个关键问题和媒体素养的核心概念。儿童也会在基于五个核心概念和五个关键问题的探究过程中,批判性地思考他们在网络中遇到的任何信息,并从更明智的角度做出选择。

加拿大的 MediaSmarts 是一个致力于数字和媒体知识普及的非营利性组织,其愿景是使儿童和青年具备批判性思维技能,以积极和知情的数字公民身份参与媒体。这一组织在加拿大的学校、家庭和社区推进数字和媒体素养教育,开发和提供以加拿大为基础的高质量数字和媒体素养资源,开展和传播有助于制定媒体问题的知情公共政策的研究。同时,也对不同年级的学生提出了适应网络快速发展的数字素养框架,具体如下:

K~3 年级:网络搜索策略的技巧;认识到网站上的品牌如何通过品牌角色、游戏和活动建立品牌忠诚度;如何在商业网站上保护自己的隐私;自己发布到互联网上的信息和资料会被永久留存。

4~6 年级:互联网安全和隐私保护;学习什么是公民意识以及在使用互联网时应承担的责任和义务;辨别网络信息的好时机,包括识别广告信息、偏见言行和刻板印象等;抵制网络中的不良信息;管理上网花费的时间;正确引导学生从数字媒体中获得的关于身体形象和性别特征的信息。

7~8 年级:互联网安全和隐私保护;互联网使用中的责任意识;识别良好的健康信息;分辨偏见或仇恨内容以及在线诈骗和恶作剧等不良信息;学习将媒体素养概念应用于社交网络等在线空间;认识到健康和不健康关系的特征,并对如何处理他人的个人信息做出正确的选择。

9~12 年级:学习如何表达自己的观点并发挥自身作用,无论是在个人被网络欺凌的情况下,还是在建立更加宽容和尊重的网络空间方面;平衡网络生活和现实生活,以及处理社交媒体的压力;学会在网络上查找自己需要的内容,并辨别内容质量,批判性地接触媒体内容。

(二)补充学校媒介素养教育力量

除制定媒介素养教育框架以及提供法律基础外,更多国家的社会组织还是作为学校教育力量的补充,在提供教学资源、提供媒体教育、举办线下活动等方面发挥着自身的力量。

在提供教学资源方面,以英国为例,不仅英国通讯管理局官方网站上专门开辟了媒介素养栏目,而且 MediaEd 还为教师、学生和任何对媒体教育感兴趣的人提供教学资源、在线论坛、学生建议和链接等。各行业组织也积极在英国推广媒介素养,例如广告商和广播公司推行的用以支持儿童教育的 Media Smart,该计划在家庭和学校中运行,并提供用于下载资源材料的网站。英国高校与国家图书馆学会(Society of College National and University Libraries,SCONUL)在 2011—2013 年与其他机构合作开展了数字素养项目,旨在数字素养大环境下培养公民数字素养,并鼓励各种社会机构对数字环境下信息技能的培养予以协助。除了图书馆协会外,单个图书馆也在公民数字素养的培养过程中发挥着重要作用。例如在英国牛津的布鲁克斯大学图书馆就协助学校进行数字素养教育,“健康与社会关怀学校将数字素养培训嵌入学科课程,由学科馆员、信息技术人员及教师合作创建交互式在线课程指南与小测试”。

英语和媒体中心(English and Media Centre)是一个独立的教育慈善机构,同时它也是一个为英国及其他地区教师和媒体研究学生的需求提供服务的开发中心。除出版杂志外,它还会为受众提供与网络教育以及媒体相关的课程和项目计划。例如目前已经上线的 2019 年春夏学期课程中的《快速跟踪媒体理论》,该课程将为媒体教学提供基本的理论工具包,同时进行案例探究,以帮助将理论推广到合适的水平。除此之外,该课程中还会教授大家在社交媒体中辨别假新闻与识别身份信息。

澳大利亚的媒介教师联合会 ATOM(The Australian Teachers of Media)是一个一直致力于推动媒体和网络素养研究的非营利性专业协会,其成员包括教师、专家和其他传媒从业人员。它为媒介素养的从业人员提供了交流与研讨的空间,媒体、教师可以在论坛中关注、讨论和学习任何新发现的问题。同时,它也为媒介从业人员提供了大量的教学资源,例如 *Screen Education*,这是一本侧重于支持在课堂上使用基于屏幕材料的中小学教师的教育文章的杂志,这些文章为教师、家长和学生等创造了宝贵的资源,提供了大量关于网络素养教育的背景信息和关键问题。除此之外,ATOM 还会为教师制作与课程相关的学习指南,指南通常涵盖至少三个课程区域,将小学和中学教育各年级的所有学科领域融合在内。此外,该协会还积极与加拿大、美国、英国、新加坡等地的教师联合组织进行密切交流,共享信息与资源。

韩国网络素养教育主要为网络伦理教育,韩国的青年妇女基督教协会致力于媒体教育,并专注于媒体观察或媒体监测。该组织提供媒体监控教育,特别是针对电视、漫画和网络信息,认为媒体没有发挥其作为舆论制造者和聚合者的预期作用。在媒体观察提供的信息基础上,基督教青年会、韩国妇女联盟和公民经济正义联盟的“媒体观察小组”等民间社会协会要求媒体删除监测发现的有害内容。同时,媒体观察小组也会为中学生提供培训计划,教他们批判性地思考媒体内容。首尔市政府设立 iwill 中心,旨在解决青少年使用网络和手机上瘾问题。2007 年,该中心的专家团队开发了小学生网络成瘾预防教育节目,随后根据教师们的反馈,增添了手机成瘾部分,并且每年都会进行相关的完善。这一节目一共 6 期,每期 40 分钟。6 期节目分别展示网络和智能手机的优缺点,介绍手机和网络成瘾的副作用,通过游戏探索网络和智能手机的替代活动,教授网络和智能手机的正确使用方法,制定网络和智能手机使用保证书,从而帮助学生形成网络和智能手机的良好使用习惯。该项目旨在提高学生网络和智能手机使用的自我控制能力,促进其自行调节网络和智能手机的使用。专家团队和开发者通过参与,不断根据反馈调整节目,促进节目的可持续进行。

在举办网络素养教育活动方面,以澳大利亚为例,澳大利亚的非官方组织致力于课堂教育之外的青少年媒介素养教育。澳大利亚儿童与媒体委员会 ABC Education 也在 2018 年 9 月举办了首届媒体素养周,旨在为所有年龄段的人提供从新闻信息、小说、网络内容中分辨真相的技能。同时,创建了一套与课程相一致的资源,以帮助学生理解和分析新闻和信息,包括媒体素养互动与记者解释偏见和来源等概念的视频。除此之外,也会有大量大学教师积极推进线下的青少年网络素养教育。例如澳大利亚弗林德斯大学社会与政策研究学院穆巴拉克进行的“YONG PEOPLE , YONG POWER”青少年网络安全项目,专门针对 10—15 岁群体的短期培训,帮助青少年如何在互联网上理性思考,树立良好的形象,以及学会在网络空间中如何进行自我保护。

四、政府主导的青少年网络素养教育

各国根据自己的政体和实际需求,制定符合自身国情的青少年媒介素养教育政策。政府一般应在三个方面促进网络素养教育的开展:一是政府要为网络素养教育开展创造有利的环境,加强对媒体的监管力度,组织相关专家编纂教材、指南和相关出版物,举办网络素养的论坛或研讨会等;二是政府要成为网络素养教育的推动者和组织者,政府教育部门制订适合本国学生的网络素养教育课程标准和计划;三是政府要制定青少年网络保护的法规,开展网络素养教育的相关政策,以保障网络素养教育有法可依。

新加坡在促进青少年媒介素养教育事业的发展过程中,政府牵头建立多个机构,组织一系列活动,进行青少年媒介素养的教育。新加坡信息通信媒体发展局

成为政府推进青少年网络素养的中坚力量，先后成立了互联网家长顾问小组、网络健康指导委员会和媒介素养委员会三个机构来推动互联网公共教育。其中互联网家长顾问小组更多地将重点放在家长的教育和媒介素养的普及工作上，通过家庭的力量，帮助青少年提升媒介素养。

网络健康指导委员会是为协调政府各部门资源推动网络健康计划，处理网络不良信息而设立的跨部门机构，成立于 2009 年 2 月。这个委员会由新加坡教育部和新闻、通讯部联合发起，参与的部门包括社会与家庭发展部、国防部、民政事务部、新加坡资讯通信发展管理局、媒体发展局、健康促进委员会、国家图书馆委员会等。这个委员会提倡私营和公共部门共同开展网络健康项目，通过建立种子基金，鼓励、支持和协助新加坡公司、协会和相关组织为青年和家长组织网络健康活动项目。这些活动项目必须是非营利性质的，并与网络健康促进直接相关。该委员会在 2009—2013 年投入 1000 万新币支持私人和公共部门开展相关健康计划，例如“网上健身运动 ITE 学生”“网络安全虚拟公园”“网络健康咨询”“年轻网络健康成就者(YCA)计划”“网络健康公共教育计划”等。

新加坡媒体发展局于 2012 年成立媒介素养委员会。委员会旨在文化层面上提升互联网用户的素养；研究互联网和媒体的发展趋势、政策导向趋势，制定关于媒介素养和网络健康的公众意识和教育方案；提升用户使用媒介时的责任感，并为网络用户提供指导，使其学会正确分析网络内容，警惕谣言和煽动仇恨的言论；同时鼓励用户成为有道德的媒介参与者和传播者，建构媒介素养的核心价值观。

政府聘请体制外的社会各类教育机构(或公司)和公益组织的人员来校授课，也在体制内的学校设立辅导员和教师岗位。新加坡采取了政府购买服务的方法，即聘请体制外的社会各类教育机构和公益组织的人员，前往开设网络素养教育课程的各小学和中学，承担相应的教学任务。为了保证教学质量，新加坡教育部对提供网络素养教育课程的教育机构进行资质认证，只有通过教育部认证，才有资格为新加坡中小学承担网络素养教育课程的教学任务。另外，新加坡各小学和中学，均配有正式编制的辅导员。此外，新加坡教育部还设立了网络素养教育协调员岗位，其主要职责是确保网络素养教育课程在各个学校顺利展开，就网络素养教育事宜在学校与教育部之间进行沟通，同时就网络素养教育课程的具体教学情况与各学校相关人员和学生家长进行交流等。

新加坡政府在网络素养教材的编写开发上也倾注了较多心力。新加坡教育部网络素养在线教育平台上，有专门为小学和中学提供的网络素养教育课程电子教材，其中包括小学网络素养教育课程教案“小学新手装备”、中学网络素养教育课程教案“中学新手装备”,还有小学网络素养教育漫画系列“聪明的网络冲浪者”、中学网络素养教育漫画系列“聪明的网络少年”等电子教学材料。另外,新加坡私立教育机构还各自编写了一些网络素养教育课程的教案和教材。根据规定,新加坡的私立教育机构,必须通过教育部的资质认证,才能取得为中小学承包网络素养教育教学任务的资格。新加坡公益组织非常发达,积极参与网络素养教育的公益组织为数不少,例如2004年,“触爱社区服务社”与媒体发展管理局合作,编写了网络素养教育大纲。2006年,与新加坡国家青年理事会合作,编写了《网络一代离线指导手册》。2008年,在新加坡社会发展、青年及体育部资助下,出版了《父母网络素养手册》一书,该书也被教育部发放给小学3年级至中学3年级的学生家长。

澳大利亚政府主导青少年的网络素质教育,1999年联邦政府修改广播服务法案,增加了网络内容安全计划,规定现实生活中非法的内容在互联网上同样非法,并推出网络内容安全管理措施。政府集资成立了“网络警示”公司负责公众网络教育。“网络警示”公司由通信、信息技术与艺术部部长任命的董事会负责管理。其功能仅限于推广网络安全教育、提供安全忠告等方面,违法案件须交由其他部门包括警方来处理。“网络警示”公司迄今已经开展了丰富多彩的教育活动。它有自己的网站,公布热线电话,散发大量宣传品,组织各种宣传活动。根据澳大利亚警方、澳大利亚预防高科技犯罪中心和“网络警示”提供的鲜活案例制作的DVD教育光盘,帮助青年人加强网络安全意识,颇具吸引力。“网络警示”公司向人们提供的安全信息涵盖的范围包括网络欺辱、网络骚扰、幼童上网、网上聊天安全、恋童癖、色情内容、种族仇恨等问题。对孩子们的网络教育突出寓教于乐,网络语言通俗易懂、页面设计形多式样、音乐简单明快、充满动画和电视短片,很容易被接受。

韩国政府在立法层面促进网络素养教育,韩国的网络伦理教育是以国家信息化基本法第40条《健全信息通讯伦理的确立》和《学校暴力预防及对策相关法律》为依据,在教育部及相关政府部门、市民组织等各界进行的多方面教育。教育部认识到网络伦理教育的重要性,分别在2007年和2009年修订教育课程时增加了网络伦理教育的内容。2010年市道单位教育厅信息通讯理论的负责人开始组成协议体,以鼓励系统性网络伦理教育方式的实施及进行相关教育。

五、联合国教科文组织的青少年网络素养教育

联合国教科文组织作为全球性组织,利用其广泛的影响力和强大的号召力,

多年来一直致力于青少年的媒介素养教育,并为世界各国推动青少年媒介素养教育做出指引并提供可分享的相关资源。

教师是通往文明社会的门户,学生媒介素养的培育和提升离不开教师的指导和潜移默化的影响,教师是青少年媒介素养教育中非常重要的一环。联合国教科文组织提供了媒介素养教师课程,这一课程由来自媒体、信息、信息通信技术、教育和课程开发等广泛领域的专家起草、审查和实践验证,旨在指引涵盖不同背景的教育工作者获取有关媒介素养主要能力,包括媒介素养的相关知识、教授媒介素养的技能以及正确对待青少年媒介素养教育的正确态度等。教师课程侧重于教师将媒介素养纳入课堂所必需的教学方法。媒介素养的教师课程设计灵活而全面,教育工作者或课程开发人员可以以这个课程框架为基础进行一定改变,来适应自己的教学需求。除了为教师提供了教师媒介素养课程外,联合国教科文组织还为教师提供了丰富的媒介素养教学资源。一共包括12个模块,专门设立一个模块讲述互联网的机遇和挑战,每个模块中会有4~5个单元。每个单元都给出了相关的教学资源,包括背景、案例、授课目标、相关知识点等。教师们可根据给出的资源,结合自身教学实际,有选择性地使用。

第1单元:公民身份,言论自由和信息自由,信息获取,民主话语和终身学习

第2单元:了解新闻,媒体和信息伦理

第3单元:媒体和信息的表示

第4单元:媒体和信息语言

第5单元:广告

第6单元:新媒体和传统媒体

第7单元:互联网机遇与挑战

第8单元:信息素养和图书馆技能

第9单元:通信,媒介信息素养和学习——一个顶点模块

第10单元:观众

第11单元:媒体,技术和全球村

第12单元:表达自由工具包

联合国教科文组织也直接面向个人开放媒介素养和跨文化的数字课程。面对在互联网上的隐私和安全、自由表达自己和合乎道德地使用信息之间的选择,

无论是成年人还是儿童,都需要掌握相关的媒介技术并提升自己的网络素养。因此,全民教育必须包括媒介和网络素养。联合国教科文组织在推动实现媒介素养社会化的过程中意识到,将网络素养教育纳入正规教育是必要的。虽然目前在正规教育中全面实现多媒体教学是一个漫长而缓慢的过程,同时,网络素养教育还必须走出教室。教科文组织开办了两个在线课程。

第一个课程与阿萨巴斯卡大学合作,为青少年提供基本的网络使用和信息获取能力,使其成为具有批判思维的公民。课程探索媒介素养如何使青年积极参与跨文化和宗教间的对话,倡导性别平等和言论自由,以及对网络空间的有效利用。第二个课程与贝鲁特美国大学合作,探讨了媒介信息素养与跨文化对话和性别表现之间的关系,以及如何制作自己的内容,如何理解、评估广告中的世界以及如何受到监管和控制等。这些课程为青少年展现了媒介素养的不同角度,使媒介素养教育更为立体生动,贴近生活。

随着通信技术的发展和移动电子设备的普及,用户生产内容(UGC)越来越成为网络内容的重要组成部分。青少年作为"网生代",不仅是互联网信息的使用者,也是互联网内容的生产者。由联合国教科文组织和英联邦广播协会编写的《广播公司宣传用户生成内容、媒体和资讯素养新闻的指南》(以下简称《指南》)指引鼓励广播机构与观众、听众或用户互动,以提高用户生产内容的质量,并提高其内容生产者和观众的媒介素养。《指南》说明如何从更广泛的范围内获取更丰富多彩的内容,既满足广播公司的公共责任和商业需要,又满足受众的需求。因此,联合国教科文组织正在与全球广播联盟、协会和媒体机构合作,调整和试行这些指导方针,从而提高用户生产者对媒介素养的认识,并通过用户生产内容来提高青少年和普通民众的参与。

除了与媒体合作,联合国教科文组织也看到了社交媒体在推广提升媒介素养方面的潜力,社交媒体已经成为青少年生活的重要组成部分。媒介信息素养是一种让青少年在正常的互联网和社交媒体日常使用中获得媒体和信息素养能力的方式,并在浏览、播放、连接、分享的氛围中参与同伴教育和社交。联合国教科文组织在Facebook、Twitter和Instagram上都申请了官方账号,通过社交媒体来传播媒介素养的相关内容。青少年以及其他社交媒体使用者可以点赞、转发相关内容,实现媒介素养相关内容的浏览和传播,与同伴一起成长。

六、经验和启示

由于不同国家的媒介环境和教育体制互有差别, 开展网络教育的出发点和实践也有差异。目前网络素养教育在发达国家体现为向深度推进、向广度拓展,更加注重项目式推进,形成了一些富有特色的成功项目,为发展中国家提供了一些借鉴和参考。

(一)融合式课程是青少年网络素养教育的主渠道

我国在《未成年人保护法》中的第三章学校保护中也提出:“学校应当全面贯彻国家教育方针,坚持立德树人,实施素质教育,提高教育质量,注重培养未成年学生认知能力、合作能力、创新能力和实践能力,促进未成年学生全面发展。”由此可见,学校目前作为青少年网络素养教育的承担主体,是网络素养教育中最为基础的一部分。设立网络素养教育独立课程条件相对较高,可以将网络素养教育目标融入学校日常教育课程,在潜移默化中提升学生的网络素养。课程设置应重视理论与实践的结合,可着重把网络素养教育融入各个学科之中,如语文课、政治课、科学课、心理课等,与不同学科进行跨学科的合作。具体教学策略(如课程单元、课时安排等)需要学校与媒介教育研究的专业部门以及教育学心理学等方面的专家共同商定。将网络素养目标融入其他学科课程,学生能够更自然地了解网络素养的相关知识,反思自己的网络行为,提升自己的网络素养。

在将网络素养融入学科课程时,需要对任课教师进行相关培训,首先提升教师的网络素养,尤其是教师教授网络素养时需要的教学方法和教学资源,可以结合学生使用网络时的具体事例,采用学生喜闻乐见的方式进行授课。

(二)充分调动社会组织的力量是青少年网络素养教育的重要保障

西方一些国家近年来经常开展的网络素养活动,社会参与性强是显著特点。我国《未成年人保护法》中的第五章网络保护提到:“学校、社区、图书馆、文化馆、青少年宫等场所”需要对未成年人的网络素养建设做出努力。因此,社会力量不仅包括一些专业机构,还包括大量的社会工作者、教育者、父母以及媒体专业人员、非政府组织和非营利性组织。青少年的网络素养教育,仅仅依靠政府和学校的力量远远不够,社会教育大环境也有重要影响,需要全社会共同努力,协同推进。充分调动社会组织的力量,使学生在生活中的实际应用中学会正确使用网络,提升网络素养,并呼吁全社会支持推动青少年的网络素养教育。

社会组织尤其是互联网企业有各方面的人才储备,可以进行青少年网络素养教育学习资料的编写、提供师资力量,组织社会性的科普讲座,在网络素养知识的普及上做出自身贡献。同时,旨在推广网络素养教育的社会组织,一般有着较为丰富的知识资源,可以与政府合作,对学校教师进行相关培训,提升学校教师的网络素养授课的方法和效果。借助社会组织较大的社会影响力和号召力,举办网络素养推广活动,如举办网络素养大赛、网络素养文化周等活动,通过轻松愉悦的文化活动,促进青少年网络素养的提升。

社会组织可以作为网络环境的监督方,对网络世界中不利于青少年成长的内容进行举报,协助网络管理部门净化网络环境,为青少年提供一个安全、健康的网络世界。

(三)家庭教育是青少年网络素养教育的有机组成部分

家庭教育所提供的亲情场所是学校教育所不能及的,青少年相关家庭成员网络素养的高低,即在网络使用中的行为和态度都会对孩子的网络素养产生直接的影响。因此,在家庭教育中,青少年的父母或者其他监护人应当提高自身的网络素养,规范自身使用网络的行为,并学习一定的教育方法,加强对青少年使用网络行为的正确指引和监督,并在孩子使用网络遇到困难时,能够给予一定的帮助和指导。

父母应学习网络素养相关知识,积极参与学校和社会组织的培训课程,了解不同年龄段的青少年应具备哪些网络素养,并学习怎样帮助孩子解决使用网络时遇到的问题;可以与孩子一起上网,在陪伴的过程中,教授青少年搜索信息的技巧;经常与青少年分享使用网络时应注意的问题,如怎样保护自己的隐私、怎样避免网络暴力、怎样规避不良信息等;在生活的点点滴滴中,提升孩子的网络素养。必要的时候,父母可以通过在智能终端产品上安装青少年网络保护软件、选择适合青少年的服务模式和管理功能等方式,避免其接触危害或者可能影响其身心健康的网络内容,合理安排青少年使用网络的时间,有效预防青少年沉迷网络。家庭教育的介入使网络素养教育体系更为完善,有助于形成从课上到课下,从课堂到家庭的完整的良性循环体系。

(四)构建和完善阶梯式网络素养框架是青少年网络素养教育的基础性工程

加拿大、美国、英国、澳大利亚等是青少年网络素养发展较早、体系较为成熟的发达国家,均发布了青少年媒介素养框架,其中包含了网络素养教育目标。这一框架也成为学校、家庭和社会组织进行青少年网络素养教育的指导原则。网络素养本身就是多种能力维度的建构,呈阶梯式发展,网络素养教育需要根据不同年龄阶段的青少年的认知和行为特点设计不同课程。目前开展媒介素养教育的国家,课程设置方式各不相同,比较多样化,这种不同的设置一般都与国家的文化传统和社会背景有关,其系统性、科学性还有待进一步完善。青少年网络素养教育一个基本规律要求和发展定位是要符合青少年的认知、情感、审美、道德和行为的发展阶段和特点,循序渐进,从多维度、阶梯式推进和提高。联合国教科文组织早已意识到网络素养教育的重要性,并在大的政策框架上做出指引,但如何与各国的发展水平、媒介环境相结合,还有很大的距离。各国政府的教育部门、网络管理部门,学校,教育学专家、心理学专家,社会组织等可以联合制定发布青少年网络素养框架,明确定义每一个年龄阶段的青少年应具备的网络素养框架,为网络素养教育活动的开展提供实际意义上的指导理念,从而能够实现更好的教育效果。

附录2

中国青少年网络素养教育发展现状

祁雪晶　贾麟　常晋　张恒　周怡帆　方新悦　刘界儒　李君

摘要：青少年作为互联网时代的独特群体，其网络素养水平不仅影响着个人的身心健康发展，而且还关系着国家和民族的未来。由于青少年的认知和行为尚处在发展阶段，面对复杂的互联网信息时辨别能力不够、使用能力不强，容易面临信息焦虑、数字压力、网络成瘾、网络暴力、隐私安全等诸多风险。因此，青少年网络素养教育已成为国家、社会、学校乃至每个家庭都迫切关注的问题。本文以我国青少年网络素养教育现状为基础，从学校教育、家庭教育、社会教育与政府方面四个层面切入，分别对其在青少年网络素养教育中的实践探索和成效进行梳理，并提出分析评价。

关键词：中国　青少年　网络素养教育

青少年是互联网时代一个独特的群体，出生于2000年前后的青少年是地地道道的"数字原住民"。从一出生，他们就"浸泡"在网络环境中，对于各种互联网技术习以为常。网络广泛存在于青少年的娱乐、教育、生活、自我表达、社交等方方面面，成为其不可或缺的学习、交流和娱乐工具。但值得注意的是，青少年的认知和行为模式尚处在发展阶段，面对各种复杂的互联网信息时辨别能力不够，在接触、使用媒介时也会遇到信息焦虑、数字压力、网络成瘾、隐私安全、网络暴力等诸多潜在问题。基于此，重视和加强青少年网络素养教育的需求愈发迫切。

一、学校教育的实践探索和成效

学校教育是青少年网络素养教育的基础和关键，没有一种教育方式可以与学校系统化、规模化、正规化的教育方式相提并论，因此，一定要强化学校教育的主体作用。

（一）独立式课程方面

中国传媒大学传媒教育研究中心张玲团队2008年曾与北京市黑芝麻胡同小

学合作,进行了系统的媒介素养教育实验。该实验的课程目标包括五个层面,分别为媒介技术、媒介组织、媒介与受众的关系、媒介运用、媒介礼仪与伦理。在媒介技术层面,主要帮助学生了解每种媒介传递信息的技术特征。针对这一层面的目标,在授课方法上以文本分析、情境分析和个案研究为主。例如在“网海自由行”一课中,为了引导学生明白网络只是一个传递信息的工具,它对人的影响由上网的人的信息解读能力、网络使用习惯等决定,实验设计实施了“网络利弊辩论会”,将全班同学分为正反两方进行辩论;在媒介组织层面,主要帮助学生初步掌握媒介组织的运作规律,了解政治、经济、社会等因素对于媒介组织及媒介内容的影响。针对这一层面的目标,在授课方法上以模拟练习为主。例如在“我是大明星”一课中,让学生分别扮演明星、媒体记者、受众等各个角色,让学生亲身体会明星是如何被筛选和精心制造的;在媒介与受众的关系层面,通过教学启发学生反思自己与媒介或媒介组织的关系,打破大众媒介单项传播的弊端,使学生能够做积极主动的受众,更好地维护自己的权益。针对这一层面的目标,在授课方法上以实操练习和动手为主。例如在“学生媒介作品展示课”“动漫 DIY——布偶剧表演”等多次媒介内容改编或原创作品展示课上,让学生在教学过程中展现自己制作的媒介产品;在媒介运用层面,主要帮助学生运用各种媒介技术创造性地表达自己的意见和观点,做信息社会真正的主人。针对这一层面的目标,在授课方法上以实际动手为主。例如在“动漫梦工厂”一课中,通过指导学生动手制作“笼中鸟”小手工引入课程主题,趣味展示“视觉暂留”原理;在媒介礼仪与伦理层面,主要帮助学生了解媒介使用过程中应当遵守的日标,在授课方法上以模拟练习为主,让学生亲身体会媒介使用礼仪在日常生活中不可替代的作用。例如在“手机与生活”一课中,设计了日常生活中使用手机的各种场景,让学生分别扮演接电话者、打电话者和周围群众等各种角色,通过亲身体会,使学生全方位地感受到手机使用礼仪对于手机使用者和他人的重要性。①

东北师范大学媒介素养课程研究中心闫欢团队曾先后于长春市西五小学、东北师范大学附属中学高中部、东北师范大学附属中学净月学校小学部等学校开展多形态媒介素养教育实验教学,并参与团中央青少年出版总社媒介素养师资培训等校外媒介素养培训,先后培训中小学媒介素养师资 200 余名,各类学生授课人数达 2000 余名。

诸如此类中小学教育课程的本土化实验,仅是推广我国青少年网络素养教育的前奏,社会认知的培育、师资力量的培养、课程体系的设置、考试评价机制的建

① 张玲,秦学智,张洁.媒介素养教育课程论[M].中国广播电视出版社,2013.

立等,仍需要长期的探索。

近年来,从全国地方性学校教育来看,在推动网络素养教育进教材、入课堂以及开展教师网络素养培训方面,广东省成绩较为突出。2016 年,经广东省教育厅审定,《媒介素养》教材正式批准使用。2018 年,广州市教师远程培训中心和教材课题团队联合制作了面向中小学教师的在线教育课程,率先在广东以及全国进行中小学教师的网络素养培训。该在线课程结合教学实践,全面介绍中小学教师应该掌握的网络素养教育的理念和方法,每门课程包括总体概括、教师分享、课程实录、专家点评和学员反馈等多个环节,对一线教师在中小学深入开展网络素养教育课程,提供了详细的示范和指引,可操作性强。目前已上线的教育课程有"教师的互联网思维""走进媒介世界""网络安全""网络健康""网络文明与法治"等 5 门课程共 30 个学时,自 2018 年初已相继在广东和江西、河南的部分地区的中小学教师信息技术应用能力提升工程、"国培计划"——示范性网络研修与校本研修整合项目培训中使用,并纳入继续教育学分。目前该课程已培训 6000 多人次,好评率达 98%,受到了各个地区教师的欢迎。该课程对如何引导学生理性地看待互联网,防止网络深迷,全面提升学生的网络素养有很好的指导作用,为下一步结合教材将网络素养教育全面推进课堂打下了良好的基础。

(二)融入式课程方面

在近期的学校教育实践探索方面,基于当前智能终端、移动网络等数字技术的迅猛发展,中国传媒大学传媒教育研究中心副研究员张洁提出"数字时代的项目式学习方式"。这种学习模式以智能终端及移动互联网等技术为前提,具有跨学科融合、注重培养学生的合作能力、沟通能力、创新能力、批判性思维等特征,打破了以往分学科讲授式教学方式的时空结构,以适合学生合作完成项目任务为依据灵活安排教学时间与空间。数字时代的项目式学习以学生自主合作学习为主,教师的主要作用是组织引导、个性化辅导,以与现实生活密切联系的项目任务为主要内容,教师可以提供丰富多样的学习资源,学生也可以方便地使用各种 APP 或查询无限的互联网资源,从而使学生的学习过程能够实现自主化、个性化、多样化。由于这种学习模式以智能终端、移动互联网技术为依托,因此网络素养在这里既是学生重要的学习内容,也是基础的学习方式与手段。

北京师范大学第三附属中学是青少年网络素养教育的先行者,以学校作为一线,通过专家讲座、课程指导、媒体考察、媒介素养监测与干预及家长课堂等多元方式,深度推进了青少年网络素养的提升,让孩子们在互联网时代学会生活、学会学习、学会交往。例如学校为老师及学生家长开展了一系列主题讲座,包括"网络时代,如何甄别海量信息——青少年与网络谣言、网络暴力及网络审判”“孩子玩游戏,父母怎么办?”“玩转手机时代,学会网络社交”等,通过家庭与学校紧密联合的方式,针对青少年网络素养教育的不同层面,在对老师进行课余培训的同时,解决家长对于孩子网络素养教育所热切关注的问题。另外,为帮助学生更好地适应最新的媒介环境,了解最新的网络素养教育成果,北京师范大学第三附属中学联合北京师范大学新闻传播学院在校园内设立“青少年媒介素养实践基地”,这意味着高校的最新科研成果将有效应用到中小学校园的一线实践之中。

二、家庭教育的实践探索和成效

家庭因素对青少年的网络素养水平有着深刻的影响,对青少年的成长起着潜移默化的作用,《2020 中国青少年网络素养调查报告》所显示的数据有力地证明了这一观点。对于网络素养教育而言,一方面,以血缘为纽带的家庭教育具有独特的感染性优势,家长对孩子的性格特点、行为习惯、教育状况、思想动态等相对了解,他们的教育引导更具针对性;另一方面,家长的思想观念、上网习惯也会对青少年的上网行为产生直接的影响。

近年来,我国针对家庭层面青少年网络素养教育的手册与指南逐渐增多,对家长起到了一定的启示作用,具有教育借鉴意义。

复旦大学媒介素质研究中心以“亲子共同阅读,帮助儿童安全上网、健康上网、快乐上网”为目的,编撰了《儿童绿色上网家庭手册》。该手册以数据调查分析作为撰写基础,使用了亲子间易于接受和喜爱的卡通人物形象“摩尔”,通过卡通故事的叙述方式分别讲述网络的利弊、趋利避害攻略、日常上网行为方法以及上网计划检测四部分内容。例如在“趋利避害攻略”中涉及了应对健康威胁、游戏沉溺、暴力色情、欺诈陷阱、人身安全、语言暴力等隐患的措施;在“日常上网行为方法”中对时间管理、网上交友、网络礼仪等概念做出生动阐释;在“上网计划与检测”中建议以家庭为单位制定健康上网家庭契约、一周上网时间计划表、一周网络行为自检表、游戏沉溺程度体检表等。

中国青少年宫协会儿童媒介素养教育研究中心主任张海波推出了《家庭媒介素养教育》一书,该书是国内第一部全面论述“00 后”儿童家庭媒介素养教育的专著,是中国教育学会“十二五”重点科研课题的成果。书中包含教育学、心理学、社会学、传播学等跨学科的专业知识,与国际先进的媒介与信息技术素养、儿童核心素养教育理念同步,结合中国本土儿童的数字化成长和亲子关系现状,提出了符合中国儿童身心发展、新媒介使用习惯和社会发展要求的家庭媒介素养教育方案。书中呈现的数据来自中国青少年宫协会儿童媒介素养教育中心在全国 18 个城市历时一年的大型儿童网络安全和媒介素养状况调研,在此基础上,分年龄段详细讲述家庭媒介素养教育策略,并以图说形式讲解家庭媒介素养教育难题。①其中包括“如何预防孩子媒介成瘾”“如何教孩子辨别不良信息”“如何教孩子保护个人隐私”“如何教孩子理性面对网络交友”“如何教孩子应对网络侵害”等专题,直面当下家庭中家长遇到的各种困惑,方法简捷实用。

北京师范大学教育新闻与传媒研究中心编译推出了《数字时代背景下家长行动指南》,开篇即给出广大“数字父母”五大关键性提示,分别是“不要恐惧网络”“多和孩子交谈”“成为孩子媒介生活的一部分”“当孩子遇到网络问题时,你应该是他们来寻求帮助的对象”以及“制定家庭上网守则”,这对于家长来说具有“口诀”般的意义。主体内容分为三个部分,包括“保护隐私”“尊重他人感受”“尊重线上财产”,详细地告知了父母如何就具体网络问题来教育孩子。例如在“保护隐私”中,授以家长具体操作措施,包括如何帮助孩子创建一个安全的密码、如何帮助孩子使用社交网络的隐私设置功能等;在“尊重他人感受”中,着重强调当孩子遇到日益频发的网络争吵与网络欺凌事件时,应该如何处理与解决;在“尊重线上财产”中,对非法下载(盗版)、剽窃抄袭、黑客等涉及网络财产安全的行为做出阐释,使家长与孩子共同学习并避免隐患的发生。该指南最终强调父母一定要和孩子协商制定家庭上网守则,模板如下:

1. 我不会去任何父母不赞成我登录的网站。

2. 我不会和任何人分享我的密码(除了父母)——甚至连我最好的朋友也不会。

3. 我不会在网上对任何人做出刻薄或残忍的行为,即使别人以这种方式对我。

4. 如果我在网上被别人激怒,我会在说出或做出任何事情之前让自己冷静下来。

5. 在未经他人允许的情况下,我不会在网上分享任何属于别人的东西。

6. 除非得到父母的许可,否则我不会在网上乱买东西。

7. 我不会分享任何个人信息,比如我的年龄、我住的地方、我上学的地方,等等。②

---

① 张海波. 家庭媒介素养教育[M]. 南方日报出版社,2016.

② 方增泉,祁雪晶. 中国青少年网络素养绿皮书(2017)[M]. 中国传媒大学出版社,2018.

北京师范大学学生心理咨询与服务中心教师夏翠翠长期致力于青少年网络成瘾研究,其最新出版的《孩子玩游戏,父母怎么办?——别让游戏毁了孩子一生》,是针对家庭中孩子网络成瘾问题给出的具体指南。为了方便各个年龄阶段的父母阅读,该书按不同年龄阶段展开叙述,包括婴儿、幼儿、小学、中学和大学五个阶段。在案例解析中,书中首先呈现了每个阶段的孩子的心理发展特点、家庭教育的主要目的和游戏的正确使用;接着进行专业的点评和分析,给父母提出切实可行的教育建议,每个阶段的结尾都总结了适合这个年龄阶段孩子玩的游戏和亲子活动;最后介绍了会导致孩子游戏成瘾的家庭有哪些特征,以帮助家长反思自己的家庭,在此基础上提出了亲子教育的总体原则及相对应的父母自我提升方法。[①] 该书既是一本帮助家长引导孩子健康使用网络、正确对待游戏的指南,也是一本关于亲子教育的指南。

三、社会教育的实践探索和成效

面对复杂的网络环境,青少年网民的网络素养教育问题亟待解决,然而网络素养教育绝非靠一家之力就可完成,它需要社会各界力量的共同努力。

(一)线下实践方面

中国青少年宫协会儿童媒介素养教育研究中心主任张海波负责指导的“E成长计划”公益项目,由广州青少年发展基金会、腾讯公益等机构发起,由来自广州少年宫等处志愿服务团队负责实施,旨在关注互联网时代乡村孩子们的网络安全和媒介素养教育,连接城乡儿童的网络世界。在“E成长计划”的推动下,越来越多的城市孩子以小讲师的身份,通过专业老师的培训,深入参与乡村孩子的网络安全和媒介素养教育,成为城乡儿童网络世界的纽带。该计划以全新的视角,让青少年亲身参与网络素养的研究与建设,通过在学生群体中招募小小讲师团、小小调研员,让孩子用自己的表达生动地向同龄人传递知识,即同伴教育。近三年来,张海波等志愿导师已带领“E成长计划”小讲师走进10余个地方,与乡村地区的学生进行网络安全和媒介素养的相关交流。借助熟悉的同龄人语言和活泼的互动游戏,使网络素养基础较为薄弱的孩子们更准确地理解健康网络行为,并在与同辈的交流沟通中拓宽视野。同时,同伴教育也是一个双向教育的过程,小讲师们在备课中,向乡村孩子分享自己所学内容时,会进一步加深个人对网络素养知识的理解,最终让青少年自己反思与网络的关系,自己合理安排上网时间,

① 夏翠翠,申子姣.孩子玩游戏,父母怎么办?——别让游戏毁了孩子一生[M].北京大学出版社,2018.

等等。

在社会读物出版方面,宁波市委宣传部与宁波出版社推出的《青少年网络素养读本》,是国内首套专为青少年编写的网络素养读本,既是社会科学普及读物,又可作为地方教材或校本教材。该丛书共六册,分别围绕“网络谣言与真相”“网络游戏与网络沉迷”“虚拟社会与角色扮演”“黑客与网络安全”“互联网与未来媒体”“地球村与低头族”六个主题展开,融合多学科知识,通过案例分析和问题讨论,帮助青少年看清网络媒介的不同面相,从而正确理解和使用网络媒介及其信息。例如在《网络游戏与网络沉迷》一册中,不仅梳理了网络游戏的发展轨迹,描述了网络游戏的正负能量,还分析了网络沉迷的现状与成因,总结了克服网络沉迷的措施与方法。对青少年而言,这是树立正确的观念认知,更是应对网络游戏的行为指南。

在社会企业方面,以腾讯为代表的互联网企业与媒体于2018年推出DN. A计划(即Digital Natives Action,数字原住民计划)。这是腾讯发起的未成年人网络素养教育项目,旨在通过与政府主管部门、高校、专家和第三方机构等多方联动协作,为孩子们提供丰富有趣的网络素养课程和学习工具,倡导以聆听、约定、陪伴等方式,让政府、企业、社会、家庭和学校共同努力,帮助和引导孩子们建立科学健康的上网习惯,在数字时代健康成长。《家庭网络素养教育指南》(以下简称《指南》)就是由腾讯DN. A计划和儿童网络素养教育专家共同策划编撰的。该《指南》通过分析数字时代儿童的数字化成长特点、网络化成长轨迹及关键期、不同年龄段儿童网络行为习惯要点等,向焦虑于无法把握孩子与网络关系的家长们提供了一份简易操作指南。此外,该《指南》还包含配套动画课程,让孩子们更加轻松愉快地进行网络素养知识的学习。腾讯社会研究中心还推出了《写给家长的游戏指南》(以下简称《指南》),为玩游戏的孩子的家长们全方位介绍电子游戏发展、打游戏的益处与隐患,以及如何应对孩子在玩游戏过程中出现的问题等。这本《指南》综合了澳大利亚、德国、美国等国家发布的游戏指导手册,经由国内教育学专家、心理学专家、游戏专家共同增订完成,旨在帮助家长正确看待和应对电子游戏对孩子的影响。

目前国内各地青少年网络素养教育基地的建设正日益加快。如2017年浙江省青少年网络素养教育基地授牌成立,是网络社会组织建设的一大创新举措,该教育基地专注于青少年网络素养提升,注重内容选择、师资选择,为青少年提供有益处、有实效、正能量的精品课程;并注重发挥好网信办、团委和高校等多方合作的优势,加大青年人才和互联网人才的培养,着重培养一批青少年网络意见领袖。除浙江外,安徽省青少年网络素养教育基地也于2018年正式揭牌,并宣布将重点在五个方面展开工作:既能为各方参与"搭好台",又能立足自身"唱好戏";既能积极投身教育教学实践,又能专注教育规律研究;既能优化网络素养教育课程供给,又能出标准、出规范、出经验;既能运用传统手段做好"大水漫灌",又能创新各种载体做好"精准滴灌";既能广泛普及网络素养知识,又能推动中国好网民理念深入人心、深得人心。

(二)线上实践方面

各大互联网企业采取的线上措施与服务也取得了一定成绩。以腾讯"未成年人主动服务平台"为例,该平台建立了完善的未成年人网络行为主动介入、监护体系,能够及时发现未成年人在网络游戏中的非理性行为,实现信息主动触达监护人并提供主动服务机制,共同促进未成年人健康、合理使用网络服务。除"主动服务平台"外,腾讯还推出了"未成年人成长守护平台"与"健康系统",家长在"成长守护平台"以及"健康系统"中可绑定孩子的游戏账号,进行游戏查询、游戏提醒、游戏时段设置等操作,还可在未成年人的游戏过程中,进行游戏内系统级的干预与限制。诸如此类举措均有助于社会、家庭与学校共同联合,携手提升青少年网络素养水平。

千龙网也较早地设立了网络素养学院,这是一所面向社会各界、从事网络素养教育和实践能力培养的网上学院。该学院以"发挥网络正能量,提升公众网络素养"为使命,致力于将学术意义上的网络素养理论,通过资讯传播、教育培训、产品研发、图书音像制品策划出版等途径,达到推广普及网络素养知识和实践能力培养的目的。同时,千龙网网络素养学院始终依据时代发展脉搏,顺应现实与市场需求,开展网络舆情服务,根据专业的舆情分析与研判,定期或不定期提供分类舆情报告。并长期与党政机关、企业、社区、学校合作,举办网络素养主题讲座、座谈、培训班等活动。关于青少年网络素养教育方面,千龙网网络素养学院于2018年发布了《2017—2018年首都青少年上网行为研究报告》,有助于更好地了解和掌握首都青少年的上网行为状况,帮助社会各界更科学有效地开展未成年人网络安全保护工作。针对青少年网络安全方面与个人信息保护方面的问题,报告给出了五点对策建议:一是学校应严格校规校纪,规范青少年上网行为;二是老师和家长应加强对青少年的网络安全教育;三是家长应加强对青少年上网的监督和引导,并以身作则;四是相关部门加强对互联网平台和网络营业场所的监管;五是相关企业应自觉遵守相应的法律法规。

四、政府方面的实践探索和成效

青少年网络素养教育不仅事关学校、家庭与社会,更是政府及教育部门的责任。政府相关部门需要从立法、制度建设、政策引导等方面进行规范,制定有效的网络素养培育政策,这是解决青少年乃至全民网络素养教育问题的根本途径。

在青少年网络素养提升方面,教育部于2018年印发了《教育信息化和网络安全工作要点》,其中重点强调将研制《大学生网络素养指南》,引导师生增强网络安全意识和语言规范意识,遵守网络行为规范,养成文明网络生活方式。教育部还印发了《关于做好预防中小学生沉迷网络教育引导工作的紧急通知》(以下简称《通知》),对各地做好预防中小学生沉迷网络教育引导工作提出五项具体要求,分别为切实增强责任感紧迫感、迅速开展一次全面排查、集中组织开展专题教育、严格规范学校日常管理、推动家长履行监护职责。教育部随《通知》还同时发出《致全国中小学生家长的一封信》,信中特附"防迷网"三字文,具体内容如下:

互联网,信息广,助学习,促成长。迷网络,害健康,五个要,记心上。要指引,履职责,教有方,辨不良。要身教,行文明,做表率,涵素养。要陪伴,融亲情,广爱好,重日常。要疏导,察心理,舒情绪,育心康。要协同,联家校,勤沟通,强预防。

在青少年网络游戏行为方面,2018年教育部等八个部门联合印发了关于《综合防控儿童青少年近视实施方案》的通知,明确了八个部门防控近视的职责和任务,其中国家新闻出版广电总局重点提出:将实施网络游戏总量调控,控制新增网络游戏上网运营数量,探索符合国情的适龄提示制度,采取措施限制未成年人使用时间。国家新闻出版广电总局将对网络游戏实施总量调控,可以看作重新审视并理顺网络游戏监管体制与机制的重要契机。在此基础上,政府可以避免再唱监管独角戏,也应让玩家、家长、学者乃至全社会共同参与到发现网络游戏监管规则与健康标准的过程中来。

国家卫健委对青少年网络成瘾诊断标准也做出了最新界定。根据《中国青少年健康教育核心信息及释义(2018版)》,网络成瘾是指在无成瘾物质作用下对互联网使用冲动的失控行为,表现为过度使用互联网后导致明显的学业、职业和社会功能损伤。其中,持续时间是诊断网络成瘾障碍的重要标准,一般情况下,相关行为需至少持续12个月才能确诊。国家卫健委数据表明,全世界范围内青少年过度依赖网络的发病率是6%,我国比例接近10%,目前我国关于这一领域的治疗规范仍在制定之中。网络成瘾现象的出现往往与其他精神心理问题,如焦虑、抑郁等有关,一般而言,这些心理疾病得到改善后,青少年过度依赖网络的问题也会得到明显改善。世界卫生组织于2018年将"游戏成瘾"列入精神疾病范畴,也是希望通过此举使网络成瘾问题受到社会的更多关注。

2020年3月1日,《网络信息内容生态治理规定》正式实施,明确规定网络信息内容服务使用者和生产者、平台不得开展网络暴力、人肉搜索、深度伪造、流量造假、操纵账号等违法活动，旨在营造良好网络生态，这标志着我国由网络安全等宏观机制建设转向了以网络内容传播为主的微观治理。①

2020年10月17日，《中华人民共和国未成年人保护法》修订通过，在第五章中从国家、社会、学校和家庭方面对未成年人的网络保护做出了专门的规定。

在国家层面，鼓励和支持有利于未成年人健康成长的网络内容的创作与传播，鼓励和支持专门以未成年人为服务对象、适合未成年人身心健康特点的网络技术、产品、服务的研发、生产和使用。

各政府机关、部门需加强未成年人网络保护工作的开展。包括严惩危害未成年人身心健康的活动，确定可能影响未成年人身心健康的网络信息，指导家庭、学校、社会对未成年人网络使用行为进行合理干预。

社会各界在向未成年人提供互联网上网服务设施的同时，应安装保护软件。学校应规定未成年人智能产品的使用行为，及时与未成年人家长沟通，对沉迷网络的学生进行教育和引导。任何组织或者个人不得通过网络以文字、图片、音频、视频等形式，对未成年人实施侮辱、诽谤、威胁或者恶意损害形象等网络欺凌行为。家长在未成年人遭受网络霸凌时，有权要求网络信息服务提供者删除、屏蔽相关信息。

网络服务提供商需遵循合法、正当和必要的原则处理未成年人个人信息。不得向未成年人提供诱导其沉迷的产品和服务，应针对未成年人设置相关服务功能，包括关于不当内容的提示、对危害信息进行删除、屏蔽。游戏服务提供商应按照国家有关规定和标准，对游戏产品进行分类，做出适龄提示，并采取技术措施，不得让未成年人接触不适宜的游戏或者游戏功能。

五、中国青少年网络素养教育现状评价

总体来看，我国网络素养教育起步相对较晚，相关的理论研究和实践探索大致在2000年以后才开始出现。但近年来，从国家、社会、学校到家庭层面，各界对于青少年网络素养教育的关注急剧增加，各项政策、举措与实践探索呈现井喷式发展，这表明我国青少年网络素养教育的发展正处于急速推广与上升期。

学校教育作为青少年网络素养教育的主渠道，目前在打造独立式课程模式和融入式课程模式方面均做出了探索。一方面，未来学校需要创新网络素养教学环

① 宋红岩. 数字信息时代：呼唤青少年网络文明素养教育[J]. 教育家，2020(13)：46－47.

境,将网络素养教育摆在突出地位,提升学科专业化,如将网络应用技能、网络信息批判、网络行为管理、网络安全防护等核心内容纳入网络素养课程中,积极探索提升学生网络素养的方式方法;另一方面,可以将网络素养教育与其他学科或校园活动相融合,如通过团课、社会实践、志愿服务、文体活动、学科竞赛等第二课堂的形式,将理论与实践紧密相连,形成特色网络文化,提升学生的网络认知与技能,引导青少年安全合法、快乐健康地使用互联网。同时,通过科研实践,使教师不断更新教育理念,改进教学方式,充分运用网络新媒介手段,将网络素养教育理念与学校的多学科、多路径相融合,与校内外、家校间进行有效联动,形成师生携手、家校互动、教学相长的整体局势。

家庭教育作为青少年网络素养教育的重要辅助角色,目前仍较为薄弱。虽然国内已出版了一系列有关青少年网络素养教育的家庭指南或手册,但普遍存在推广难度大的问题,家长往往得不到相关刊物与知识的普及。部分可供家长网上搜索的指导性读物存在理论性过强、缺失切实有效的具体操作手段等问题。因此,未来关于青少年家庭网络素养教育的相关指南或手册,应着重贴合市场尤其是家长群体的需求,同时做好宣传策划,并以家长最亟须处理的问题作为切入点,为其提供简单、直接、有效地解决措施和干预技术,从而加强家庭教育在青少年网络素养教育中的重要地位。

在社会教育方面,近年来青少年遭受网络诈骗、过度参与网络消费等案例大量增加,部分不良网络平台趁机对这部分学生群体设置陷阱,造成他们物质和精神层面上的双重打击。另外,部分网络媒体为博眼球不惜发布不实或不良信息以提高点击率和曝光率,导致网络乱象丛生。面对以上问题,亟须强化社会组织尤其是互联网相关企业的社会责任。目前国内各类社会组织在线下与线上都做出了一定的探索,无论是各地青少年网络素养教育基地的设立,还是各类互联网服务平台的开通,都显示了社会力量在青少年网络素养教育中的重要担当。但在优秀成果呈现的同时,鱼龙混杂的现象也时有发生,如临沂市网络成瘾戒治中心采用电击疗法治疗网络成瘾,对孩子造成了极大的身体和精神伤害,随后被媒体进行全面曝光。此类负面事件的发生,也正说明社会各界在关注青少年网络素养教育的同时,更应该注重科学化与规范化。这不仅需要各类社会组织强化自身的社会责任,还需要家长的理智对待以及政府相关法规的进一步明确。

目前,政府出台的关于提升青少年网络素养的各项政策与措施仍处于推广和普及的阶段,尚存在青少年网络素养水平衡量的测评体系缺失、相关政策与保障监管机制不完善等问题。虽然近年来政府多次发布关于青少年网络素养教育的政策与通知,但思想教育宣传意味过浓,而非从教育、心理、传播等专业学科领域进行科学有效的策略制定,因此,实用性不强,“多学科+技术手段”的组合,是未来政府方面提升青少年网络素养教育政策的重要前提。另外,政府相应法律法规的出台目前远滞后于网络技术的发展,社会企业尤其是互联网企业虽已开始注重对于青少年网络素养的培养,但互联网相关行业对于利益的寻求始终会在一定程度上对青少年网络素养造成负面影响,这时就需要政府通过明确的法律法规来对企业进行必要的约束,而非仅靠企业的自律。立法、制度建设、政策引导的综合完善,才是解决青少年乃至全民网络素养教育问题的根本出路。

附录3

青少年网络素养调查问卷(2019)

亲爱的同学:

您好!非常感谢您参与本次网络素养调查。我们希望通过本次调查了解青少年的网络素养现状,并以此为提高青少年素养提出政策建议。问卷数据将用于学术分析,不会用于商业用途或随意泄露,请您放心作答。

本次问卷大概花费您10分钟的时间,回答过程中请独立思考完成。

(第一部分)

* 您的性别是:

○ 男

○ 女

* 您所在的学校为:______省______市__________学校。

* 您所在的年级为:

○ 初一

○ 初二

○ 初三

○ 高一

○ 高二

○ 高三

* 您的成绩大致在班级处于什么位置?

○ 优秀

○ 中等

○ 下游

＊ 您的户口类型为：

○ 城市户口

○ 农村户口

＊ 您经常使用哪些媒介来获取信息？（排序，最多选三个）【请选择 3 项并排序】

○ 报纸

○ 电视

○ 书籍

○ 广播

○ 电脑

○ 手机

＊ 您主要通过网络获取哪些信息或内容？【最少选择 1 项并排序】

○ 影视剧、游戏、直播、短视频、音乐、网络文学等娱乐信息

○ 知识学习类信息

○ 新闻资讯类信息

○ 网上交易等生活服务类信息

○ 社交网络信息(朋友圈信息)

○ 其他________ ＊

＊ 您能熟练使用文字、图片、音频、视频等多种方式在网上创造和发布消息，如发布朋友圈、微博、制作微信公众号、抖音短视频等。

○ 很符合

○ 符合

○ 一般

○ 不符合

○ 非常不符合

＊ 您拥有以下哪些上网设备？【多选题】

○ 手机

○ 电脑

○ 平板电脑

○ Kindle

○ 电话手表等智能穿戴类设备

○ 其他________ ＊

＊ 您每天的上网时长为：

○ 1 小时以下

○ 1—3 小时

○ 3—5 小时

○ 5 小时以上

* 请选择最符合实际的一项：

	极不符合	不符合	一般	符合	非常符合
我对解决网络相关的问题十分自信					
我对使用网络收集资料十分自信					
我对在一个具体的网络任务中学会新技能十分自信					
我对参与一项在线讨论十分自信					

* 您父亲的最高学历为：

○ 小学

○ 初中

○ 高中/中专/技校

○ 大专

○ 本科

○ 研究生及以上

* 您母亲的最高学历为：

○ 小学

○ 初中

○ 高中/中专/技校

○ 大专

○ 本科

○ 研究生及以上

* 您家庭的收入水平为：

○ 低等水平

○ 中等偏下

○ 中等水平

○ 中等偏上

○ 高收入水平

＊ 请回忆与父母的相处方式,请选择最符合实际的一项：

	极不符合	不符合	一般	符合	非常符合
爸妈允许我在一些事情上和他们存在不一致的意见					
当谈论一些事情的时候,爸妈会时常询问我的看法					
在家庭里,家长的权力和威严很重要					
当我做错事情的时候,爸妈通常是严厉的责骂,而并不会去了解我做这件事的内心想法					

＊ 您父母的上网习惯,请选择最符合实际的一项：

	极不符合	不符合	一般	符合	非常符合
他们经常长时间地用手机或者电脑上网					
他们会一边上网一边做别的事情(吃饭、走路、聊天等)					
家里网络断了,他们会非常焦虑、急躁不安					
他们经常在网络平台上发展兴趣爱好(如抖音、快手、全民K歌等)					

＊ 您的父母主要通过网络做什么?【多选题】

○ 看影视剧、直播、短视频、网络文学作品,听音乐玩游戏等娱乐活动

○ 进行知识学习

○ 获取新闻资讯

○ 进行网上交易等生活服务活动

○ 获取社交网络信息(朋友圈信息)

○ 完成工作

○ 其他

＊ 您是否经常与父母分享或讨论网络上的信息?

○ 是的,我与父母时常会分享或讨论网络上的信息

○ 有时候会,网络信息是我们分享或讨论的话题之一

○ 我们几乎不会分享或讨论网络上的信息

* 您认为父母和您的关系亲密吗?

○ 非常亲密

○ 一般亲密

○ 不亲密

* 您父母是否会规定或干预您在生活中的上网活动?

○ 经常

○ 偶尔

○ 几乎没有

* 您所在的学校是否开设了网络或媒介信息技术、素养类课程?

○ 是

○ 否

* 您觉得自己在学校网络或媒介信息技术、素养类课程中的收获如何?

○ 收获很大

○ 有些收获

○ 几乎没有收获

* 您是否经常与同学们分享或讨论网络上的信息?

○ 是的,我与同学时常会分享或讨论网络上的信息

○ 有时候会,网络信息是我们分享或讨论的话题之一

○ 我们几乎不会分享或讨论网络上的信息

* 学校或班级是否制定关于手机等上网设备管理的规定?

○ 是

○ 否

* 您在上课时间使用个人手机的频率为:

○ 经常使用

○ 有时候使用

○ 不经常使用

○ 从未使用

(第二部分)

下列说法是否符合您的情况,请从极不符合、不符合、一般、符合、非常符合中选择您的真实情况。

		极不符合	不符合	一般	符合	非常符合
1	我知道在网上什么该做,什么不该做					
2	在网上明知有些行为不应该做,但我还是做了					
3	上网前,我知道自己上网要做什么					
4	我在网上情绪变幻无常					
5	网上的我小心谨慎					
6	我知道如何不让网络系信息干扰我的生活					
7	我喜欢浏览网上新奇刺激的内容					
8	上网时,我会沉浸在网络中,忘记周围的环境					
9	上网时,要是有他人打扰我会很生气					
10	我常会因为上网而不按时吃饭或推迟睡觉时间					
11	我上网时间长了,再做其他事情总有些不适应					
12	网络与现实中的自己像是两个人					
13	一旦要学习或工作,我就会停止上网					
14	我会主动控制自己的上网时间					
15	我上网时时常想玩一小会儿,但实际却玩了很久					
16	我觉得经常上网使我的学习成绩有所下降					

(第三部分)

下列说法是否符合您的情况,请从极不符合、不符合、一般、符合、非常符合中选择您的真实情况。

		极不符合	不符合	一般	符合	非常符合
1	上网搜索信息时,我知道哪些信息是我需要的					
2	为熟悉某个话题,我会上网浏览大量的信息					
3	我能区分原创信息和转载信息					
4	上网搜索信息时,我能确定需要搜索信息的关键词是什么					
5	我能选择合适的信息检索方法或途径来查找所需要的信息					
6	上网搜索信息时,我掌握扩大搜索范围的方法					
7	当我没有在网上找到准确的信息时,会觉得焦虑或烦躁					
8	我能利用网络搜索解决现实中的某个问题的方法					
9	我能把新信息整合到已有的知识中					

(第四部分)

下列说法是否符合您的情况,请从极不符合、不符合、一般、符合、非常符合中选择您的真实情况。

		极不符合	不符合	一般	符合	非常符合
1	我反感网上的虚假新闻和不实消息					
2	我会对影视剧里的某个角色恨之入骨,甚至忘了是由演员扮演的					
3	我会怀疑网络广告的真实性					
4	我认为一篇新闻或文章只是信息的一部分					
5	我喜欢在看新闻时,了解新闻发生的背景					
6	我认为名人在网上和现实中的言行一致					
7	我会对网上的一些新闻报道提出质疑					
8	有时我会拒绝接受新闻报道里的某些观点					
9	我认为网上的大部分报道是可信的					
10	当怀疑网上信息是否真实时,我经常搜集信息以证明真伪					
11	我会针对同一主题的信息,搜索不同媒体的报道					
12	网上的大部分信息是符合实际的					
13	网上媒体的负面信息,让我觉得整个世界很不安全					

(第五部分)

下列说法是否符合您的情况,请从极不符合、不符合、一般、符合、非常符合中选择您的真实情况。

		极不符合	不符合	一般	符合	非常符合
1	我会在网络上贬低我不喜欢的人					
2	我在网络上夸赞朋友们的言论或经历,让他们觉得我很友好					
3	我在网络上关注朋友们,让他们觉得我关心他们					
4	我在网络上给朋友点赞,让他们愿意和我分享					
5	当我被责怪做错事时,我会在网络上为自己辩解					
6	我会在网上澄清负面事件					
7	我在网上与朋友分享我所获得的好成绩或奖励					
8	如果我伤害了朋友,我会在网上跟他道歉					
9	我在网络上和朋友分享自己的生活(旅行、美食等)经历					
10	我发朋友圈/QQ 空间时会分组					
11	我在社交媒体上发布消息时会提前美化图片					

(第六部分)

下列说法是否符合您的情况,请从极不符合、不符合、一般、符合、非常符合中选择您的真实情况。

		极不符合	不符合	一般	符合	非常符合
1	我了解网络信息安全的作用					
2	我了解网络信息安全相关的法律法规和政策					
3	我总是下载官方正版软件					
4	我总是设置安全级别较高的密码					
5	我会在不同的网络应用上设置不同的密码					
6	我会使用杀毒软件杀毒					
7	我能够定时备份重要资料					
8	出现网络信息安全问题时,我能找到办法解决					
9	上网时,我在非必要情况下也填写过自己的真实信息					
10	我会对自己的上网设备进行隐私设置					

(第七部分)

下列说法是否符合您的情况,请从极不符合、不符合、一般、符合、非常符合中选择您的真实情况。

		极不符合	不符合	一般	符合	非常符合
1	我认为网络上抄袭、盗版现象也同样应该被重视					
2	在使用网上内容时,我会注明信息来源					
3	我认为在网上曝光他人的隐私信息是很正常的事情					
4	我用过别人的个人网络平台账号上网					
5	我认为个人在网上的发言也要考虑社会影响					
6	我在论坛或社交媒体上攻击过其他人					
7	我认为对自己的网络言行也应当负责					

后　记

本书是北京师范大学教育新闻与传媒研究中心“青少年网络素养”课题组研究成果，融合了“课题组”多年来给北京师范大学本科生开设“全媒体理论与媒介素养”课程的授课内容。在本书即将付梓之时，我们要向在本书构思、写作、修改、审校过程中给予支持和帮助的老师、同学和朋友们表示最真诚的感谢！

我们要特别感谢北京师范大学新闻传播学院长江学者喻国明教授、执行院长张洪忠教授，中国传媒大学张艳秋教授，中国青少年研究中心郭开元研究员，中国社会科学院新闻与传播研究所杨斌艳副研究员，北京师范大学新闻传播学院禹建强教授，人工智能学院孙波教授、葛凤翔教授，心理咨询中心夏翠翠副研究员，感谢他们给予课题组的重要意见和建议，其对本书的研究范式、成果来说意义重大。

此外，我们还要特别感谢所有参与填写“2020 中国青少年网络素养调查问卷”的老师和同学们，感谢北京师范大学新闻传播学院普文越、季晓旭、常晋、张恒、王秋懿、周怡帆、殷鹤、何林蔚、姜桐桐、李琨、张羽、贯麟、李阳阳、杨可、刘界儒、李君以及山东大学软件学院方新悦等人在调查研究和报告撰写过程中付出的辛苦。

我们始终认为，青少年媒介素养教育是一项任重道远的伟大事业，本书权作抛砖引玉，敬请各位专家和读者批评指正，以便更好地改进研究工作。

是为后记。